Martin Hütter

Der ökosystemare Stoffhaushalt unter dem Einfluß des Menschen
- geoökologische Kartierung des Blattes Bad Iburg 1 : 25 000 -

FORSCHUNGEN ZUR DEUTSCHEN LANDESKUNDE

Herausgegeben von den Mitgliedern
der Deutschen Akademie für Landeskunde e. V.
durch Gerold Richter

FORSCHUNGEN ZUR DEUTSCHEN LANDESKUNDE

Band 241

Martin Hütter

Der ökosystemare Stoffhaushalt unter dem Einfluß des Menschen
- geoökologische Kartierung des Blattes Bad Iburg 1 : 25 000 -

1996

Deutsche Akademie für Landeskunde, Selbstverlag,

54286 Trier

Zuschriften, die die Forschungen zur deutschen Landeskunde betreffen, sind zu richten an:

Prof. Dr. G. Richter, Deutsche Akademie für Landeskunde e.V.

Universität Trier, 54286 Trier

Schriftleitung: Dr. Reinhard-G. Schmidt

Die Arbeit wurde im Jahr 1992 als Dissertation angenommen.

ISBN: 3-88143-053-9

Alle Rechte vorbehalten

EDV- Bearbeitung von Text, Graphik und Druckvorstufe: Erwin Lutz, Kartographisches Labor, FB VI, Universität Trier

Druck: Paulinus-Druckerei GmbH, 54290 Trier

INHALT

VORWORT
ABBILDUNGSVERZEICHNIS 8
TABELLENVERZEICHNIS 9
KARTENVERZEICHNIS 10

1	Einführung	11
1.1	Problemstellung und Forschungsstand	11
1.2	Untersuchungsraum und Kartiermaßstab	13
1.3	Aufbau der Arbeit	13
2	Grundzüge der Entwicklung geoökologischer Forschung	14
3	Methoden der ökologischen Raumgliederung in der topischen Dimension	16
3.1	Ökotopausweisung durch ganzheitliche Betrachtung	17
3.2	Ökotopausweisung unter Hierarchisierung der Partialkomplexe auf qualitativ-analytischer Basis	17
3.3	Ökotopausweisung unter Hierarchisierung der Partialkomplexe auf stärker quantitativer Basis	19
4	Zur Berücksichtigung anthropogener Einflüsse auf den Landschaftshaushalt im Rahmen einer geoökologischen Kartierung in topischer Dimension	22
4.1	Bodenversauerung durch Immission von Luftverunreinigungen . .	23
4.2	Bodenalkalisierung und -eutrophierung durch Düngung	25
4.3	Veränderungen des Wasserhaushaltes durch Drainage	28
4.4	Veränderungen bodenphysikalischer Eigenschaften durch Bodenbearbeitung	29
4.5	Veränderungen der Biocoenose durch Biozidapplikation	29
4.6	Veränderung des Stoffhaushaltes durch Umlagerungen und Versiegelung von Böden	30
4.7	Zusammenfassung	31
5	Ökosystemare Stabilität und ihre Berücksichtigung im Rahmen einer geoökologischen Kartierung	32
6	Forderungen an eine anwendungsorientierte geoökologische Kartierung	35
7	Naturräumliche Einordnung des Untersuchungsgebietes „Meßtischblatt Bad Iburg".	37
7.1	Klimatische Einordnung	37
7.2	Geologisch-morphologische Verhältnisse	41
7.3	Hydrogeographisch-hydrogeologische Verhältnisse	45
7.4	Potentielle natürliche Waldgesellschaften und Bodeneinheiten . .	46

8	Einwirkungen des Menschen auf den Stoffhaushalt von Ökosystemen im Raum Bad Iburg	53
8.1	Immissionssituation	53
8.1.1	Wirkung der Immissionsbelastung auf den Säurestatus von Böden	56
8.1.2	Anthropogene Maßnahmen gegen immissionsbedingte Bodenversauerung	59
8.2	Einfluß der Landnutzung auf den Landschaftshaushalt	62
8.2.1	Landschaftsentwicklung durch Intensivierung der Landnutzung - Konsequenzen für den Stoffhaushalt forstlicher und agrarer Nutzökosysteme	62
8.2.2	Veränderungen im Stoffhaushalt des Grundwassers	67
8.2.3	Veränderungen des Stoffhaushaltes von Gewässerökosystemen	67
8.2.4	Veränderungen des Landschaftshaushaltes im Siedlungsraum	70
9	Ableitung von Kenngrößen für eine stoffhaushaltliche Charakterisierung von Ökotopen im nicht geschlossen besiedelten Bereich	71
9.1	Ökosystemarer Nährstoffhaushalt und seine Kenngrößen	71
9.1.1	Säure- und Basenhaushalt	73
9.1.2	Phosphor- und Stickstoffhaushalt	78
9.1.3	Methoden der Bodenanalytik	80
9.1.4	Stabilität und Stabilisierung des Nährstoffzustandes	84
9.1.5	Einstufung des Nährstoffzustandes	86
9.1.6	Beispiele zur Einstufung des Nährstoffstatus	91
9.1.6.1	Nährstoffstatus „sehr basenreich"	91
9.1.6.2	Nährstoffstatus „basenreich"	96
9.1.6.3	Nährstoffstatus „mittel basenhaltig"	100
9.1.6.4	Nährstoffstatus „gering basenhaltig"	106
9.1.6.5	Nährstoffstatus „sehr gering basenhaltig"	112
9.2	Ökosystemarer Wasserhaushalt und seine Kenngrößen	119
9.2.1	Bodenfeuchteregimetyp	119
9.2.2	Sickerungsintensität und Stoffaustrag	122
9.2.3	Ökologischer Feuchtegrad	124
9.2.3.1	Ableitung des ökologischen Feuchtegrades über die Vegetation	124
9.2.3.2	Ableitung des ökologischen Feuchtegrades über den Boden	129
9.3	Kenngrößen des Reliefs	131
9.4	Mesoklimatisch-lufthygienische Kenngrößen	131
9.4.1	Einstrahlung	132
9.4.2	Kaltluftverteilung	133
9.4.3	Windexposition und Deposition	139
10	Ableitung von Kenngrößen für eine Ökotopausscheidung im Siedlungsraum	140
11	Ableitung von Kenngrößen für eine geoökologische Fließgewässertypisierung	145

11.1	Strukturanalyse des Gewässerbettes und der bachbegleitenden Vegetation	145
11.2	Physiko-chemische Bachwasseruntersuchungen	146
11.2.1	Methoden der Wasseranalytik	149
11.2.2	Witterungsverlauf im Zeitraum der Wasserprobenentnahme	150
11.2.3	Physiko-chemische Charakteristika ausgewählter Bachwässer	153
12.	Methodik der Ökotopausweisung	166
13.	Die Geoökologische Karte	167
13.1	Die kartographische Darstellung	167
13.2	Die Kartenlegende	169
13.3	Beispiele zu Möglichkeiten ihrer Auswertung	170
14.	Zusammenfassung und Ausblick	172
	Literaturverzeichnis	176
	Kartenverzeichnis	194
	Materialien auf Mikrofilm	195

SEPARATA

S1	Geoökologische Karte 3814 BAD IBURG (mit Auszug aus der Legende)
S2	Vegetationstypen und Flächennutzung (2 Kartenausschnitte)
S3	2 Mikrofilme

ABBILDUNGSVERZEICHNIS

Abb. 1-1:	Integriertes Modell eines Mensch-Umwelt-Systems	13
Abb. 4-1:	Natürliches Ökosystem und agrarisches Nutzökosystem im Vergleich	23
Abb. 7-1:	Mittlere jährliche Verteilung der Windrichtung	39
Abb. 7-2:	Klimadiagramme nach dem Verfahren von SCHREIBER (1973)	40
Abb. 7-3:	Osningüberschiebung im Raum Bad Iburg	44
Abb. 7-4:	Landschaftsprofil Grafensundern - Urberg - Langer Berg - Ostenfelde	50
Abb. 7-5:	Landschaftsprofil Musen-Berg - Großer Freden - Glane Visbeck	51
Abb. 8-1:	Niederschlagsuntersuchungen in Niedersachsen - Konzentrationen im Niederschlagswasser im Jahresdurchschnitt 1983-1987	54
Abb. 8-2:	Niederschlagsuntersuchungen in Niedersachsen - Durchschnittliche Jahresfrachten aus nasser Deposition 1983-1987	55
Abb. 8-3:	Niederschlagsuntersuchungen in Niedersachsen - Durchschnittliche Jahresfrachten aus nasser Deposition 1983-1987	56
Abb. 8-4:	Wassergewinnungsgebiet Glandorf-Ost - Nitratgehalte von Brunnen 4 u. 6-10	68
Abb. 9-1:	Steuerung und Indikation des Nährstoffstatus	73
Abb. 9-2:	Beziehung des pH-Wertes und der relativen Verfügbarkeit von Pflanzennährelementen in Mineralböden	74
Abb. 9-3:	Äquivalentanteile von austauschbarem Ca und Mg an der KAKe als Funktion des pH-Wertes	76
Abb. 9-4:	Äquivalentanteile von austauschbarem Al^{3+} an der KAKe als Funktion des pH-Wertes	76
Abb. 9-5:	Anteil der KAKe an der KAKp als Funktion des pH-Wertes	77
Abb. 9-6:	Basenneutralisationskapazität, nördl. Hohnsberg, Abt. 86, Hankenberge	101
Abb. 9-7:	Basenneutralisationskapazität, Privatwald südwestl. Niedermeyers Loh, Glane	107
Abb. 9-8:	Basenneutralisationskapazität, Urberg, Bad Iburg	113
Abb. 9-9:	Basenneutralisationskapazität, Auf dem Donnerbrink, Bad Iburg	114
Abb. 9-10:	Steuerung und Indikation der Standörtlichen Bodenfeuchte	120
Abb. 11-1:	Monatliche Niederschlagssummen von Juni 1990 bis April 1991 von Münster und Osnabrück	151
Abb. 11-2:	Schlochterbach Nr. 3 (Sch-PN3) - Extremgehalte und ungewichtete arithmetische Mittelwerte ausgewählter Ionen (1990/91)	155
Abb. 11-3:	Schlochterbach PN3: südl. Wellend. Str.- Ammonium- und Nitratgehalt, Sauerstoffgehalt und Sauerstoffzehrung	155

Abb. 11-4:	Düte Nr. 1 (Dü-PN1) - Extremgehalte und ungewichtete arithmetische Mittelwerte ausgewählter Ionen (1990/91)	156
Abb. 11-5:	Düte PN1: Staatsforst Palsterkamp Abt. 84 - Ammonium- und Nitratgehalt, Sauerstoffgehalt und Sauerstoffzehrung	156
Abb. 11-6:	Düte Nr. 4 (Dü-PN4) - Extremgehalte und ungewichtete arithmetische Mittelwerte ausgewählter Ionen (1990/91)	157
Abb. 11-7:	Düte PN4: unterh. Kläranlage Wellendorf - Ammonium- und Nitratgehalt, Sauerstoffgehalt und Sauerstoffzehrung	157
Abb. 11-8:	Fredenbach (FrG-PN1) - Extremgehalte und ungewichtete arithmetische Mittelwerte ausgewählter Ionen (1990/91)	159
Abb. 11-9:	Fredenbach PN1: 150 m o. Wassertretstelle - Ammonium- und Nitratgehalt, Sauerstoffgehalt und Sauerstoffzehrung	159
Abb. 11-10:	Glaner Bach Nr. 3(G-PN3) - Extremgehalte und ungewichtete arithmetische Mittelwerte ausgewählter Ionen (1990/91)	160
Abb. 11-11:	Glaner Bach PN3: unterhalb Kläranlage Iburg - Ammonium- und Nitratgehalt, Sauerstoffgehalt und Sauerstoffzehrung	160
Abb. 11-12:	Südbach (SüR-PN1) - Extremgehalte und ungewichtete arithmetische Mittelwerte ausgewählter Ionen (1990/91)	162
Abb. 11-13:	Südbach PN1: Südbachstraße Remsede - Ammonium- und Nitratgehalt, Sauerstoffgehalt und Sauerstoffzehrung	162
Abb. 11-14:	Remseder Bach Nr. 3 (R-PN3) - Extremgehalte und ungewichtete arithmetische Mittelwerte ausgewählter Ionen (1990/91)	163
Abb. 11-15:	Remseder Bach PN3: Krummenteichswiesen - Ammonium- und Nitratgehalt, Sauerstoffgehalt und Sauerstoffzehrung	163
Abb. 11-16:	Glaner Bach Nr. 5 (G-PN5) - Extremgehalte und ungewichtete arithmetische Mittelwerte ausgewählter Ionen (1990/91)	164
Abb. 11-17:	Glaner Bach PN5: A. d. Bruche, Glandorf - Ammonium- und Nitratgehalt, Sauerstoffgehalt und Sauerstoffzehrung	164

TABELLENVERZEICHNIS

Tab. 4-1:	Aus dem Mineralbestand geschätzte Raten der Silikatverwitterung im Wurzelraum in Abhängigkeit von der Bodenbildung	24
Tab. 4-2:	Empfohlene pH-Werte für Acker- und Grünlandflächen	26
Tab. 4-3:	Durch Düngung anzustrebende Nährstoffgehalte auf landwirtschaftlichen Nutzflächen	27
Tab. 8-1:	Prozentuale Verteilung von pH-Wert Bereichen 300 untersuchter Waldböden im Landkreis Osnabrück (pH (1 M KCl))	57
Tab. 8-2:	Schwermetallkonzentrationen in der Humusauflage und im humosen Oberboden am Dörenberg in Abhängigkeit von der Exposition und Höhenlage [ppm]	58
Tab. 9-1:	Übersicht über die Pufferbereiche des Bodens	75

Tab. 9-2:	Klassifizierung des molaren Ca/Al-Verhältnisses in der Bodenlösung als Kriterium der toxischen Wirkung von Aluminium auf Fichten- und Buchenwurzeln	78
Tab. 9-3:	Mittlere Bereiche der Gehalte von Kohlenstoff sowie C/N- und C/P-Quotienten bei verschiedenen Humusformen	79
Tab. 9-4:	Stabilität und Instabilisierbarkeit des Nährstoffzustandes	85
Tab. 9-5:	Elastizität gegenüber Säuretoxizität als abhängige Größe der Basensättigung	86
Tab. 9-6:	Schema zur Einstufung der Trophie	88-90
Tab. 9-7:	Standortaufnahme Großer Freden Nord, Bad Iburg	93-94
Tab. 9-8:	Standortaufnahme Eichendehne, Bad Rothenfelde	94-95
Tab. 9-9:	Standortaufnahme Kleiner Freden Nord, Bad Iburg	97-98
Tab. 9-10:	Standortaufnahme Holtmeyers Esch, Bad Iburg-Sentrup	99-100
Tab. 9-11:	Standortaufnahme nordöstlich Hohnsberg, Hilter a. TW	102-103
Tab. 9-12:	Standortaufnahme südlich Hof Schönebeck, Bad Laer	104-105
Tab. 9-13:	Standortaufnahme Niedermeyers Loh, Bad Iburg-Glane	109-110
Tab. 9-14:	Standortaufnahme Im Bruch, Bad Iburg-Visbeck	110-111
Tab. 9-15:	Standortaufnahme Urberg, Bad Iburg	116-117
Tab. 9-16:	Standortaufnahme Auf dem Donnerbrink, Bad Iburg	117-119
Tab. 9-17:	Richtung des Wassertransportes	121
Tab. 9-18:	Stufung der Sickerungsintensität	121
Tab. 9-19:	Schema zur Einstufung des Nährstoffaustrags aus dem durchwurzelbaren Bodenkörper verschiedener Ökosystemtypen	123
Tab. 9-20:	Klassifizierung der Artmächtigkeit	124
Tab. 9-21:	Bestimmung des ökologischen Feuchtegrades über bodenkundliche Parameter	129-130
Tab. 9-22:	Kurzbezeichnung der standörtlichen Bodenfeuchte	130
Tab. 9-23:	Klassifizierung der Hangneigung	130
Tab. 9-24:	Klassifizierung der Besonnung	132
Tab. 9-25:	Geräteausstattung der Wetterhütten	133
Tab. 9-26:	Temperaturminima und -maxima während austauscharmer Strahlungswetterlagen im östlichen Münsterland	136
Tab. 10-1:	Klassifizierung des Versiegelungsgrades	141
Tab. 11-4:	Gewässerkundlicher Aufnahmebogen	146
Tab. 11-2:	Schema zur Kennzeichnung der bachbegleitenden Vegetation	147-149
Tab. 11-3:	Gewässerkundliche Feldmethoden	149

KARTENVERZEICHNIS

Karte 8-1:	Kalkungsflächen des Iburger Raumes im Überblick	60
Karte 9-1:	Mesoklimatische Meßstationen - März bis Mai 1989	135

1. EINFÜHRUNG

1.1 PROBLEMSTELLUNG UND FORSCHUNGSSTAND

Durch die vom Club of Rome geförderten Studien „Grenzen des Wachstums", „Das globale Gleichgewicht" oder „Menschheit am Wendepunkt" von MEADOWS et al. 1972, MEADOWS u. MEADOWS 1974 bzw. von MESAROVIC u. PESTEL (1974), denen das „Weltmodell" von FORRESTER (1972) zugrunde liegt, sind Politiker und Öffentlichkeit auf Probleme des weltweiten Bevölkerungswachstums bei begrenzten Rohstoffvorräten aufmerksam gemacht worden. Das „Internationale Biologische Programm" (IBP), das bereits 1964 vom International Council of Scientific Unions (ICSU) ins Leben gerufen wurde, beschäftigte sich in seiner zehnjährigen Laufzeit bis 1974 mit den biologischen Grundlagen der stofflichen Erzeugungsfähigkeit von Ökosystemen in verschiedenen Klimazonen und im Nachfolgeprogramm „Man and the Biosphere" unter der Trägerschaft der UNESCO auch mit dem Einfluß des Menschen auf Ökosysteme. Die Ergebnisse dieser interdisziplinären und weltweit koordinierten Ökosystemforschungen gaben Ökologen ebenfalls Veranlassung, warnend an die Öffentlichkeit zu treten.

So gelangte die Ökologie in den Ruf, eine Wissenschaft des Pessimismus und der Verhinderung zu sein, die den Weg „Zurück zur Natur" beschreiten wolle. Sie geriet in eine allgemeine Glaubwürdigkeitskrise, als prognostizierte Folgewirkungen nicht im angegebenen Zeitraum eintraten. DI CASTRI u. HADLEY (1985) machten die Existenz einer Glaubwürdigkeitskrise auch daran fest, daß finanzielle Zuwendungen für Studien zur Grundlagen- und anwendungsorientierter Forschung in der Ökologie meist knapp bemessen sind, was wiederum dazu führte, daß behelfsmäßig mit einfachen Methoden und unter starker Einschränkung der Untersuchungsobjekte geforscht werden mußte. Darüber hinaus erschien ihnen symptomatisch, daß weder enge Kontakte zu Spezialisten der ökologischen Basiswissenschaften noch zu Vertretern der räumlichen Planung existierten. Dies unterstreicht das Wesen der Ökologie - speziell der Landschaftsökologie - als integrative „Randwissenschaft" im Sinne von GLAVAC (1972, S. 190).

Innerhalb der Geographie etablierte sich die Landschaftsökologie oder Geoökologie als räumlicher Ansatz zur Erforschung von Wechselbeziehungen zwischen Lebewesen und ihrer abiotischen Umwelt. Sie war lange Zeit naturraumbezogen und vernachlässigte bis in die 70er Jahre hinein die wachsende Zahl und zunehmende Schwere ökosystemarer Veränderungen, die durch den Menschen ausgelöst wurden (BOUWER 1985). Geoökologische Raumgliederungen trugen daher den Charakter von Naturraumgliederungen und kamen folglich schnell in den Ruf, für die räumliche Planung nur geringe Anwendungsrelevanz zu besitzen und gar nur dazu nützlich zu sein, bei Beschreibungen eines Planungsraumes den „Grundlagenteil etwas voluminöser zu gestalten" (HEIDTMANN 1975, S. 72). Auch der Charakter vieler ökologischer Karten, synthetische Karten zu sein, gab Anlaß zur Kritik. Synthetische Karten zeigen das Ergebnis des Zusammenwirkens der ökologischen Einzelfaktoren innerhalb ökologischer Raumeinheiten und nicht die Faktorenkombination selbst. Aus diesem Grund plädierte HEIDTMANN (1975) dafür, für Planungszwecke auf ökologische Synthesekarten völlig zu verzichten und ausschließlich geo- und biowissenschaftliche Grundlagenkarten heranzuziehen (vergl. aber FINKE 1974). Da allerdings bereits diese oft schon synthetische Karten sind, ist der Rückgriff auf integrierte Einzelkompartimente auch hier nur noch in beschränktem Maße möglich[1].

In dieser Arbeit wird von der These ausgegangen, daß eine ökologische Naturraumgliederung nur in anthropogen gering beeinflußten Räumen zu planungsrelevanten Ergebnissen führen kann. Daher soll es Ziel dieser Arbeit sein, ein Verfahren für eine großmaßstäbliche ökologische Raumgliederung zu entwickeln, das den aktuellen Stoffhaushalt räumlicher Einheiten erfassen kann und damit sowohl stabile Eigenschaften des Naturraumes als auch die vielschichtigen anthropogenen Veränderungen berücksichtigt.

Wesentliche anthropogene Steuerungen wirken auf den Stoffhaushalt, speziell den Nährstoff- und den Wasserhaushalt, ein. Beide Partialkomplexe stehen in einem direkten Zusammenhang mit dem zentralen Forschungsgegenstand der Ökologie, der Organismus- Umwelt- Beziehung, und sind daher ohnehin prädestiniert für eine vorrangige Betrachtung im Rahmen einer ökologischen Raumgliederung. Während für die Aufnahme ökologischer Basisgrößen (Kompartimente) des landschaftlichen Stoffhaushaltes mit dem Methodenhandbuch von LESER u. KLINK (1988) ein wertvoller Leitfaden zur Verfügung steht, fehlen erprobte Verfahren zur Aggregierung von Einzelkompartimenten. Auch dazu soll diese Arbeit einen Beitrag leisten.

Eine geoökologische Kartierung muß methodisch auf verschiedene Ökosystemtypen, unter denen Wald-, Agrar- und Siedlungsökosysteme im mitteleuropäischen Raum die flächengrößten sind, zugeschnitten sein und deren realen Ökosystemzustand erfassen. Für kausal-analytische Betrachtungen des Ökosystemzustandes ermöglicht die Ökosystemklassifikation von HABER (1979, 1990, 1991) einen ersten Zugang. Sie differenziert terrestrische Ökosystemtypen über die Art und das Maß menschlicher Beeinflussung und Ökosystemzustände nach der Art der Stabilisierung. HABERs Klassifikation soll einen Grundpfeiler dieser geoökologischen Kartierung bilden und wird durch den Versuch ergänzt, einerseits die Stabilität bzw. Instabilität, andererseits die Instabilisierbarkeit von aktuellen Merkmalen oder Zuständen von Ökosystemkompartimenten grob abzuschätzen. Durch die umfassenden Ökosystemforschungen von ULRICH und seinen Schülern (ULRICH, MAYER u. KHANNA 1979 u. ULRICH 1983) ist darüber hinaus die Elastizität gegenüber Störgrößen für Partialkomplexe von Ökosystemen so weit operationalisiert worden, daß sie ansatzweise auch in eine geoökologische Kartierung integriert werden kann. Mit der Einbeziehung dieser Merkmale verschneidet sich die horizontal ausgerichtete ökologische Landschaftserkundung und die Ökosystemforschung, wie dies schon SYMADER (1980) als Zielvorgabe für ökologische Raumgliederungen formulierte.

Aus der Analyse des aktuellen, vielfach nutzungsbedingten Landschaftszustandes läßt sich ableiten, ob die derzeitige Nutzungsstruktur mit den standörtlichen Gegebenheiten im Einklang steht, d.h. standortgerecht ist oder belastend wirkt. Nutzungsänderungen oder Änderungen der Nutzungsintensität, die derzeitige Belastungen abschwächen, können vorgeschlagen werden. Die geoökologische Karte soll dazu beitragen, Entscheidungshilfen für eine standortgerechte und „differenzierte"[2] Bodennutzung zu geben, um die Ziele und Grundsätze von Naturschutz und Landschaftspflege, wie sie im Bundesnaturschutzgesetz (BNatSchG 1987) formuliert sind, zu

---

[1] Probleme dieser Art stellen sich auch beim Aufbau von Umweltinformationssystemen, die zur Verwaltung und Auswertung flächenbezogener Umweltdaten in Forschung und Planungspraxis einen immer höher werdenden Stellenwert erlangen.
[2] s.a. HABER (1979)

verwirklichen. Sie stellt somit für die Landschaftsplanung eine wichtige Grundlage dar (s.a. FINKE 1974).

Abb. 1-1: Integriertes Modell eines Mensch-Umwelt-Systems (aus: HABER 1990)

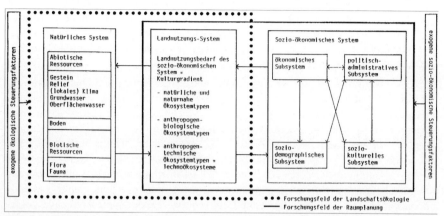

Mit der Einbeziehung der Einflüsse des Menschen auf Ökosysteme stellt sich die geoökologische Forschung und Kartierung den wechselseitigen Beziehungen, die zwischen dem „Sozio-ökonomischen Subsystem" und dem „Natürlichen Subsystem" (BOUWER 1985, HABER 1990) bestehen und bildet eine enge Klammer zwischen der Anthropo- und der Physiogeographie (s.a. Abb. 1-1).

1.2 UNTERSUCHUNGSRAUM UND KARTIERMASSSTAB

Das Untersuchungsgebiet liegt im Grenzraum des östlichen Münsterlandes mit dem Teutoburger Wald bei Bad Iburg im Zuschnitt des gleichnamigen Meßtischblattes 3814. Als Testgebiet für die Leistungsfähigkeit eines neuen Kartierverfahrens bietet sich dieser Raum an, da die naturräumlichen Verhältnisse auf engem Raum sehr heterogen sind. Höhenzüge aus Sandstein, Tonstein oder Kalkstein, lößüberkleidete Hänge und Ausraumzonen, saaleeiszeitliche Geschiebelehmplatten und glacifluviale Sedimente, Dünenzüge und Moore, - nahezu alle Standorttypen mit Variationen hinsichtlich ihrer Nutzung -, seien hier nur exemplarisch für die große Vielfalt genannt. Das Meßtischblatt Bad Iburg im speziellen ist durch geowissenschaftliche und biowissenschaftliche Kartierungen bereits gut erforscht, so daß zur Aufnahme der geoökologischen Karte wertvolles Grundlagenmaterial vorhanden ist.

Die nachfolgend dargestellte Raumanalyse ist eine geoökologische Kartierung im Maßstab 1:25000, dem Grenzmaßstab der topischen Dimensionsstufe[3].

1.3 AUFBAU DER ARBEIT

Basierend auf dem groben Entwicklungsgang ökologischer und geoökologischer Forschung (Kap. 2) werden bislang angewandte Methoden der ökologischen Raumgliederung vorgestellt (Kap. 3). Es fällt auf, daß die mannigfachen Eingriffe des

---

[3] Eine Übersicht über Dimensionen und Dimensionsstufen der naturräumlichen Gliederung gibt KLINK (1981)

Menschen in den Landschaftshaushalt im traditionellen, naturhaushaltlich-genetischen Konzept der ökologischen Raumgliederung entweder überhaupt nicht oder nur nachrangig berücksichtigt worden sind. Daher werden in Kap. 4 grundsätzliche, häufig nutzungsbedingte Einflußnahmen in ihrer Wirkung erläutert und die Nachhaltigkeit der ökosystemaren Veränderung im Zusammenhang mit der Frage nach der ökosystemaren Stabilität (Kap. 5) diskutiert. Kap. 6 stellt die aus den vorangegangenen Kapiteln abgeleiteten Anforderungen an eine anwendungsorientierte geoökologische Kartierung thesenhaft zusammen.

Mit Kap. 7 beginnt der regionale Teil. Aufbauend auf der naturräumlichen Einordnung des Untersuchungsgebietes werden regionsspezifische anthropogene Einwirkungen auf den Landschaftshaushalt dargestellt (Kap. 8). Diese werden in die Ableitung von Kenngrößen zur stoffhaushaltlichen Charakterisierung von Ökotopen einbezogen (Kap. 9). Für den Siedlungsraum kommen weitere Kenngrößen hinzu (Kap. 10). Die sich anschließende Typisierung von Oberflächengewässern (Kap. 11) führt zwar nicht zur Ausweisung von Ökotopen, doch wird hier die stoffhaushaltliche Verzahnung mit den umgebenden terrestrischen und semiterrestrischen Ökosystemtypen transparent. Vor diesem Hintergrund kann die Methodik einer prozeßorientierten Ökotopausweisung vorgestellt werden (Kap. 13.1). Sie führt zur geoökologischen Karte, die hinsichtlich der Prinzipien ihrer kartographischen Gestaltung und der inhaltlichen Charakterisierung durch die Legende erläutert wird (Kap. 13.2 u. Kap. 13.3). Dabei werden Beispiele zur Anwendbarkeit für verschiedene Ökosystemtypen genannt.

2. GRUNDZÜGE DER ENTWICKLUNG GEOÖKOLOGISCHER FORSCHUNG

Seit der Einführung des Begriffes „Ökologie" in die wissenschaftliche Literatur durch den Zoologen ERNST HAECKEL (1866) rückte die Lehre vom „Haushalt der Natur" immer stärker in das Blickfeld der Biowissenschaften. Ökologische Forschung aus dem Zugang der Biowissenschaften beschäftigte sich anfänglich mit den wechselseitigen Beziehungen zwischen Einzelorganismen und ihrer unbelebten Umwelt und war damit eine autökologische Forschung.

Doch schon der Hydrobiologe MÖBIUS (1877) weitete die ökologische Forschung auf die Beziehungen zwischen den am Lebensort existierenden Lebensgemeinschaften (Biocoenosen) und ihrer Umwelt aus. Unter den vielen Arbeiten, die sich bereits ausgangs des 19. Jh. mit ökologischen Themen im Rahmen botanischer Forschungen beschäftigten, sind diejenigen von GRISEBACH (1872, 1884), SCHIMPER (1898) und das Lehrbuch von WARMING (1896) besonders beachtenswert.

Mit der Entwicklung der Systemtheorie in den 20er und 30er Jahren des 20. Jh. und der Einbindung in die ökologische Wissenschaft wurden Organismen zu Struktur- und Funktionselementen (sog. compartments = Kompartimenten) eines kybernetischen Systems, das nach WOLTERECK (1928) als „ökologisches System" und „ökologisches Gestalt-System" oder kurz als Ökosystem (TANSLEY 1935) bezeichnet wird (SCHUBERT 1984, S. 18; SCHREIBER 1990).

Ein Ökosystem wird seitdem definiert als ein System, in dem Organismen (-gemeinschaften) und ihre abiotische Umwelt durch wechselseitige Beziehungen miteinander verknüpft sind. Es ist ein offenes System, das für sein Funktionieren einer Energiezufuhr bedarf, in einem gewissen Rahmen über Rückkopplungen zur Selbstregulation befähigt ist und mit Nachbarökosystemen in einem stofflichen und energetischen Zusammenhang steht (ELLENBERG 1973). Die Ökosystemforschung in der heutigen Zeit sucht über eine weitgehende Quantifizierung von Energie- und Stoffflüssen im Rahmen interdisziplinärer Ansätze, Einsichten in ökosystemare Funktionsabläufe zu gewinnen.

Da interdisziplinäre Ökosystemforschung bislang auf einzelne Großprojekte (z.B. Internationales Biologisches Programm; Man and Biosphere, z.B. Solling-Projekt) beschränkt blieb, stehen zwei ökologische Forschungsansätze heute leider oft noch nebeneinander: der „klassische" biologische Zugang, der mit modernen Methoden der Pflanzen- oder Tierökologie aus aut-, dem- oder synökologischer Sicht sich in besonderer Weise der Lebewelt widmet, und der geowissenschaftliche Zugang, der einen Schwerpunkt in der Erforschung abiotischer Kompartimente des Ökosystems besitzt, ohne allerdings den Bezug zur Lebewelt zu vernachlässigen.

Der geowissenschaftliche (hier: geographische) Zugang zur Ökologie, der als Landschaftsökologie - später auch synonym als „Geoökologie" - bezeichnet wird, entwickelte sich ansatzweise schon aus Forschungen und Forschungsreisen des frühen 19. Jh. Ausgangspunkt war die Beschreibung von Landschaften, deren Physiognomie das Ergebnis des Zusammenspiels aus Naturraumausstattung und menschlicher Nutzung (sog. Inwertsetzung) ist. Unter Landschaft kann dabei in knapper Zusammenfassung der viele Jahre währenden Diskussion innerhalb der Geographie (z.B. BOBEK u. SCHMITHÜSEN 1949, CAROL 1957, CAROL u. NEEF 1957, SCHMITHÜSEN 1964) ein „durch das Landschaftsbild und den Landschaftshaushalt geprägter, als Einheit aufzufassender Ausschnitt der Erdoberfläche" (AKADEMIE FÜR NATURSCHUTZ UND LANDSCHAFTSPFLEGE 1991) verstanden werden[4].

Der Begriff Landschaftsökologie fand Eingang in die geographische Forschung durch CARL TROLL (1939), der im Zusammenhang mit Luftbildauswertungen das Zusammenspiel der Naturraumfaktoren mit der Landnutzung komprehensiv abgebildet sah.

Landschaftsökologie ist die Lehre vom komplexen Wirkungsgefüge zwischen Lebensgemeinschaften und ihrer Umwelt in einem Ausschnitt der Geosphäre (TROLL 1950). Damit begreift sich die Landschaftsökologie als eine „überfachliche Naturwissenschaft", deren Forschungsziel es ist, den Stoff- und Energiehaushalt einer Landschaft oder eines Teiles von ihr qualitativ und soweit wie möglich auch quantitativ zu erfassen (s.a. GLAVAC 1972, HUBRICH 1974).

Da die Landschaftsökologie aus der Geographie als einer Raumwissenschaft erwuchs, ist traditionell die Erforschung des Beziehungsgefüges von Lebewesen untereinander, des Biosystems, nicht ihr zentrales Forschungsfeld. Sie kann daher auch nur als Teilbereich der Ökologie angesehen werden.

Die Forderung nach einer möglichst quantitativen Analyse des Landschaftshaushaltes zieht das Arbeiten „mit Maß und Zahl" (NEEF 1963) nach sich. Die punkthafte Messung fragt nach dem räumlichen Gültigkeitsbereich, der Übertragbarkeit des Meßwertes auf die Fläche. Die Flächeneinheit, in der Meßwerte bei hinreichender Meßdichte so geringe Amplituden besitzen, daß für Struktur und Wirkungsgefüge der Haushaltsparameter hohe Ähnlichkeit postuliert werden darf, kann als homogen oder

---

[4]) Obwohl mit dem Begriff „Landschaft" keine eindeutige Größenordnung verbunden ist, läßt sich diese Arealeinheit wohl hinsichtlich ihrer Mindestgröße als nicht der topischen Dimension zugehörig definieren.

quasihomogen gelten. Innerhalb homogener Naturräume können daher auch gleiche Reaktionen auf „Störgrößen" erwartet werden. Homogenität kann nach SCHLÜTER (1981, S. 75) am sichersten anhand der Vegetation beurteilt werden, zumindest in naturnahen Landschaftsteilen.

Eine solche Flächeneinheit wird nach TROLL (1950) Ökotop genannt. Sie ist als „Mosaikstein der Landschaft kleinstes geographisch relevantes Areal" (NEEF 1963). Synonyme Begriffe sind „Fliese" (SCHMITHÜSEN 1948), „Landschaftszelle" (PAFFEN 1948) oder „Standortsform" (KOPP 1975).

Ökotope sind Flächeneinheiten der topischen Dimension. Ihre inhaltliche Kennzeichnung und räumliche Abgrenzung beruht auf Methoden der sog. „horizontalen" und „vertikalen" Raumerkundung.

3. METHODEN DER ÖKOLOGISCHEN RAUMGLIEDERUNG IN DER TOPISCHEN DIMENSION

Systeme der dimensionsbezogenen Naturraumklassifikation können grundsätzlich den Weg über die Deduktion -" von oben „- oder aber den Weg der Induktion -" von unten „- beschreiben (HAASE 1964). Ein Beispiel für den ersten Weg ist die Naturräumliche Gliederung Deutschlands durch MEYNEN und SCHMITHÜSEN 1953-1962 (UHLIG 1967), ein Beispiel für den zweiten Weg die Naturräumliche Ordnung, die von NEEF und seinen Schülern seit den frühen 60er Jahren entwickelt wurde (RICHTER 1967).

Topische Einheiten sind damit Grundbausteine der Naturräumlichen Ordnung und nicht der Naturräumlichen Gliederung, deren Weg von oben nur bis zur Ausweisung mikrochorologischer Einheiten führt.

Die Ausweisung von Ökotopen als geographisch wie landschaftsökologisch kleinste relevante Einheiten ist auf sehr unterschiedliche Weise angegangen worden; dies erscheint auch wenig verwunderlich, da sich mit der Erfassung des Landschaftshaushaltes das vielschichtige Problem stellt, alle Partialkomplexe (Geofaktoren) wie Klima, Relief, Boden, Wasser, Lebewelt und deren Elemente sowohl in ihrer räumlichen Ausprägung, als auch in ihrem Wirkungsgefüge - ihren Beziehungen untereinander - zu kennzeichnen.

Nachfolgende Zusammenstellung, die die Klassifikation von MARKS (1979) berücksichtigt, verdeutlicht in groben Zügen gundsätzliche Methoden zur Ausweisung und Kennzeichnung topischer Naturraumeinheiten, wobei sich mit der Verfeinerung des methodischen und technischen Rüstzeugs der Naturraumerkundung eine gewisse Chronologie von selbst einstellt.

Unterscheidungskriterien sind durch folgende Gegenüberstellungen definierbar:

    ganzheitlich - analysierend
    qualitativ - quantitativ
    strukturorientiert - prozeßorientiert
    landschaftsorientiert - systemorientiert.

3.1 ÖKOTOPAUSWEISUNG DURCH GANZHEITLICHE BETRACHTUNG

Diese auf TROLL (1950) zurückgehende Methode der Ökotopausweisung soll dem ganzheitlichen Charakter der Landschaft gerecht werden, indem in „intuitiver Weise" vorgegangen wird, um so vom Landschaftsgefüge ausgehend, deduktiv Einzellandschaften und Landschaftsteile (Ökotope) zu scheiden. Physiognomisch auffällige Partialkomplexe werden zwangsläufg bei der Ökotopausscheidung vorrangig berücksichtigt. Die Auswertung von Luftbildern und topographischem Kartenmaterial gehört zu den wichtigsten Arbeitsmethoden.

Ohne Zweifel besitzt die ganzheitliche Betrachtungsweise den Vorteil, nicht durch zu stark analytische Vorgehensweise den „Bauplan" des Naturraums aus dem Auge zu verlieren[5], doch fällt es angesichts eines hohen Maßes an einfließender Subjektivität und nicht immer gewährleisteter Nachvollziehbarkeit schwer, ein Kartierprinzip als allgemein verbindlich zu deklarieren, das nur vieljährig erfahrene Landschaftsökologen mit Erfolg anzuwenden in der Lage sind.

Zweifellos gibt es Haushaltsparameter hoher ökologischer Relevanz, die sich einer Naturraumerkundung durch Fernerkundung und Geländebegehung (s.a. PAFFEN 1953) entziehen, beispielsweise das Bodenfeuchteregime, die nutzbare Feldkapazität oder andere, z.T. abgeleitete Parameter des Partialkomplexes Boden. Darauf weist auch MARKS (1979, S. 17) hin.

Die Ganzheitsmethode impliziert - wie erwähnt - eine unterschwellige Hierarchisierung der Partialkomplexe. Mit dem Relief als „stabilem anorganischem Merkmal" und der Vegetation als „labil-variablem ökologischem Merkmal"[6] kommen zwei sehr unterschiedliche Hauptmerkmale zum Tragen, die ausschließlich aus Karten oder Luftbildern abgeleitet, beschränkt quantifizierbar sind. Die Einflüsse des Menschen auf den Naturhaushalt lassen sich nicht nur zu einem gewissen Grad ableiten, sondern sind mit ihren Konsequenzen z.T. direkt abgebildet.

3.2 ÖKOTOPAUSWEISUNG UNTER HIERARCHISIERUNG DER PARTIALKOMPLEXE AUF QUALITATIV-ANALYTISCHER BASIS

Im Extremfall kann ein hierarchisches System der Partialkomplexe zur Ausweisung von Ökotopen die dominante Berücksichtigung eines Partialkomplexes bedeuten; dies bezeichnet MARKS (1979, S. 7) als Dominantenmethode. Dominanz eines Partialkomplexes zu postulieren bedeutet, daß schon dieser allein den Naturhaushalt hinreichend genau beschreibt und alle anderen Partialkomplexe stark steuert oder aber vollständig integriert.

Das Integrationsmaß der Dominanten kann sehr unterschiedlich sein. Hochintegrierende Partialkomplexe sind der Boden und die Vegetation, v.a. die potentielle natürliche Vegetation i.S. TÜXENs (1957). Sie bilden das Zusammenspiel der Partialkomplexe komprehensiv ab, überdecken aber den Beitrag des einzelnen Partialkomplexes im

---

[5]) Insofern fügt sich die Diskussion um den Wert ganzheitlicher Betrachtungsweisen nahtlos an die erkenntnistheoretische Diskussion um die Möglichkeiten und Probleme der Gestaltwahrnehmung an.
[6]) Beide in Anführungszeichen gestellte Begriffe gehen auf das Klassifiktionsschema für ökologische Merkmale von HAASE (1979) zurück.

gesamten Wirkungsgefüge. Die potentielle natürliche Vegetation (pnV) beschreibt einen konstruierten Zustand der Vegetation, der sich unmittelbar nach Aufhören der menschlichen Wirtschaftsmaßnahmen ergeben würde.

Dieser phytoökologische Ansatz allein erscheint deswegen zur Ausscheidung von Ökotopen als problematisch, weil die Nachhaltigkeit anthropogener Maßnahmen in den Naturhaushalt schwer einschätzbar ist. So berichtet ELLENBERG (1968)[7], daß Waldökosysteme, die auf ehemaligen Ackerflächen begründet worden waren, noch nach mehreren Dekaden eine deutlich höhere Wuchsleistung der Bäume zeigten als ungedüngte Vergleichsvarianten. Auch die Wirkung von Drainungen landwirtschaftlicher Nutzflächen auf den standörtlichen Wasserhaushalt und damit auf den Landschaftshaushalt ist nur schwer prognostizierbar, so daß die pnV nur recht vage abgeleitet werden kann.

Eine ökologische Raumgliederung ausschließlich nach der pflanzensoziologischen Methode kann außerdem dort zu unrichtigen Ergebnissen führen, wo ein differierendes Wechselspiel standorthaushaltlicher Parameter zur gleichen Pflanzengesellschaft führt, da Ausprägungen von Partialkomplexen sich einander bis zu einem gewissen Grad ersetzen können (s. Problem der „relativen Standortskonstanz" WALTER u. WALTER 1953).

Ein Beispiel für die dominante Berücksichtigung eines integralen Partialkomplexes ist die Arbeit von HAMBLOCH (1957) zur naturräumlichen Gliederung der Emssandniederung. Hier nimmt der Bodenwasserhaushalt eine Primatstellung ein. Dies erscheint bei homogenem Ausgangssubstrat und unbedeutenden Reliefunterschieden als landschaftsangepaßt und daher auch als durchaus legitim.

Als Beispiel einer naturräumlichen Gliederung mit „Morphodominanz" (i.S. von MARKS 1979) - allerdings in der chorischen Dimension - ist die Naturräumliche Gliederung Deutschlands von MEYNEN und SCHMITHÜSEN (Hrsg., 1953-1962) anzusehen (LESER 1976, S. 74f; HAASE 1964, S. 8).

Das Relief ist zwar ein den Naturhaushalt durch Neigung und Wölbung stark steuernder aber gleichzeitig ein auf die Lebewelt nur indirekt einflußnehmender Partialkomplex. Einheiten gleicher Reliefstruktur und Aktualgeomorphodynamik haben zwar als Morphotope räumliche Bindungen zu Ökotopen, eine Kongruenz darf aber a priori nicht vorausgesetzt werden.

Die Hierarchisierung von Partialkomplexen meist ohne eindeutige Primatstellung liegt im Wesen vieler Raumgliederungen der topischen Dimension. Auch sie erfolgt in der Regel landschaftsangepaßt. Die Ökotopgliederung des Ith-Hils-Berglandes von KLINK (1966) beispielsweise berücksichtigt zwar - dem Mittelgebirgstyp entsprechend - das Relief in einer hervorgehobenen Stellung, doch gehen Boden und Vegetation in die Ökotopkennzeichnung und als Abgrenzungsmerkmale ein. Von einer absoluten Morphodominanz kann daher im Gegensatz zu MARKS (1979) nicht gesprochen werden (s.a. SCHREIBER 1990, S. 27).

Eine sehr detaillierte Ökotop- bzw. Physiotopgliederung unter Hierarchisierung mehrerer Partialkomplexe legte für den Raum der Verdener Geest DIERSCHKE (1969) vor. Hervorgehobene Berücksichtigung fand hier die Bodenform und die Vegetation.

Eine Ausweisung von Ökotopen kann wie bei NEEF, SCHMIDT, LAUCKNER (1961) auch nach abgeleiteten, synthetischen Größen, sog. ökologischen Hauptmerk-

---

[7] zitiert in SCHREIBER (1976), dort im Literaturverzeichnis aber fehlend

malen, vorgenommen werden. Darunter verstehen die Autoren Bodentyp, Vegetationstyp und den Bodenfeuchteregimetyp. Während der Bodenfeuchteregimetyp wichtige Teile des Bodenwasserhaushaltes zusammenfassend und ökologisch relevant abbilden kann, ist der Bodentyp (später auch im Sinne von Bodenform gebraucht) vor allem dann ökologisch deutbar, wenn die rezent ablaufenden Bodenentwicklungsprozesse auch indiziert und nicht etwa durch reliktische Merkmale überlagert werden[8].

Die Einbeziehung von haushaltlichen Prozessen durch das Merkmal „Bodenfeuchteregimetyp" leitet bereits hier die Hinwendung zu einer prozeßorientierten Kennzeichnung von Raumeinheiten ein. Hätten hier die Beziehungen zur Lebewelt im Vordergrund gestanden, wären als räumliche Einheiten nicht Physiotope, sondern Ökotope ausgewiesen worden.

Die Vorschriften zur Forstlichen Standortskartierung in beiden Teilen Deutschlands (z.B. KOPP 1975) sind gute Beispiele dafür, wie durch eine Vergrößerung des Arbeitsmaßstabs auf 1:10000 der Zwang zur Hierarchisierung der Haushaltsgrößen immer geringer wird. Wasser- und nährstoffhaushaltliche Bodenparameter, Relief- und Klimadifferenzierung als Faktoren, die auf das Wachstum der Forstkulturen direkt Einfluß nehmen, sind die für die Kennzeichnung von „Physiotopen"[9] in Forstökosystemen ausschlaggebenden Standortfaktoren. Eine Teilquantifizierung von Haushaltsgrößen findet zunehmend statt, so daß die Grenze zu den Methoden, die im Kapitel 3.3 subsumiert werden, sehr fließend ist.

Zusammenfassung

Die Naturraumgliederung mit Primatstellung eines Partialkomplexes („Dominantenmethode" nach MARKS 1979) ist eine in der topischen Dimension eher selten angewandte Methode. In der chorischen Dimension jedoch kommt ihr einige Bedeutung zu. Die Primatstellung wird in der Regel stabilen Haushaltsgrößen verliehen.

Die Hierarchisierung mehrerer standorthaushaltlich relevanter Größen, die alle in die Ökotopkennzeichnung oder Ökotopabgrenzung eingehen, wird dem Wirkungsgefüge der Partialkomplexe eher gerecht. Die Hierarchisierungsvorschrift, die Rangfolge, ist vom Landschaftstyp abhängig und damit nur bedingt auf andere Räume übertragbar. Ob die abgegrenzten topischen Einheiten Ökotope im eigentlichen Sinne sind, hängt von der Integration der Lebewelt ab.

Hierarchische Verfahren sind in den 60er und 70er Jahren im Hinblick auf eine stärkere Quantifizierung der Haushaltsgrößen verfeinert worden.

3.3 ÖKOTOPAUSWEISUNG UNTER HIERARCHISIERUNG DER PARTIALKOMPLEXE AUF STÄRKER QUANTITATIVER BASIS

Wesentliche Fortschritte in der ökologischen Raumgliederung der topischen Dimension gehen auf ERNST NEEF und seine Schüler zurück. Von ihnen wurde seit den frühen 60er Jahren die „geotopologische Arbeitsweise" der „komplex-analytischen Methode" entwickelt.

---

[8]) s.a. REUTER (1990) zum Problem der sog. „disharmonischen Bodenentwicklung".
[9]) Die hier verwendete Bezeichnung „Physiotop" wird von einigen westdeutschen Autoren mit der Bezeichnung „Ökotop" synonym gebraucht (z.B. LESER 1976).

Die komplex-analytische Methode fußt auf einer „Differentialanalyse", durch die die Partialkomplexe einzeln aufgenommen werden. Aus der Fülle anfallender Daten werden Typen gebildet, nach denen eine Flächenkartierung durchgeführt wird. In diesem Schritt wird zunächst die Horizontalstruktur der Landschaft erforscht.

Das Hauptkartiermerkmal ist die Bodenform. Im Bergland wird die Verbreitung, Vergesellschaftung und stoffhaushaltliche Abhängigkeit ökologischer Grundeinheiten beispielhaft an Standortabfolgen am Hang (sog. Hangcatenen[10]) untersucht. Als Ergebnis können topische Einheiten der Partialkomplexe (Pedotop, Morphotop, Klimatop u.a.) ausgegliedert werden.

Im zweiten Schritt erforscht die „komplexe Standortanalyse" an ausgewählten Kleinflächen (Tesserae) die prozessualen Beziehungen zwischen den Standortsmerkmalen, die zu bestimmten, charakteristischen Merkmalskombinationen führen. Das Ziel dieses kausal-analytischen Ansatzes ist es, die Entwicklung, Dynamik, Stabilität und Belastbarkeit des Standortes abzuschätzen (HAASE 1964, 1979). Die Übertragbarkeit der erhobenen Werte der Testfläche auf größere Areale bleibt dabei als grundlegendes Problem bestehen (s.a. LESER 1984, S. 24).

Die komplex-analytische Methode, die bis in die jüngste Vergangenheit methodisch immer weiter verfeinert wurde und letztlich zur Entwicklung eines sehr geschlossenen - mitunter aber starr wirkenden - Klassifikationssystems topischer Einheiten beigetragen hat, führte die geoökologische Forschung aus dem „Landschaftsparadigma" der ersten Hälfte des 20. Jh. in das „Systemparadigma" (SOCAVA 1974). Dabei wird die geoökologische Forschung, die eine Organismus-Umwelt-Beziehung postuliert, nur zum Teilaspekt einer umfassenden landschaftskundlichen Forschung.

Trotz der Einbindung eines modernen Systemansatzes in die landschaftskundliche Forschung und der Einsicht, in stärkerem Maße auch strukturverknüpfende Prozesse berücksichtigen zu müssen, bleibt der traditionell naturhaushaltlich-genetische Ansatz unter Ausschluß menschlicher Einflußnahmen bestehen. Das zeigt sich besonders daran, daß die Bodenform als Bodentyp-Substrat-Kombination weiterhin eine herausgehobene Stellung zur Ausgliederung topischer Einheiten (meist Physiotope) einnimmt.

Eine auf dem Konzept von NEEF und seinen Schülern fußende geoökologische Forschungsrichtung ist von LESER u. MOSIMANN (1984) sowie LANG (1982) und KLUG u. LANG (1983) stärker im Sinne einer geosystemaren Prozeßforschung vorangetrieben worden.

Der Einrichtung von Testflächen kommt besonders hohe Bedeutung zu. Um möglichst lange Meßreihen zu erreichen, wird die Differentialanalyse (bei MOSIMANN 1984 als Vorerkundungsphase bezeichnet) entsprechend extensiviert. In der Regel wird es als notwendig erachtet, mehrere Testflächen gleichzeitig zu betreiben. Ihre Lage soll so gewählt werden, daß zwischen ihnen ein räumlicher Zusammenhang besteht.

Aus den erhobenen Landschaftsdaten werden aggregierte Merkmalstypen gebildet, nach denen letztlich die geoökologische Raumgliederung erfolgt.

---

[10])Die „Catena-Methode" ist schon sehr alt. Sie wurde von MILNE 1936 und VAGELER 1940 im tropischen Raum entwickelt und floß später in die Arbeiten von MEIER (1955) in Süd-Niedersachsen, KLINK (1966, 1969) im Niedersächsischen Bergland u. HAASE (1961) im Nordwest-Lausitzer Bergland ein. Zur Klärung von stoffhaushaltlichen Bilanzen wurde die Catena-Methode besonders von SCHLICHTING (1965) und seinen Schülern SCHWEIKLE (1971), STAHR (1979, 1990) und SOMMER (1992) benutzt.

In der Dissertation von Mosimann (1980) waren dies die folgenden:
- Wasserdurchlässigkeit
- Basensättigung
- Bodenfeuchtestufenhäufigkeit
- Wärmeüberschuß bzw. -defizit.

Auch diese äußerst detaillierte landschaftskundliche Untersuchung verdeutlicht, daß eine vollständige Erfassung des Landschaftshaushaltes mit allen Struktur- und Prozeßgrößen nicht möglich ist. Mit fortschreitend differenzierter werdenden Methoden zur Quantifizierung von Elementen des Landschaftshaushaltes rückt die Aufklärung der **geosystemaren** Relationen immer stärker in den Vordergrund. Umfassende **ökosystemare** Ansätze machen in vielen Fällen eine Teamarbeit mit Biowissenschaftlern erforderlich.

Die methodischen Fortschritte der Geosystemanalyse in der topischen Dimension flossen ein in die Konzeption zum „Handbuch und Kartieranleitung Geoökologische Karte 1:25000 des Arbeitskreises Geoökologische Raumgliederung und Naturraumpotential (GÖK 25)" (LESER u. KLINK 1988) des Zentralausschusses für deutsche Landeskunde. Die Konzeption des Arbeitskreises sieht vor, künftige geoökologische Kartierungen in topischer Dimension durch die Definition sog. Erfassungsstandards und Vorschriften zur Merkmalsverknüpfung zu vereinheitlichen. Dazu wurden folgende Vorgaben formuliert:

- Erfassung des Landschaftshaushaltes möglichst quantitativ und umfassend
- rasche Kartierbarkeit der Aufnahmeparameter
- praxisrelevante Kennzeichnung von Ökotopen

Im Gegensatz zu den o.g. geosystemaren Ansätzen steht hier die Flächenkartierung wieder im Vordergrund.

Die Kartiermethoden sind unter der Mitarbeit von 12 Geowissenschaftlern zusammengetragen worden. Sie lehnen sich an bewährte Methoden der Spezialwissenschaften (z.B. Bodenkunde, Geländeklimatologie) an und übernehmen zur Merkmalsbeschreibung und -klassifikation z.T. dort definierte Grenz- und Schwellenwerte. Dies hat den Vorteil, daß Informationen aus bestehenden geowissenschaftlichen Karten unschwer in die geoökologische Karte integriert werden können, was die Kartenherstellung erheblich beschleunigt.

Im GÖK-Konzept werden entsprechend einem landschaftlichen Haushaltsmodell strukturelle Größen (z.B. Hangneigung, Bodenart, Gründigkeit, pH-Wert, nutzbare Feldkapazität, Vegetationsstruktur) von Prozeßgrößen (z.B. Energiedargebot, Abbau der org. Substanz, Feststofftransport) unterschieden[11]. Geoökologische Strukturgrößen bringen ein Grundraster der räumlichen Gliederung der Landschaft hervor (GLAWION 1988, LESER u. KLINK 1988) und ermöglichen in vielen Fällen die Grenzfindung geoökologischer Raumeinheiten, bei einheitlicher Ausprägung von Prozeßgrößen sogar bis zur Stufe der Ökotope hinab.

Der Darstellungsmaßstab von 1:25000 liegt im Grenzbereich der topischen Dimension zur chorischen Dimension. Daher ist eine Faktorenauswahl für die kartographische Umsetzung geboten. LESER u. KLINK (1988, S. 236) schlagen vor, die inhaltliche

---

[11] Andere bei LESER u. KLINK (1988) aufgeführte Prozeßgrößen wie Wasserhaushalt und Nährstoffhaushalt sind wohl eher als Komplexgrößen zu verstehen, in die auch Prozesse integriert sind (z.B. Perkolation-kapilarer Aufstieg; Adsorption-Desorption), und nicht als Prozeßgrößen an sich.

Kennzeichnung von Ökotopen mindestens durch folgende Merkmale vorzunehmen (sog. Minimalkatalog):

- Bodenart
- Neigungswinkel
- Vegetationsgrundtyp
- Gründigkeit
- Energiedargebot
- Kaltluftsammelgebiet
- Wasserversorgungsstufe
- Feststofftransporte

Darüber hinaus werden zusätzliche Ökotopkennzeichnungen - auch prozessualer Art - in Form von Tabellen zusammengestellt. In der so erstellten geoökologischen Karte ist eine Kombination von Bodenart und Hangneigung für die Flächenfarbe maßgebend. Damit sind zwei Strukturgrößen auf höchster hierarchischer Ebene angesiedelt worden, die als wichtige Steuergrößen des Landschaftshaushaltes (z.B. Perkolationsintensität, Oberflächenabfluß, Porengrößenverteilung) nur indirekt Einfluß auf die biotischen Kompartimente des Ökosystems ausüben. Direkt auf die Lebewelt einwirkende Faktoren wie Nährstoffangebot und pflanzenverfügbare Bodenwassermenge werden nachgeordnet abgeleitet. Dies bedeutet, daß die Raumgliederung eher zu Physiotopen im Sinne NEEFs als zu echten Ökotopen führt.

Trotz des Versuchs, haushaltliche Prozesse in die Kartierung einzubinden, bleibt die Ökotopausweisung strukturgrößenbetont. Das traditionell naturhaushaltlich-genetische Konzept bildet weiterhin das Rückgrat der GÖK-Konzeption. Auffällig ist, daß dem menschlichen Einfluß auf den Naturhaushalt wenig Aufmerksamkeit geschenkt wird. Dies erzeugt angesichts der vielfältigen Eingriffe, die weit mehr als nur Modifikationen sind, Unverständnis, zumal der Anspruch besteht, für die Planungspraxis relevante Landschaftsdaten zu erheben und in aufgearbeiteter Form zur Verfügung zu stellen (LESER u. KLINK 1988).

Im folgenden werden Art und Maß menschlicher Eingriffe in den Naturhaushalt an Beispielen wichtiger Ökosysteme im mitteleuropäischen Raum unter besonderer Berücksichtigung der Bundesrepublik Deutschland beschrieben, um nachvollziehbar zu machen, warum das traditionelle naturhaushaltlich-genetische Konzept um die Einbeziehung des Menschen erweitert werden muß.

4. ZUR BERÜCKSICHTIGUNG ANTHROPOGENER EINFLÜSSE AUF DEN LANDSCHAFTSHAUSHALT IM RAHMEN EINER GEOÖKOLOGISCHEN KARTIERUNG IN TOPISCHER DIMENSION

Im dichtbesiedelten, hochentwickelten mitteleuropäischen Raum nimmt der wirtschaftende Mensch besonders seit der Industrialisierung in vielfältiger Weise bewußt oder unbewußt Einfluß auf das ökosystemare Wirkungsgefüge im Landschaftsraum.

Abb. 4-1 verdeutlicht am Beispiel eines Vergleichs von einem natürlichen Ökosystem mit einem weit verbreiteten Nutzökosystem (hier: Agrarökosystem) wesentliche anthropogene Einflußnahmen. Die wichtigsten unter ihnen werden kurz in ihrer Wirkung auf die betroffenen Ökosysteme beschrieben. Anschließend wird diskutiert,

Abb. 4-1: Natürliches Ökosystem und agrarisches Nutzökosystem im Vergleich

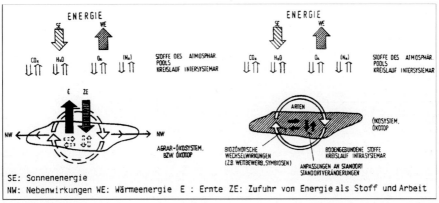

(aus HABER 1981)

ob und in welcher Weise grundsätzliche Steuerungen Eingang in geoökologische Karten der topischen Dimension finden sollen.

4.1 BODENVERSAUERUNG DURCH IMMISSION VON LUFTVERUNREINIGUNGEN

Im Zusammenhang mit dem Auftreten der „Neuartigen Waldschäden"[12] in Mittel- und Nordeuropa sind in der Bundesrepublik Deutschland zahlreiche Meßstellen im Freiland, in Wäldern und Siedlungen eingerichtet worden, um den Eintrag von sauren Depositionen messen zu können. Für den Anfang der 80er Jahre wurde der Säureeintrag in Waldökosysteme zwischen 1,2 und 6,4 kmol H^+/ha·a (ULRICH 1989, S. 15) angegeben. MAYER (1984, S. 214) nennt Werte zwischen 1,6 und 5,4 kmol H^+/ha·a. Dies entspricht 17-90% der Emissionsdichte von 7 kmol H^+/ha·a (BMI 1982). Aufgrund der hohen Filterwirkung von ganzjährig benadelten Koniferen sind in Fichtenbeständen die Einträge gegenüber Laubholzbeständen (Buche, Eiche) stark erhöht[13]. Für Freilandökosysteme lag in diesem Zeitraum der Eintrag saurer Depositionen als arithmetisches Mittel der Ergebnisse von 50 Stationen und ohne Berücksichtigung der Säurebelastung durch NH_4-N bei 0,5 kmol H^+/ha·a (BRECHTEL 1989, S. 35).

Um die Konsequenzen von Einträgen saurer Depositionen in Wald- und Agrarökosysteme (Freilandökosysteme) bemessen zu können, erscheint es bedeutend, Depositionsrate und effektive ökosystemare Pufferungsrate zu vergleichen. Effektive Pufferung findet bei allen Böden natürlicherweise über die Gesteinsverwitterung statt. Außer auf Böden, die in der Feinsubstanz (<2 mm-Fraktion) Calciumcarbonat enthalten, ist die Pufferung durch hydrolytische Verwitterung von

---
[12] Zur Bewertung der „Neuartigen Waldschäden" s. BUNDESMINISTERIUM FÜR ERNÄHRUNG , LANDWIRTSCHAFT UND FORSTEN (1990)

[13] Die Einschätzung der tatsächlich eingetragenen Frachten an sauren Depositionen in Waldökosysteme wird dadurch erschwert, daß die Höhe der Pufferung von Säuren durch blatteigene Basen an der Spreitenoberfläche, die dann der Auswaschung („Leaching") unterliegen, besonders vom pflanzlichen Ernährungszustand abhängt.
Da diese Pufferung aus dem Pool der im Waldökosystem vorhandenen Basen stammt, ist sie nur ein scheinbar vorhandener Kompensationsmechanismus, der zu einer Unterbewertung des tatsächlichen Säureinputs führt.

Silikaten ökosystemar deshalb von größter Bedeutung, weil bei einer positiven Bilanz von Säurebindung durch Silikatverwitterung und Säureeintrag das Bodensystem in einem dynamisch-stabilen Zustand verbleibt, der sich in der Regel durch ein günstiges Nährstoffangebot für Pflanzen kennzeichnen läßt.

Aus Tab. 4-1 geht deutlich hervor, daß die Pufferraten mit 0,2-1 kmol/ha·a weit geringer sind als die jährliche Eintragsfracht saurer Depositionen in Waldökosysteme.

Tab. 4-1: Aus dem Mineralbestand geschätzte Raten der Silikatverwitterung im Wurzelraum in Abhängigkeit von der Bodenbildung

	$kmol/z \cdot ha^{-1} \cdot a^{-1}$
Basalt, Gabbro	2
Andesit, Diorit	1-2
Rhyolith, Granit	bis 1
Grauwacke (Kulm)	0,5 (-1)
Tonschiefer	0,2-0,5
Kieselschiefer (Kulm)	<0,2
mittlerer Buntsandstein	~0,5
Buntsandsteinton	~0,5
Muschelkalkton	0,2-0,5
Tertiärsand	<0,2
Löß	~0,4
Geschiebemergel	~1
Flugsand	0-0,5

(nach ULRICH 1986: Zusammenstellung mit Bezug auf FÖLSTER 1985, BREENWSMA u. de VIRES 1984)

Waldbodenuntersuchungen in Nordrhein-Westfalen (GEHRMANN, BÜTTNER u. ULRICH 1987) ergaben, daß auf sehr unterschiedlichen Standortstypen, z.B. auf pleistozänem Sand, Lößlehm oder Schiefergebirgssolifluktionsschutt, die Bodenversauerung zu einer weitgehenden Entbasung des Mineralbodens bis in Tiefen von 60-80 cm geführt hat. Diese Befunde können durch entsprechende Untersuchungen in anderen Bundesländern bestätigt werden (RASTIN u. ULRICH 1988, WITTMANN u. FETZER 1982). Niedrige pH-Werte und hohe Gehalte an Aluminium in der Bodenlösung, niedrige Basensättigung an den Bodenaustauschern und ungünstige Humusformen sind verbreitet auftretende Strukturmerkmale von Böden in Waldökosystemen. Im Rahmen vertikal (MALESSA u. ULRICH 1989) oder eher horizontal gerichteter Bodenwasserströme (FEGER 1989) setzt sich die Versauerungsfront als Perkolation in Richtung Grundwasser oder als Interflow oberflächenparallel zum Vorfluter hin fort (z.B. SYMADER 1989). Bisher sind, von kleineren, oft nur periodisch fließenden Bächen abgesehen, deutliche pH-Wert Absenkungen als Folge des Eintrags saurer Depositionen nicht nachweisbar.

Trotz des Säurecharakters atmosphärischer Depositionen ist der Filtereffekt von Waldbständen auch hinsichtlich des Nährstoffhaushaltes bedeutsam. Nährelemente wie z.B. Kalium, Calcium, Schwefel und Stickstoff werden in bedeutenden Frachten eingetragen. So konnte von ZEZSCHWITZ (1985) im Rheinischen Schiefergebirge zeigen, daß Stickstoff- und vermutlich auch Phosphoreinträge insbesondere auf Luv-Standorten das C/N- bzw. das C/P-Verhältnis des Ektohumus verringerten und damit dessen Zersetzbarkeit verbesserten.

Das Niveau des Säureeintrags auf landwirtschaftliche Nutzflächen liegt nahe der Pufferungsrate durch Silikatverwitterung und hat deshalb auf den bodenchemischen Zustand kaum einen Einfluß (BÖTTCHER, FREDE, MEYER 1984). Andererseits führt die Entnahme von Biomasse aus Agrarökosystemen zu einer potentiellen Bodenversauerung, die bis zu 15 kmol H^+/ha·a betragen könnte (BECKER 1984). Doch gegenläufige Bewirtschaftungsmaßnahmen (z.B. Kalkungen) überlagern potentielle Wirkungen.

Aber auch Nährelemente werden über den Luftpfad in Agrarökosysteme immittiert. So betragen die jährlichen Depositionen an Stickstoff beispielsweise ca. 20-40 (-50) kg N/ha (Literaturauswertung von HOFFMANN u. RICHTER 1988). Diese reichen zwar nicht aus, um ein Nutzpflanzenwachstum auf einem hohen Ertragsniveau zu garantieren, sie sollten jedoch bei der Düngerbemessung angerechnet werden. Lediglich Schwefel wird örtlich, wie Untersuchungen in Göttingen zeigen, in so hohen Frachten eingetragen, daß eine Düngung unterbleiben kann (BÖTTCHER, FREDE, MEYER 1984).

4.2 BODENALKALISIERUNG UND -EUTROPHIERUNG DURCH DÜNGUNG

Der Einsatz von Düngemitteln im Walde hatte einen gewissen Umfang erst erreicht, als infolge mittelalterlicher und neuzeitlicher Waldbenutzung[14] im 19. Jh. und Anfang des 20. Jh. die Waldökosysteme verbreitet derart geschwächt waren, daß Jungpflanzungen besonders auf armen Sandböden das Baumholzalter ohne externe Nährstoffzufuhr nicht zu erreichen drohten.

Auch heute noch ist die Zufuhr von Düngestoffen meist auf die Bestandsbegründung und die Jungholzphase beschränkt. Im Zuge von Standortsmeliorationen können Tiefumbruch und Lupinenunterbau den Düngungserfolg sichern. Ansonsten werden Düngestoffe oft nur oberflächlich ausgebracht. In jüngerer Zeit gehört die Ausbringung von dolomitischem Kalk zu den Maßnahmen, die eine weitere Bodenversauerung durch Säureinput verhindern sollen (sog. Kompensationskalkung). Üblich sind dabei Düngerapplikationen von 30 dt $CaMg(CO_3)_2$/ha (GUSSONE 1983). Eine Beeinflussung der Lebewelt kann nach den grundlegenden Untersuchungen von HARTMANN u. JAHN (1959), SCHLÜTER (1966), BASSUS (1960), SCHAUERMANN (1985), RODENKIRCHEN (1986) auch für Kompensationskalkungen festgestellt werden, doch ist sie kaum nachhaltig. Die Wirkung auf den Basenhaushalt ist unter dem derzeitigen Belastungsniveau moderat und auf ca. 10 bis 15 Jahre beschränkt. Nur unter einer ungünstigen Konstellation der Standortfaktoren (hohe Belichtung, mächtige Humusauflage, durchlässiges Substrat, hohe Niederschläge) können Kompensationskalkungen zu Umweltproblemen, z.B. beachtenswerten Nitrataustragen aus der Rhizosphäre, führen.

Aufgrund langer Umtriebszeiten und heute üblicher Beschränkung auf die Stammholznutzung ist der Nährstoffexport über die Holznutzung i.d.R. nicht größer als die Summe aus Nährstoffdeposition und Nährstofffreisetzung über Verwitterungs-

---

[14] Unter dem Begriff „Waldbenutzungsform" können Waldweide, Streurechen, Plaggennutzung und Niederwaldnutzung subsumiert werden. Von einer nachhaltigen forstlichen Bodennutzung - einer Forstwirtschaft i.e.S. - konnte nicht die Rede sein.

prozesse[15]. Dies trifft im Falle einer Ganzbaumnutzung aufgrund übermäßiger Einträge nur noch für den Stickstoff zu.

Der Einsatz von Düngestoffen in der landwirtschaftlichen Bodennutzung erfolgt im Gegensatz zur Forstwirtschaft alljährlich, i.d.R. sogar mehrmals im Jahr. Für landwirtschaftlich genutzte Böden sind von Landwirtschaftlichen Untersuchungs- und Forschungsanstalten (LUFAs) und Düngemittelherstellern sog. Bodennährstoffstandards definiert worden, die optimale Ernteerträge gewährleisten sollen. Bodennährstoffstandards berücksichtigen die „Harmonie der Nährstoffkomposition" entsprechend dem „Wirkungsgesetz der Wachstumsfaktoren" nach MITSCHERLICH und sind abgestellt auf bestimmte Bodenmerkmale (Bodenart, Humusgehalt) sowie den Nutzungstyp (Grünland, Ackerland).

Folgende Beispiele sollen verdeutlichen, auf welchem Niveau wichtige agrarökosystemare Strukturgrößen durch den Menschen zu einer nachhaltigen Nutzung auf hohem Ertragsniveau stabilisiert werden.

Die Tab. 4-2 zeigt, daß mit steigendem Humusgehalt die empfohlenen pH-Werte abnehmen. Dies ist als vorbeugende Maßnahme gegen einen exzessiven Humusabbau

Tab. 4-2:   Empfohlene pH-Werte für Acker- und Grünlandflächen

Ton [%]	Bodenart	Humusgehalt [Gew.%]			
		0-4	>4-8	>8-15	>15-30
0-5	S, Su2, Sl3, Su4, Us, U	**5,5**	**5,5**	**5,0**	**(<5,0)**
		5,0	5,0	5,0	4,5
>5-12	Sl2, Sl3, Ut2, (Uls), (Slu), (St2)	**6,0**	**5,5**	**5,0**	**(5,0)**
		5,5	5,0	5,0	4,5
>12-17	Sl4, Ut3, (Uls), (Slu), (St2)	**6,5**	**6,0**	**5,5**	**(5,0)**
		6,0	5,5	5,0	4,5
>17-25	St3, Ls4, Ls3, Ls2, Ut4	**7,0**	**6,5**	**6,0**	**(5,5)**

(nach RUHR-STICKSTOFF 1988)

(Mineralisierung) zu betrachten, der hohe Mengen an Nitrat auf Kosten des Humusspeichers freisetzen würde. Bei hohen Tongehalten werden pH-Werte bis etwa 7 empfohlen (früher sogar freies $CaCO_3$), weil der dazu verwendete Kalk über Kohlensäureverwitterung so viel Ca^{2+} in die Bodenlösung entläßt, daß über Tonflockung Bodenaggregate stabilisiert werden und damit die Wasserführung dieser schweren Böden gesichert wird.

Tab. 4-3 stellt die durch Düngung anzustrebenden Gehalte an sog. pflanzenverfügbaren Nährelementen dar. Für das Makronährelement Phosphor werden für Acker- und Grünland gleiche Optimalgehalte empfohlen. Die Staffelung der anzustrebenden Kaliumgehalte in Anlehnung an den Tongehalt erklärt sich dadurch, daß die in mitteleuropäischen Böden dominanten Tonminerale Illit und Illit-Vermiculit zu einer Kalium-Immobilisierung durch selektive Fixierung neigen.

Nachhaltige landwirtschaftliche Bodennutzung bedeutet, daß ein Boden in einer Weise genutzt wird, die seine Produktivität langfristig erhält. Demgemäß müssen Düngergaben entsprechend der Ertragserwartung der anzubauenden Kulturpflanze

---

[15] Die Basenfreisetzung durch Silikatverwitterung wird auf vielen Standorten allerdings schon allein durch den Basenentzug der Baumernte aufgebraucht, so daß Säureeinträge quantitativ zur Versauerung führen.

Tab. 4-3: Durch Düngung anzustrebende Nährstoffgehalte auf landwirtschaftlichen Nutzflächen

Nährstoff	Ton [%]	Gehalt [mg/100g]	
		Acker	Grünland
P_2O_5		15-25	15-25
K_2O	0-12	12-20	
	>12-25	15-25	15-25
	>25	20-30	
Mg	0-12	4-5	
	>12-25	5-7	7-12
	>25	7-12	
Na	0-12	3-6	
	>12	5-10	

Phosphor im CAL-Auszug (DL) Kalium im CAL-Auszug (DL)
Magnesium im 0,0125 M $CaCl_2$-Auszug Natrium ohne Angabe
(nach RUHR-STICKSTOFF 1988)

und in Abhängigkeit von der Bodenversorgungsstufe bemessen werden. Dabei sind die verwertbaren Nährstoffmengen in den Ernterückständen der Vorfrucht, in den applizierten org. Düngern sowie die jeweiligen Standortspezifika (z.B. Bodenart, Grundwasserflurabstand) zu berücksichtigen.

Besondere Schwierigkeiten ergeben sich bei der Stickstoffdüngung. Sie erfolgt auch heute noch weitgehend empirisch (OEHMICHEN 1983, S.450), d.h. auf der Grundlage von Erfahrungen und Beobachtungen der Pflanzenbestände. Die Unsicherheiten begründen sich aus der spezifischen N-Dynamik, also daraus, daß die freigesetzte Menge an bodenbürtigem Stickstoff aus der Mineralisierung a priori nur schwer einzuschätzen ist, da sie im wesentlichen eine Funktion der witterungsklimatischen Rahmenbedingungen ist[16]. Um eine Ertragssicherheit auf hohem Niveau zu gewährleisten, wird i.d.R. Mineralstickstoff zugedüngt.

N-Düngung im Hinblick auf eine hohe Ertragserwartung erweist sich unter suboptimalen Witterungsbedingungen häufig als zu hoch. Die Folge ist ein Nmin-Überschuß im Bodenkörper. Da NO_3 ein sehr mobiles Anion ist, ergeben sich hohe Konzentrationen in der Bodenlösung bzw. im Sickerwasser. Bilanzierungen zur potentiellen Nitratbelastung des Sickerwassers durch die Landwirtschaft der Bundesrepublik Deutschland zufolge (BACH 1987) ergäbe sich unter der Voraussetzung, daß der gesamte mittlere N-Überschuß von 100 kg/ha als Nitrat in das Grundwasser gelangte, je nach Sickerwasseranfall eine durchschnittliche Konzentration von 150-400 mg NO_3/l Wasser (BECKER 1989, S. 47)[17]. Die Nitratfracht des Sickerwassers ist besonders erheblich dort, wo landwirtschaftliche Flächen - besonders Ackerflächen - als Entsorgungsflächen wirtschaftseigener, organischer Dünger (z.B. Gülle) dienen[18].

[16] Unter den Prognoseverfahren, die zur Berechnung der notwendigen N-Düngung angewandt werden, sei hier aus der Vielzahl nur die von WEHRMANN u. SCHARPF (1976), die sog. Nmin-Methode, genannt.
[17] Daß nicht der gesamte NO_3-Austrag in das Grundwasser gelangt und nicht die gesamte NO_3-Fracht des Grundwassers -Trinkwassergewinnung vorausgesetzt - von Trinkwasserbrunnen gefördert wird, liegt daran, daß sowohl in der ungesättigten Zone des Bodens als auch im Grundwasserleiter Prozesse der Denitrifizierung ablaufen, die ein gasförmiges Entweichen von N_2 und N_2O zur Folge haben. Das Maß der Denitrifizierung ist abhängig von dem Gehalt oxidierbarer organischer Substanz und der Fließstrecke (z.B. OBERMANN 1982).
[18] Das Gefährdungspotential intensiver Gülleausbringung kann durch Zugabe des Nitrifikationshemmers Dicyandiamid für einen begrenzten Zeitraum (2-4 Monate) abgeschwächt werden.

Acker und Grünland unterscheiden sich hinsichtlich der anzustrebenden Bodennährstoffgehalte nur wenig. Die Düngungsintensität von Ackerflächen gegenüber Grünland ist jedoch insgesamt erheblich höher. Dies gebietet die besondere Bedeutung der Ertragssicherheit, ein z.T. höherer Entzug bzw. die Einrechnung „unvermeidlicher" Auswaschungsverluste. Häufige Bodenbearbeitung führt unter einer ackerbaulichen Nutzung zu einem gegenüber Grünland deutlich verringerten Humusgehalt (v.a. Corg. und Norg.) und damit zu erheblich höheren Auswaschungsverlusten, besonders während Schwarzbracheperioden. So kommt OBERMANN (1982) zu folgender Reihung zunehmenden Austrags:

> Wald < Grünland < Ackerland < Ackerland (intensiv bewirtschaftet)

Standorte, die infolge überreichlicher Düngung noch höhere Mengen an Nährstoffen gespeichert haben, befinden sich in Siedlungsökosystemen unter kleingärtnerischer Nutzung (REINIRKENS 1991, SCHMID 1986). Sie können die Nährstoffvorräte von Böden unter gewerblichem Gemüseanbau noch überschreiten. Hier wie da ist das Gefährdungspotential der Belastung des Grundwassers durch NO_3-Stickstoff groß[19]. Mit dem Nährstoffumsatz von Grünlandböden sind im Siedlungsraum die Grünflächen in Parks ungefähr vergleichbar. Folglich können - von Aufschüttungen, Abgrabungen und versiegelten Flächen abgesehen - große Flächenanteile im Siedlungsraum als eutrophiert und als Quellen eines nitratbetonten Nährstoffaustrags mit dem Sickerwasser gelten.

Neben Stickstoffverlusten durch Auswaschung von NO_3-N sind auch gasförmige NH_3-Verluste von agrarisch genutzten Böden bedeutsam. Dies ist besonders im Zusammenhang mit einer Gülledüngung beachtenswert. So kann bei der Ausbringung von Rindergülle die Ammoniakemission 40-60% des applizierten Ammoniumstickstoffs ausmachen (ALDAG 1989). Außerdem gibt es Hinweise auf einen Zusammenhang zwischen Ammoniakemission aus landwirtschaftlichen Nutzflächen und der indirekt ausgelösten Versauerung von Waldböden (z.B. VAN AALST 1984, zitiert nach SATTELMACHER u. STOY 1990, S. 233, NIHLGARD 1985, PRENZEL 1985). Dies verdeutlicht einmal mehr die stoffhaushaltlichen Verflechtungen unterschiedlicher Ökosysteme.

4.3 VERÄNDERUNGEN DES WASSERHAUSHALTES DURCH DRAINAGE

Drainagen sind in Agrarökosystemen weit stärker verbreitet als in Waldökosystemen. Durch Maßnahmen der Drainung wird Stauwasser oder hoch anstehendes Grundwasser verstärkt lateral in Entwässerungsgräben oder Vorfluter abgeführt. Weit verbreitet ist die Anlage von Drainrohrsystemen bestehend aus Saugern und Sammlern.

Bessere Oberbodendurchlüftung hat eine Erhöhung der Mineralisierungsintensität zur Folge. Ehemals vernäßte, und damit besonders stark humusangereicherte Böden werden zu Quellen für mineralischen Stickstoff, der in starkem Maße der Auswaschung unterliegt. Auch Phosphor kann auf stark sandigen Böden mit dem Sicker- und Drainwasser verlagert werden. Begleitende kationische Nährelemente sind Calcium, Magnesium und Kalium. Über hohe Stickstoffausträge mit dem Drainwasser aus

---

[19] Wird Nitrat in höheren Konzentrationen mit dem Trinkwasser aufgenommen, kann dies bei Säuglingen die Bluterkrankung „Methämoglobinämie" (Blausucht) hervorrufen. Außerdem können im Körper krebserregende Nitrosamine gebildet werden (SATTELMACHER u. STOY 1990, S. 232).

nordwestdeutschen Sandböden, die unter ackerbaulicher Nutzung stehen und stark gedüngt werden, berichten FOERSTER (1984, 1987) sowie SCHEFFER u. BARTELS (1980).

4.4 VERÄNDERUNGEN BODENPHYSIKALISCHER EIGENSCHAFTEN DURCH BODENBEARBEITUNG

Die Bodenbearbeitung kann, von Bestandsbegründungen forstlicher Kulturen abgesehen, als Spezifikum landwirtschaftlich und gärtnerisch genutzter Standorte angesehen werden. Die Hauptfunktionen bestehen in der Schaffung einer günstigen Bodenstruktur und dem Untermischen von Ernterückständen, Unkraut sowie organischen und mineralischen Düngern. Grundsätzlich können Grundbodenbearbeitung (z.B. Pflügen) und Nachbearbeitung (Saatbettherrichtung) unterschieden werden. Der Einsatz schwerer Schlepper und -anbaugeräte in der Landwirtschaft hat sich bis in die heutige Zeit ständig erhöht, so daß es Kompaktierungen nicht nur im Krumenbereich sondern auch im Unterboden gibt (HARTGE 1983). Kontaktflächendruck und Auflast sind die bestimmenden Größen (EHLERS 1982, HARTGE u. EHLERS 1985). Besonders ein Befahren von feuchtem Boden läßt Verdichtungen unter die Pflugsohle reichen. Eine Verminderung des Grobporenanteils führt zur Verringerung der Wasserleitfähigkeit, und Staunässe kann sich einstellen. In Extremfällen bleiben die Durchwurzelungstiefe und der Ertrag zurück (EHLERS 1982, S. 123f). Die Beseitigung der Kompaktion bereitet besonders auf gefügeinstabilen schluffbetonten Böden (z.B. Lößböden) erhebliche Schwierigkeiten. Neben Bodenverdichtungen können durch mechanische Bodenbearbeitung auch Überlockerungen im Pflughorizont auftreten. Damit erhöht sich die Erosions- und Deflationsdisposition. Unter kleingärtnerischer Nutzung ist der maschinelle Einsatz eher gering.

4.5 VERÄNDERUNGEN DER BIOCOENOSE DURCH BIOZIDAPPLIKATION

Der Einsatz von Pflanzenschutzmitteln hat eine enge Bindung an agrarisch oder gärtnerisch genutzte Ökosysteme. Nutzpflanzenerträge auf dem heute üblichen Niveau lassen sich nur durch Bekämpfung von „Nichtnutzpflanzen", sog. Unkräutern, die im Wettbewerb um Licht, Wasser und Nährstoffen stehen, erzielen. Auch Schädlinge und Krankheitserreger werden üblicherweise bekämpft.

Wie groß der Anteil des Artenrückganges in der Pflanzen- und Tierwelt ist, der unmittelbar auf den Einsatz von Pflanzenschutzmitteln in Landwirtschaft und Gartenbau zurückgeht und nicht auf Bodenbearbeitung und -bestellung im allgemeinen basiert, ist ungewiß. GRIGO (1986) schätzt ihn eher gering ein. Sicher scheint jedoch, daß die landwirtschaftliche Bodennutzung neben der Forstwirtschaft mit der Jagd der Hauptverursacher des Artenrückgangs im mitteleuropäischen Raum ist (KORNECK u. SUKOPP 1988, S. 168).

Die Anwendung von Pflanzenschutzmitteln an landwirtschaftlichen Kulturen muß nach Stoffgruppen differenziert betrachtet werden. In allen Kulturen werden Herbizide eingesetzt, bei Weizen, Gerste, Roggen und Kartoffeln zusätzlich Fungizide. Mit

Insektiziden werden Raps und Mais regelmäßig, Futterrüben und Kartoffeln im geringeren Umfang und Getreide nur selten behandelt. Im Grünland erfolgt neben der Abspritzung gegen Pflanzen mit giftigen oder sonstigen schädlichen Inhaltsstoffen durch Herbizide auch die Bekämpfung tierischer Schädlinge wie der Wiesenschnake und der Wühlmaus (GRIGO 1986, S. 133 u. 210f.).

Zur Steuerung des Arteninventars der Biogeozönose eingesetzt, können Pflanzenschutzmittel mit dem Bodensickerwasserstrom in das Grundwasser transportiert werden oder zusammen mit Bodenmaterial abgespült bzw. ausgeweht werden. Entscheidend für die ökosystemare Wirkung der Präparate sind neben der Toxizität, die Halbwertszeit, die Affinität zur mineralischen und organischen Substanz und die Wasserlöslichkeit.

4.6 VERÄNDERUNG DES STOFFHAUSHALTES DURCH UMLAGERUNGEN UND VERSIEGELUNG VON BÖDEN

Boden- bzw. Substratumlagerungen sind zwar kein streng kennzeichnendes Merkmal für Siedlungsökosysteme, doch ist der Anteil umgelagerter Böden und Substrate im Siedlungsraum besonders hoch. Abtrag durch Entnahme kann bis zum Totalverlust führen, Auftrag bis hin zu mächtigen Halden und Deponien mit Landschaftsbauwerkscharakter. Besonders das Einbringen künstlicher Substrate kann mit erheblichen Belastungen durch Schadstoffe (z.B. Schwermetalle oder organische Schadstoffe) verbunden sein. Abdeckungen von Deponien und Halden werden meist mit humosem Bodenmaterial vorgenommen, dem häufig basische Düngestoffe zugemengt werden. Sickerwässer sind daher oft basenreich, mitunter auch schadstoffbelastet. Spezifikum für Deponien, die größere Mengen an organische Substanz enthalten, ist das Entweichen von Methan. Dies führt in Deponieabdeckungen zur Bildung sog. „Methanosole" (BLUME 1988). O_2-Armut in der Bodenluft kann dann ein Absterben von Rekultivierungsbepflanzungen bewirken.

In urban-industriellen Ökosystemen ist die Bodenversiegelung weit verbreitet. Unter Bodenversiegelung wird die Überdeckung von Böden mit Materialien verstanden, die die ursprünglichen Funktionen des Bodens verändern. Dadurch ergeben sich Auswirkungen auf den Wasser- und Lufthaushalt, auf die Grundwasserneubildung, auf den Wärmehaushalt sowie auf die Filter- und Pufferungsfähigkeit (KLINK 1990). Von besonderer Bedeutung sind die Folgen auf den Wasserhaushalt. Asphaltierung, Betonierung und fugenarme Pflasterung bewirken eine Verminderung der Versickerungsrate bei erhöhtem Abfluß. Dies führt einerseits zu einer Verringerung der Grundwasserneubildung, andererseits zu einer reduzierten Evapotranspiration. Infogedessen kann ein hoher Anteil kurzwelliger Strahlung in fühlbare Wärme umgewandelt werden (Wärmeinselcharakter der Stadt). Grobkörnige Beläge wie Kiese und Schotter trocknen nach Niederschlägen zwar oberflächlich ebenso schnell ab wie porenarme Versiegelungsschichten, sind allerdings hinsichtlich der Grundwasserneubildung - zumindest soweit es die Menge betrifft - als intensiv wasserführende Materialien günstig zu beurteilen. Oberflächlicher Abfluß findet nur in sehr geringem Maße statt.

Schadstoffemission und -immission sind Charktermerkmale urban-industrieller Ökosysteme. Verkehr, Industrie und Gewerbe sind die Hauptemittenten. Zur Deposition kommen Stäube, Ruß, Öl u.a. zum Teil toxisch wirkende Stoffe sowie Verbindungen mit Nährstoffcharakter für Pflanzen (FIEDLER u. HUNGER 1990).

Aufgrund vielfältiger und durchgreifender anthropogener Steuerungen in diesem Ökosystemtyp kann ohne Zweifel zusammenfassend von einem „mensch-organisierten Ökosystem" gesprochen werden.

4.7 ZUSAMMENFASSUNG

Der Mensch übt, wie exemplarisch gezeigt wurde, auf Struktur- und Prozeßgrößen landschaftlicher Ökosysteme vielfältige Einflüsse aus. In Waldökosystemen führt fortwährender Eintrag saurer Depositionen verbreitet zu extremem Mangel an austauschbaren Nährstoffbasen. Ionares Aluminium und Aluminium-Hydroxo-Komplexe herrschen an den Sorptionsträgern vor. Ungünstige Calcium-Aluminium-Verhältnisse in der Bodenlösung des Intensivwurzelraumes wirken hemmend auf das Feinwurzelwachstum. Baumartenzusammensetzung, Waldstruktur und Exposition sind wichtige Steuergrößen des Schadstoffinputs. Über Kompensationskalkungen wird versucht, den Versauerungstrend für einen Zeitraum von 10-15 Jahren aufzuhalten.

Parallel zur Basenverarmung steuert der Mensch in hohem Maße den Stickstoffhaushalt von Waldökosystemen. Einträge von NH_4 und NO_3 in einer Größenordnung von ca. 40 kg/ha·a bewirken sich langsam erniedrigende Ct/Nt-Verhältnisse und eine im Vergleich zu den anderen Makronährelementen relative Stickstoffüberversorgung.

Eher diskontinuierlichen Charakter tragende, aber insgesamt weit erheblichere Eingriffe in den Nährstoffhaushalt sind für agrarische und gärtnerische Nutzpflanzenökosysteme festzustellen. Im Verhältnis Düngung zu Pflanzenentzug wird der Bodennährstoffvorrat durch den Landwirt häufig in Anlehnung an Nährstoffstandards eingestellt. Intensive landwirtschaftliche Bodennutzung, die verbunden ist mit der Applikation leicht wasserlöslicher, und damit gut pflanzenverfügbarer Düngestoffe, führt zu zwar standörtlich differenzierten, im ganzen aber hohen Austrägen an Basen und Nitratstickstoff. Die „unvermeidlichen" Nährstoffoutputs, die zur Düngungsbemessung eingerechnet werden (müssen), sind unter Äckern allgemein höher als unter grünlandwirtschaftlicher Nutzung.

Nutzpflanzenanbau an sich, Bodenbearbeitung und Pflanzenschutz verdeutlichen die anthropogene Steuerung der floristischen wie faunistischen Artenzusammensetzung. Standortmelioration durch Drainage ist als weiterer Eingriff des Menschen in den Stoff- und Wasserhaushalt des Argarökosystems offensichtlicher Ausdruck einer stoffhaushaltlichen Verknüpfung mit Gewässerökosystemen.

Urban-industrielle Ökosysteme als künstliche Ökosysteme zeichnen sich aus durch einen hohen Versiegelungsgrad der Bodenoberfläche. Dieser hat zur Konsequenz, daß Niederschlagswasser zu hohen Anteilen direkt über die Kanalisation weggeführt wird. Damit, und in Verbindung mit dem innerorts erheblichen Energieverbrauch, ändert sich das Mesoklima gegenüber dem Freiland in ein „Stadtklima", das von SCHREIBER (1975, S. 67) auch als „Betonbestandsklima" bezeichnet wurde. Boden-/Substratauftrag bzw. -abtrag kennzeichnen die Untergrundbeschaffenheit. Vielfach werden Sekundärbaustoffe als Tragschichten von Straßen, Sportplätzen, aber auch von Grünanlagen etc. verwendet. Hohe Emissions- wie Immissionswerte begründen sich durch ein starkes Verkehrsaufkommen und die Ballung von Industrie, Gewerbe und Wohnquartieren. Flächennutzungen wie Gärten, Parks und Friedhöfe vermitteln standorthaushaltlich zu Agro- und Wald-/Forstökosystemen.

5. ÖKOSYSTEMARE STABILITÄT UND IHRE BERÜCKSICHTIGUNG IM RAHMEN EINER GEOÖKOLOGISCHEN KARTIERUNG

Die Erkenntnis, daß der Stoff- und Energiehaushalt landschaftlicher Ökosysteme in vielfältiger Weise durch den Menschen bewußt oder unbewußt verändert wird, ist eng mit der Fragestellung verbunden, ob mensch-induzierte Veränderungen nachhaltig sind. Nachhaltig verändert ist ein Element in einem System dann, wenn der Elementzustand, der sich als Reaktion auf die Einwirkung eines Fremdfaktors eingestellt hat, über lange Zeit gegenüber dem Ausgangszustand verändert bleibt, auch wenn die Einwirkung des Fremdfaktors aufgehört hat. Dies soll kurz an einem Beispiel erläutert werden:

Starke Aufbasung eines ton- und humusreichen Bodens durch landwirtschaftliche Nutzung beispielsweise wird auch nach Ablassen von Düngestoffapplikationen über lange Zeiträume hinweg einen nährstoffreichen Bodenzustand hinterlassen. Die gleiche Behandlung sorptionsschwacher Böden hat unter einem humiden Klimaregime nicht so lang andauernde Folgen, denn hohe Sickerwasserraten führen wasserlösliche Nährstoffe schnell ab. Im ersten Fall wäre der basenreiche Nährstoffstatus eine nachhaltige Änderung, im zweiten Fall nicht. Dieses Beispiel belegt, daß eine anwendungs- und problemorientierte geoökologische Kartierung sich der Definition von Stabilität, Instabilität und Elastizität des Ökosystemzustandes stellen muß.

Die Diskussion um die Nachhaltigkeit anthropogener Steuerungen von Ökosytemkompartimenten bezieht sich nicht nur auf naturferne, des permanenten menschlichen Einflusses bedürftige Systeme sondern auch auf naturnahe Waldökosysteme. Hier war gezeigt worden, daß spätestens seit der Industrialisierung bereits die mitteleuropäische Grundbelastung der Atmosphäre mit Säurebildnern so hoch ist, daß Waldbodenversauerung ein im mitteleuropäischen Raum und darüber hinaus weithin feststellbares Phänomen ist. Trotz Säuredeposition gibt es Waldökosysteme, in denen der Oberboden eine neutrale bis schwach alkalische Reaktion zeigt. Wie in Kap. 4 angedeutet, muß hier die Basenfreisetzung über Verwitterungsprozesse höher sein als der Säureeintrag. Der bodenchemische Zustand bleibt stabil und auch die biotischen Ökosystemkompartimente zeigen auf diesen „Störfaktor" - oder „Belastungsfaktor" im Sinne ELLENBERGs (1972) - kaum eine Reaktion.

Ein gesamtes Ökosystem wird dann als stabil bezeichnet, wenn es über lange Zeiträume hinweg in einem stationären Zustand, bzw. unter Berücksichtigung der jahreszeitlichen Rhythmizität und der begrenzten Lebensdauer von Organismen, in einem quasistationären Zustand verbleibt, in dem externe Störungen durch interne Steuerungs- und Regelungsmechanismen abgedämpft werden oder nach Verschiebung aus dem quasistationären Zustand das System wieder in die alte Ausgangslage zurückkehrt (ULRICH 1984). Der quasistationäre Zustand eines Ökosystems wird mit dem Klimaxstadium erreicht. Auf- und Abbau-(Zerfalls-)stadium können als instationäre Zustände bezeichnet werden. Im ersten Fall dominiert der Biomassenaufbau auf Kosten der Boden(nährstoff)vorräte, im zweiten Fall herrscht der Abbau von organischer Substanz vor (GIGON 1984, ULRICH 1984).

Die Messung ökosystemarer Stabilität ist schwierig. Lange galten das tierische und pflanzliche Artenspektrum, die Diversität und der Vernetzungsgrad als Maßzahlen der Stabilität. Mehr „gefühlsmäßig" postulierte man positive Korrelationen. Gegenbeispiele liefert ELLENBERG (1973, S. 24f), der auf die Stabilität artenarmer Schilfgürtel des Neusiedler Sees und der „acidophilen" Rotbuchenwälder hinweist. Mathematische Modellierungen biotischer Systeme von MAY (1973) legen sogar den Umkehrschluß nahe, daß nämlich Diversität und Stabilität negativ korreliert seien, was von NUNNEY (1980) relativiert wird. FRÄNZLE (1978) legt in Anlehnung an STÖCKER (1974) an Beispielen einfach strukturierter Ökosysteme dar, daß es entscheidend auf die Art der Kopplung von Systemelementen ankommt, ob ein System gegenüber externen Störgrößen empfindlich reagiert oder nicht. Der Autor operationalisiert das Komplexmerkmal „ökosystemare Stabilität" durch Entkopplung der Stabiltität integrierter Teilsysteme von der des gesamten Systems, indem er beispielsweise die biocoenologische Stabilität von der Stabilität edaphischer Eigenschaften, der Filterung und Pufferung, trennt.

Für die Bemessung der **biocoenologischen Stabilität** führt FRÄNZLE (1978, S. 284f) als Kriterien an:

a) ökologische Valenz und durchschnittliche Lebensdauer
   (Die Stabilität eines Systems ist gering, wenn die Anzahl der kurzlebigen stenöken Arten hoch ist.)
b) genotypische Plastizität
   (Die Transformationsgeschwindigkeit eines Systems nimmt mit der Zahl der plastischen Komponenten zu, die in kurzer Zeit neue Ökotypen bilden.)

Die Stabilität **edaphischer Merkmale** ist eng mit der Zusammensetzung der Bodenfestphase, der mineralischen und organischer Substanz, verknüpft. Sie korreliert mit den Gehalten des Bodens an Ton, Humus, Calcium, Eisen und Aluminium.

Das einführend gegebene Beispiel verdeutlicht, daß ein „Störfaktor" (oder neutraler besser „Fremdfaktor") unterschiedlich starke Wirkungen haben kann, je nachdem, wie wirksam systeminterne (= endogene) Kompensationen sind. Sind endogene Kompensationsmechanismen wirksam genug, um die Stabilität eines (meßbaren) Zustands im Sinne einer Resistenz zu gewährleisten, kann von einem endogen stabilisierten, resistent-stabilen System gesprochen werden. Bei einer größeren „Auslenkung" des Systemstatus als Folge des Einwirkens von einem Fremdfaktor und endogener Rücksteuerung auf den „Soll-Zustand" ist die Stabilität elastisch. Instabilität kennzeichnet ein System dann, wenn Fremdfaktoren zu irreversiblen, größeren Veränderungen oder unregelmäßigen Schwankungen führen. Auch ohne die Beeinflussung von Fremdfaktoren kann ein System instabil sein[20] (LEVITT 1972, GIGON 1984).

Die Abschätzung der Stabilität von Systemelementen muß auch Bestandteil einer geoökologischen Kartierung sein. Sie gestattet in vielen Fällen die Erklärung, warum ein Systemelement eine aktuell meßbare Qualität/Quantität innehat und ist damit essentieller Bestandteil einer kausal-analytischen Betrachtungsweise. Daß gegenüber einer reinen Ökosystemforschung, deren Hauptintention nicht die Erforschung des räumlichen Standortgefüges ist, Vereinfachungen notwendig sind, ergibt sich beinahe zwangsweise. Im Rahmen einer horizontal ausgerichteten Kartierung müssen folgende, voneinander nicht unabhängige Fragestellungen berücksichtigt werden:

- wie stabil sind die untersuchten Eigenschaften,
- wie wird stabilisiert bzw. wer ist an der Stabilisierung beteiligt.

---

[20] Die hier verwendete Nomenklatur zum Komplex „Stabilität-Instabilität" geht auf die Begriffsklärung von GIGON (1984) zurück.

Kap. 4 verdeutlichte die Steuerungen des Menschen in verschiedenen Ökosystemen unter besonderer Berücksichtigung des Wasser- und Nährstoffhaushaltes. Exogene Einwirkungen können aber auch natürliche Stoffflüsse sein, wie am Beispiel einer Quellmulde sofort deutlich wird, wo Grundwasser, das aus einem mehr oder weniger großen Einzugsgebiet unterirdisch zuströmt, austritt und den Nährstoffhaushalt dominant steuert und stabilisiert.

Zusammenfassend können in Anlehnung an HABER (1981) folgende Typen von Stabilisierung unterschieden werden:

- endogene (=autonome) Stabilisierung
- exogene (=heteronome) Stabilisierung[21]

Häufig überlagern sich exogene und endogene Stabilisierung. Ist bezogen auf die betrachtete Größe eine eindeutige Dominanz des Stabilisierungstyps nicht vorhanden oder kann sie nach dem derzeitigen Kenntnisstand (noch) nicht zugeordnet werden, so kann doch meist die Kombination nach dem Überwiegen eines Typs der Stabilisierung „gewichtet" werden. Die stärkere Bedeutung kommt dabei dem nachgestellten Typ zu.

Es lassen sich somit 4 Typen der Stabilisierung unterscheiden:

- endogene Stabilisierung
- exogen-endogene Stabilisierung
- endogen-exogene Stabilisierung
- exogene Stabilisierung

Hört die exogene Stabilisierung auf - unterbleibt beispielsweise die Düngung in einem Agrarökosystem - so bewirkt eine Nährstoffauswaschung mit dem Sickerwasser eine nachhaltige Verminderung der Vorräte an den meisten Nährstoffen[22] (Instabilisierung/ Destabilisierung). Die Geschwindigkeit des Anpassungsprozesses ist unter den gegebenen klimatischen Rahmenbedingungen abhängig von der Wasserdurchlässigkeit, der Feldkapazität und der Sorptionsfähigkeit.

Verringern sich auf der anderen Seite die Einträge saurer Depositionen in Waldökosysteme unter die Pufferungsrate der Silikatverwitterung, so entsauern sich Waldböden endogen in einer Geschwindigkeit, die dem Saldo ungefähr entspricht. Ist die Menge an gespeicherten Säuren (besonders an den Kationsäuren Al^{3+} und an kationischen Al-Hydroxo-Komplexen) groß, kann der niedrige Basenstatus über lange Zeit stabil bleiben.

Die Bezeichnung „stabil" bezieht sich in jedem Fall auf den vorher definierten Zustand des Systemelements und nicht auf die Stabilität des Gesamtsystems. Letztere kann gerade im extrem sauren Bodenreaktionsmilieu stark gefährdet sein, wie waldökosystemare Forschungen von ULRICH (z.B. 1981, 1983) und seinen Schülern klarlegen.

Die Berücksichtigung der Stabilität/Stabilisierung wichtiger Haushaltsgrößen hilft, das tatsächliche, z.T. mensch-organisierte, Wirkungsgefüge in der Landschaft einzuschätzen. Damit bindet die geoökologische Kartierung grundlegende Ergebnisse der Ökosystemforschung ein. Die Bedeutung der (traditionellen) historisch-genetischen Naturraumerkundung wird durch die Einbeziehung menschlicher Aktivitäten nicht geschmälert, sondern durch zusätzliche - auch planerisch relevante - Aspekte modifiziert und erweitert. Zusammenfassend lassen sich folgende inhaltliche Forderungen an eine anwendungsorientierte geoökologische Kartierung stellen:

---

[21] Exogene (anthropogene) Stabilisierung ist häufig mit Belastung des Landschaftshaushaltes oder Teilen von ihm verbunden.

[22] Für den Stickstoffhaushalt muß dies unter den derzeitigen Depositionsraten nicht gelten.

6. FORDERUNGEN AN EINE ANWENDUNGSORIENTIERTE GEOÖKOLOGISCHE KARTIERUNG

- **Vollständigkeit der Datenerfassung**

Eine geoökologische Kartierung muß auf der Grundlage einer nachvollziehbaren, möglichst quantitativen Erfassung aller Kompartimente des Landschaftshaushaltes vorgenommen werden.

Dies bedeutet, daß in der Vorerkundungsphase alle Informationsträger wie Karten, Luftbilder, tabellarische Zusammenstellungen etc., die für den Untersuchungsraum vorliegen, hinsichtlich ihrer Auswertbarkeit zur Anlayse des Landschaftshaushaltes zu untersuchen sind. Die sich anschließende Feldphase der geoökologischen Kartierung dient schwerpunktmäßig der Absicherung und Ergänzung vorhandenen Datenmaterials. Obwohl die quantitative Erfassung von Haushaltsgrößen ein Oberziel darstellt, wird die geoökologische Kartierung hauptsächlich auf Feld- und erst zweitrangig auf Labormethoden angewiesen sein. Ebenso wie bei Kartierungen, die sich ausschließlich einem Partialkomplex widmen, z.B. Bodenkartierungen, ist ein Rückgriff auf klassifizierte Schätzgrößen - nicht zuletzt aus Gründen der Praktikabilität - unumgänglich. Die flächenhafte Kartierung wird in vielen Fällen durch standörtliche Detailuntersuchungen - beispielsweise zum Geländeklima, zu physikochemischen Bodeneigenschaften oder zur Vegetation - an ausgewählten, sich als typisch herausgestellt habenden Flächen zu ergänzen sein. Neben der Erfassung stabiler Strukturgrößen kommt es darauf an, die Bedeutung ökologisch relevanter Prozeßgrößen zumindest ordinal skaliert zu bemessen. Dies vermittelt Erkenntnisse über das standörtliche Wirkungsgefüge sowie ansatzweise auch über die Beziehungen zwischen Ökotop und Nachbarökotop.

- **Organismus-Umwelt-Beziehung als zentraler Forschungsgegenstand**

Hochrangige Bedeutung zur Charakterisierung und Begrenzung von Ökotopen besitzen Kompartimente, die im direkten Zusammenhang mit der „Organismus-Umwelt Beziehung" stehen. Sofern solche Kompartimente nur nachrangig behandelt werden, sollte von geosystemarer Kartierung und Forschung an abiotischen Kompartimenten, einer Physiotopkartierung, gesprochen werden.

Ein Bezug zur Lebewelt bedeutet im traditionellen Sinne geoökologischer Forschung die Aufklärung der wechselseitigen Beziehungen zwischen der Vegetation und abiotischen Kompartimenten. Heute gilt im Zusammenhang mit der Erforschung sog. „Naturraumpotentiale" oder dem „Leistungsvermögen des Landschaftshaushaltes" (z.B. MARKS et al. 1989) auch dem Menschen verstärkte Aufmerksamkeit.

Die Vegetation oder die floristische Raumausstattung zu eruieren bleibt nicht nur auf Standorte mit naturnahen, wenig gestörten Pflanzengesellschaften beschränkt, sondern bezieht auch kulturlandschaftliche Elemente wie Forste, Grünland, Äcker und andere naturferne bis künstliche Vegetationstypen ein. Vielfach sind bestimmten, anthropogen bedingten Vegetationstypen spezifische systemare Eingriffe zuzuordnen, die Naturhaushaltsgrößen (Stoffvorräte, -umsätze, -austräge) verändern. Die aktuelle Entwicklungsphase und der sich daraus ableitende Zustand (stationär oder instationär), in dem sich ein Vegetationstyp aktuell befindet, ist häufig zwar nicht so sehr für die Ökotopgrenzfindung relevant, aber doch entscheidend, um aktuelle

Prozesse innerhalb eines Ökotopes oder zwischen benachbarten Ökotopen einschätzen zu können. Daher ist es zweckmäßig, die geoökologische Karte um eine Karte der realen Vegationstypen zu ergänzen, wenn die Vegetation als Informationsschicht in der geoökologischen Karte fehlt.

- Landschaftsangepaßte Hierarchisierung von Elementen des Landschaftshaushaltes

Die Hierarchisierung und Klassifizierung von Elementen des Landschaftshaushaltes soll landschaftsangepaßt sein, damit landschaftliche Charakteristika hinreichend genau dargestellt werden können. Dies kann dazu führen, daß Schwierigkeiten in der Vergleichbarkeit geoökologischer Karten unterschiedlicher Landschaftsräume auftreten und mithin kein geoökologisches Kartenwerk entsteht. Sofern die Forderung zur Hinwendung auf die Organismus-Umwelt-Beziehung erfüllt wird, werden die Abweichungen in einem akzeptablen Rahmen liegen, so daß Vergleiche grundsätzlich möglich bleiben. Im übrigen kann der Zwang zu einer die landschaftliche Verschiedenheit vernachlässigenden Darstellungsuniformität die Planungsrelevanz der geoökologischen Kartierung in Frage stellen.

- Analyse menschlicher Eingriffe in den Naturraum

Den Eingriffen des Menschen in landschaftliche Ökosysteme muß kartiertechnisch und -methodisch Rechnung getragen werden, indem anthropogene Steuerungen besonders dann zu erfassen sind, wenn sie nachhaltige Konsequenzen spezifizieren (Bsp.: Düngung-Nährstoffstatus, Drainage-Wasserhaushalt) oder einen latent instabilen Elementzustand aufrechterhalten. Es ist dabei grundsätzlich irrelevant, ob es sich um bewußte oder unbewußte Steuerungen handelt.

Über die Analyse anthropogener Veränderungen struktureller Größen des landschaftlichen Ökosystems hinaus sollte die geoökologische Karte zumindest ansatzweise qualitativ und quantitativ veränderte Stoffflüsse dokumentieren und sich der Fragestellung widmen, wie stabil die anthropogen bedingten, derzeit kartierbaren Eigenschaften sind. Damit erhält die geoökologische Kartierung Ansätze zur Abschätzung zukünftiger Entwicklungen, also einen prognostischen Charakter.

Die geoökologische Karte (GÖK) wird durch die Einbeziehung von anthropogen veränderten Haushaltsgrößen eine Karte des Landschaftsraumes und nicht des Naturraumes. Um den bekannten, oft mensch-induzierten Umweltproblemen methodisch nachkommen zu können, müssen auch erprobte Analysemethoden, problemindizierende Feldkartierparameter und Bewertungsmethoden aus Nachbarwissenschaften im Rahmen einer geoökologischen Kartierung angewendet werden.

- Art der kartographischen Darstellung

Die geoökologische Karte muß zwei Anforderungen genügen. Sie muß sowohl die wesentlichen Kompartimente des Landschaftshaushaltes darstellen, als auch für die Anwender, z.B. ökologisch ausgebildete Planungspraktiker, lesbar und verständlich sein. Erst dann kann die GÖK zur Berücksichtigung von Belangen des Natur- und Umweltschutzes im Rahmen räumlicher Planungen herangezogen werden.

7. NATURRÄUMLICHE EINORDNUNG DES UNTERSUCHUNGSGEBIETES „MESSTISCHBLATT BAD IBURG"

Der Mittelgebirgskeil der Nordwestfälisch-Lippischen Schwelle aus mesozoischen Sedimenten, die einem paläozoischen Sockel aufliegen, erstreckt sich im herzynischen Streichen - gewissermaßen als eine „Zwischenlandschaft" - in das Nordwestdeutsche Tiefland hinein. Er wird nördlich durch das Wiehengebirge, südlich durch den Teutoburger Wald begrenzt. Mit örtlich über 200 m relativer Höhe ragt er aus dem quartärbedeckten Münsterländer Kreidebecken im Südwesten bzw. aus den niedersächsischen Geestgebieten im Norden heraus.

Der Raum des Meßtischblattes 3814 Bad Iburg liegt am nordöstlichen Rand des Münsterländer Kreidebeckens. Hier sind nahe der Osningüberschiebung oberkretazische Kalke des Turon und Cenoman steil aufgebogen und infolge ihrer Abtragungsresistenz als Schichtkämme herauspräpariert worden. Sie bilden zusammen mit dem nördlich gelegenen Sandsteinblock der Dörenberggruppe (331 m) den Osnabrücker Osning (MEISEL 1961, S. 8ff), einen Teil des Teutoburger Waldes, der im Iburger Raum west-östlich streichend das Meßtischblatt etwa in der Mitte teilt.

Südlich an den Osnabrücker Osning schließt sich ein schmaler Lößgürtel an, der zu dem schwach reliefierten, durch sandige Grundmoränenplatten und breite Talsandzüge geprägten Ostmünsterland (oder Sandmünsterland) vermittelt.

Nördlich des Osnabrücker Osnings schließt sich das „Osnabrücker Hügelland" (a.a.O., S. 16ff) an, zu dessen südlichem Teil die Oeseder Kreidemulde gehört. Nicht zuletzt der nivellierenden Wirkung des weicheleiszeitlich abgelagerten, spätweichseleiszeitlich bis holozän umgelagerten Lösses wegen ist das Relief ausgeglichen und nur schwach wellig ausgebildet.

Das Untersuchungsgebiet gehört der ozeanisch-subozeanischen Klimaregion der kühl-gemäßigten Klimazone an, für die besonders die relative Wintermilde und die durchschnittlich ganzjährige Humidität kennzeichnend ist. Demgemäß sind Buchenwälder die charakteristische Vegetationsformation. Ihre Dominanz wird natürlicherweise nur auf trockenen oder feuchten bis nassen Standorten gebrochen. Auf nicht vernäßten Standorten sind Böden der Klasse der Braunerden sowie Podsole als klimaphytomorphe Böden weit verbreitet.

Im folgenden wird die naturräumliche Ausstattung des Untersuchungsgebietes als Propädeutik für die geoökologische Raumgliederung stärker überblicksmäßig als exemplifizierend dargestellt. Trotz medialer Trennung wird versucht, die Beziehungen zwischen den Partialkomplexen zu verdeutlichen.

7.1 KLIMATISCHE EINORDNUNG

Das Makroklima des Iburger Raumes hat ozeanische Züge. Der Höhenzug des Teutoburger Waldes trennt den Klimaraum des Münsterlandes im (Süd-)Westen von dem Klimaraum des Weserberglandes im Osten. Atlantische Luftmassen erreichen den bis auf etwa 300 m üb. NN ansteigenden Teutoburger Wald nahezu ungehindert und werden aus westlichen Richtungen kommend zum Aufsteigen gezwungen. Die

Jahresniederschläge erhöhen sich daher vom Inneren der Münsterländer Kreidebucht mit 740 mm/a (Station Münster) auf 860-880 mm/a am Teutoburger Wald (Station Bielefeld 862 mm, Bad Iburg 874 mm, Georgsmarienhütte 852 mm, Tecklenburg 877 mm; jeweils Mittel der Jahre 1931-1960, nach Angaben des Dt. Wetterdienstes[23]). Standorte mit Seehöhen >250 m erhalten mehr als 900 mm Jahresniederschlag.

Die Jahressumme an Niederschlägen ist großen Schwankungen unterworfen. In niederschlagsreichen Jahren (z.B. 1961) sind im Landkreis Osnabrück 1000-1200 mm, in trockenen Jahren (z.B. 1929, 1959) nur 450-500 mm Niederschlag gemessen worden (RÖTSCHKE 1970).

Die Niederschlagsverteilung zeigt höhere Niederschlagssummen im hydrologischen Sommerhalbjahr - dem Zeitraum der stärksten Gebietsverdunstung - gegenüber dem hydrologischen Winterhalbjahr. Das Verhältnis beträgt etwa 53:47 zugunsten des Sommerhalbjahres. Im Sommer ist die Niederschlagsergiebigkeit, im Winter die Niederschlagshäufigkeit höher. Für die Station Osnabrück Wetterwarte gibt RÖTSCHKE (1970) die mittlere Zahl meßbarer Niederschläge im Durchschnitt von 1891-1968 mit ca. 200 Tagen pro Jahr an; dies entspricht der täglichen Regenwahrscheinlichkeit Norddeutschlands. Ergiebige Niederschläge (>10 mm/d), die besonders auf geneigten und spärlich vegetationsbedeckten Äckern zu Bodenerosion führen können, treten im konvektiven Niederschlagstyp in größter Häufung im Juli und August auf, als schwächeres sekundäres Maximum im advektiven Typ im Dezember. Letztgenannter Typ ist besonders dann erosionseffektiv, wenn Regenfälle eine geschlossene Schneedecke abtauen. Als Folge des maritimen Klimas ist allerdings die Zahl der Tage mit Schneefall (Münster, Osnabrück: 26 Tage) und besonders die Periode der mittleren geschlossenen Schneebedeckung pro Jahr im bundesdeutschen Vergleich unterdurchschnittlich.

Die Jahresmitteltemperatur von Münster, Bad Rothenfelde und Osnabrück liegt zwischen 9,0°C und 9,3°C (1931-1960). Im Zeitraum 1934-1969 schwankte sie zwischen 7,3°C (1940) und 10,1°C (1959) in Osnabrück. Da die Temperaturabweichung vom langjährigen Monatsmittel in den Wintermonaten besonders hoch sein kann, tragen vor allem milde Winter zur Erhöhung der Jahresmitteltemperatur bei. Mit Durchschnittstemperaturen von 17,4°C in Münster bzw. 17,3°C in Osnabrück (1931-1960) ist der Juli der wärmste, mit 1,2°C bzw. 0,8°C der Januar der kälteste Monat. Die Abnahme der Temperatur mit der Höhe - der Temperaturgradient - beträgt ca. 0,5°C/100 m. Spätfröste treten bis Mitte Mai auf, mit Frühfrösten ist ab Anfang Oktober zu rechnen.

Die mittlere Windrichtung im Iburger Raum kann aus der Abb. 7-1, in der die Windrosen von Münster, Bad Rothenfelde und Osnabrück dargestellt sind, erschlossen werden. Deutlich wird die Dominanz westlicher Windrichtungen im (Ost-)Münsterland, bes. des Südwestsektors. Dies gilt für die Station Osnabrück Wetterwarte nicht in dem gleichen Maße. Hier sind auch Ostwinde mit über 15% im Jahresmittel stark vertreten. Daß nicht etwa die Zufälligkeiten, die einer kurzen Meßperiode anhaften können, ausschlaggebend sind, zeigen die Daten bei RÖTSCHKE (1970, S. 229), der für eine 14-jährige Periode die in Abb. 7-1 graphisch umgesetzten Werte bestätigt.

Im Jahreslauf kann eine für weite Teile Deutschlands geltende Tendenz auch für den Untersuchungsraum bestätigt werden, nämlich eine Häufung von Nordwest-Winden

---

[23] Für die Zusendung der Monats- und Jahresmittel der Temperatur und Niederschläge genannter Stationen gebührt Frau Dipl.- Met. Urban vom Wetteramt Essen und Herrn Dipl.- Met. Schaffer vom Wetteramt Bremen Dank.

Abb. 7-1: Mittlere jährliche Verteilung der Windrichtung

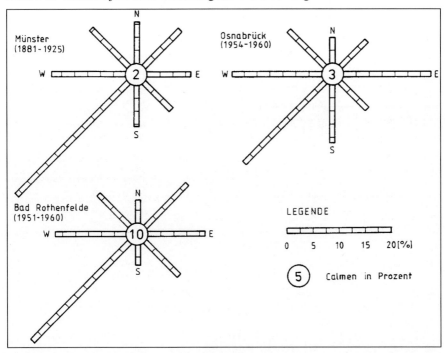

im Sommer (Bad Rothenfelde 15%, Osnabrück 13%) gegenüber dem Winter (je 5%), währenddessen dann die herausragende Stellung der Südwestwinde noch stärker betont wird. SCHREIBER (1975, S. 80) führt dies auf die jahreszeitlich mittlere Lage der für Mitteleuropa bestimmenden Hauptaktionszentren des Klimageschehens zurück[24]. Aus den Klimaelementen Temperatur und Niederschlag lassen sich nach der Klassifikation von SCHREIBER (1973) näherungsweise die tatsächliche monatliche und jährliche Gebietsverdunstung und damit Humiditäts- und Ariditätsstufen errechnen. Für die Stationen Münster, Bad Rothenfelde und Osnabrück sind diese Daten in Form von Klimadiagrammen (Abb. 7-2) dargestellt.

Aus korrigierten Mittelwerten der Temperatur (Korrektur nach Niederschlagsverteilung und Höhenlage) lassen sich Grenzniederschläge für die Niederschlagsversorgungsstufen perhumid-humid-subhumid-semiarid-arid errechnen. Die Grenze von subhumid zu semiarid besitzt als sog. Trockengrenze[25] eine besondere ökologische Relevanz. Hier entspricht der gefallene Niederschlag genau der Gebietsverdunstung. Durch Multiplikation mit den Faktoren 0,5; 1,5 bzw. 3 ergeben sich Grenzniederschläge für die Niederschlagsversorgungsstufen arid/semiarid, subhumid/humid, humid/perhumid.

---

[24] Die umstrittene Theorie des sog. „Europäischen Monsuns" braucht hier nicht diskutiert zu werden (s. FLOHN 1954).
[25] Die Jahrestrockengrenze berechnet sich nach:
$r = 1,5t + 0,04t^2 + 20$
 dabei ist: r : Trockengrenze des Jahres
    t : Jahresmitteltemperatur (korrigiert nach Niederschlagsverteilung und Höhenlage)
Die Monatstrockengrenze berechnet sich nach:
$r_, = (2t_, + 0,03t_,^2) \cdot s \cdot 12^{-1}$
 dabei ist: $r_,$: Trockengrenze des Monats
    $t_,$: höhenkorrigierte Monatsmitteltemperatur
    s : Anzahl der möglichen Sonnenscheinstunden pro Tag
nach SCHREIBER (1973, S. 67-69)

Abb. 7-2: Klimadiagramme nach dem Verfahren von SCHREIBER (1973)

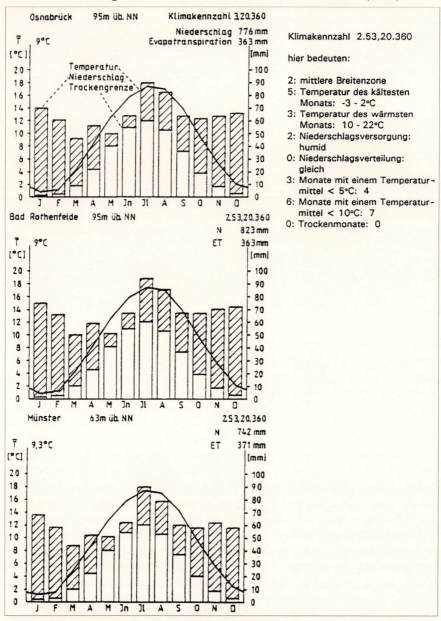

Aus den Diagrammen geht sehr deutlich das perhumide hydrologische Winterhalbjahr (November bis April) hervor. Dies ist auf allen Standorten die Zeit höchster Infiltration/Perkolation und damit der Grundwasserneubildung. Bodenwasservorräte werden aufgefüllt. Daran schließen sich mit dem Mai und dem Juni zwei subhumide Monate an, in denen Trockenperioden für Pflanzenbestände auf flachgründigen oder sandigen südhängigen Standorten schon Wachstumsdepressionen hervorrufen können. Ansonsten wird die Wasserversorgung für die Pflanzen aus dem winterlich gefüllten

Haftwasserreservoir gewährleistet. Während an der Station Münster auch die Monate Juli und August an der Grenze subhumid/humid liegen, tendieren sie an der Station Bad Rothenfelde eher schon zu humid.

Die hier dargestellten langjährigen Monatsmittel täuschen allerdings darüber hinweg, daß es in Einzeljahren sommerlich immer wieder längere Trockenperioden gibt, so daß Trockenstreß auch für Kulturpflanzen kritisch werden kann. Besonders Pflanzenbestände auf grob texturierten Böden sind hier gefährdet. Der September ist an allen Stationen wieder humid, doch setzt die Perkolation erst nach Auffüllung des Bodenspeicherraums im Oktober wieder ein. Bezogen auf das Jahr sind alle Stationen im Mittel als humid einzustufen; einzelne Jahre können allerdings durchaus eine subhumide Niederschlagsversorgung aufweisen.

Die phänologischen Phasen, die als Vegetationsentwicklungsphasen integraler Ausdruck des Klimaverlaufs sind, verdeutlichen die relative klimatische Gunst des Münsterländer Kreidebeckens gegenüber dem westlichen Weserbergland (Osnabrükker Hügelland). So sind die Schneeglöckchenblüte und die Apfelblüte im Münsterland ca. 1 Woche früher zu beobachten. Diese Angaben beziehen sich jedoch nicht auf das engere Untersuchungsgebiet sondern auf die Kernräume genannter Klimagebiete/-bezirke. Im Meßtischblattbereich folgen die phänologischen Differenzierungen der Entwicklungsphasen im wesentlichen der Höhenlage, der Exposition und den edaphischen Gegebenheiten (z.B. Erwärmbarkeit des Bodens). Detaillierte eigene Untersuchungen zur Phänologie sind im Rahmen dieser Arbeit nicht durchgeführt worden.

7.2 GEOLOGISCH-MORPHOLOGISCHE VERHÄLTNISSE

Die geologisch-morphologischen Verhältnisse auf dem Meßtischblatt Bad Iburg werden von Süd nach Nord vorgehend erläutert. Abb. 7.3 zeigt das Relief und den Schichtenaufbau im Schnitt.

- Tiefland des Ostmünsterlandes (75-130 m üb. NN)

Flach lagernde Schichten des Coniac und Santon (Emscher-Mergel) bilden den Untergrund des östlichen Teils der Münsterländer Kreidebucht. Der Emscher-Mergel tritt allerdings nirgends an die Oberfläche, denn er wird von jüngeren quartären Sedimenten, der Grundmoräne des Drenthe-Stadials der Saale-Eiszeit, überlagert. Die Grundmoräne ist als kalkhaltiger Geschiebemergel weitflächig vorhanden, aber durch die Einwirkung bodenbildender Prozesse meist bis in Tiefen von >1 m entkalkt und verlehmt (Geschiebelehm). Der Geschiebemergel kann lokal einen Kalkgehalt von über 20 Gew.% besitzen. Er ist äußert dicht gelagert und damit ein ausgesprochener Wasserstauer. Verbreitet wird die Grundmoräne von Geschiebedecksand überlagert. Die Grundmoränenplatten sind durch Talzüge gegliedert, in denen holozäne Sedimente fluviatil akkumuliert wurden. Das insgesamt nur schwach bewegte, durch weichseleiszeitliche solifluidale Prozesse ausgeglichene Relief weist verbreitet Hangneigungen zwischen 0-2° auf.

Südlich des Passes von Bad Iburg bezeugen Vollformen aus geschichteten Sanden und Kiesen (Voßegge, Hakentempel) einen jüngeren, spätdrenthestadialen, vermutlich auf Paßlagen des Teutoburger Waldes beschränkten, Eisvorstoß des sog. „Osning-Haltes"

(HEMPEL 1981). Über die genetische Deutung dieser glacifluvialen Sedimentpakete gibt es unterschiedliche Auffassungen. HAACK (1930) spricht von einer Endmoräne, KELLER (1952) von einem Os, HEMPEL (1980, 1981) unter Hinweis auf jüngere Aufschlüsse, die im Rahmen des Abbaus von Sanden und Kiesen sukzessive vergrößert wurden, von Kames bzw. „Endmoränenvertretern". Ebenso wie die glacigenen Nachschüttsande sind die kameartigen Sedimente als schwach lehmige Sande locker gelagert und gut wasserleitend. Das Relief ist bewegter als das der Geestplatten der Grundmoräne im Südteil des Kartenblattes. Es treten Hangneigungen von 7-10° (-15°) im Raum Glane und Ostenfelde auf, so daß auf Ackerflächen nach Starkregen bzw. nach der winterlichen Schneeschmelze Erosionsrinnen trotz der hohen Wasserleitfähigkeit des Substrates beobachtet werden können.

Während der Weichseleiszeit fanden unter periglacialen Klimabedingungen Lößanwehungen statt, die im östlichen Münsterland im Hangfußbereich des Teutoburger Waldes ihre größte Mächtigkeit erreichten. Der Sedimentationsraum bildet ein insgesamt schmales, nach Osten Richtung Natrup breiter werdendes Band, das auch hinsichtlich der Materialzusammensetzung räumlich differenziert ist. Allgemein nimmt von Westen nach Osten der Feinsandanteil ab und der Grobschluffanteil zu. Im Ostenfelder Hangfußbereich kann von „Flottsand" oder „Sandlöß" gesprochen werden.

Spätweichseleiszeitlich oder holozän ist das Lößmaterial vielerorts solifluidal oder aquatisch umgelagert worden. Nach tiefgründiger Entkalkung - originär kalkhaltiger Löß ist nirgendwo angetroffen worden - verbraunte und verlehmte der mittelporenreiche, stark wasserspeichernde Lößlehm schnell. Verzögerte Wasserversickerung einhergehend mit bodenarteninduzierter Gefügeinstabilität führt unter ackerbaulicher Bodennutzung verbreitet zur linearen Erosion. Bodenabtrag findet hier bereits bei Neigungen >1,5-2° statt, wenn keine Gegenmaßnahmen getroffen werden. Mächtige Schwemmlößakkumulationen in Tiefenlinien oder an Unterhängen verdeutlichen die hohe Erosionsanfälligkeit des Lößlehms.

- Schichtkammlandschaft südl. der Osningüberschiebung (130-270 m üb. NN)

Mit dem Anstieg zu den aufgebogenen, nach Süden hin einfallenden turonischen Kalken des Teutoburger Waldes dünnt die Lößlehmüberkleidung aus. Der oberflächliche Ausstrich der lamarcki-Schichten bildet den First eines langgestreckten Höhenzuges, der sich vom Kahlen Berg (211,1 m) im Westen bis zum Evensbrink (236,0 m) im Osten erstreckt. Es ist ein Schichtkamm, dessen Stirn nach Norden zeigt. Die liegenden labiatus-Schichten sind als Mergelsteine weicher und konnten daher örtlich in starkem Maße ausgeräumt werden (z.B. am Spannbrink), so daß die Kammstirn steil nach Norden abfällt. Andernorts fehlt eine Ausraumzone nahezu vollkommen. Der südwärts einfallende, meist einen Lößschleier tragende Rückhang weist Neigungen zwischen 7-15°, örtlich bis nahe 20° auf.

An die schmale labiatus-Ausraumzone schließt sich nordwärts ein zweiter, i.d.R. höher emporragender Schichtkamm an, dessen First der rhotomagense-Kalk - ein reiner Kalk mit 90% $CaCO_3$ („Fettkalk") (THIERMANN 1984, S. 443) - darstellt. Besonders der nordexponierte Stirnhang ist mit Neigungen zwischen 20-30° steil und entbehrt einer Lößlehmbedeckung vollends. Da auch der liegende Kalkmergelstein, der sog. Wasserkalk oder Pläner-Kalk, recht abtragungswiderständig ist, besitzt der steile Stirnhang eine beachtliche Hanglänge. Gegen den liegenden Cenomanmergel streicht der varians-Pläner mit einem deutlichen Geländeknick im Unterhang aus. Der zweite Hauptkamm läßt sich von den beiden in Kuppen aufgelösten, unbenannten Vollformen im Westen über den Langen Berg, den Bad Iburger Schloßberg und den Kleinen Freden und Großen Freden bis nördlich des Evensbrink im Osten gut verfolgen. Mit dem insgesamt nach Osten zu flacher werdenden Einfallen nimmt die Breite des oberflächlichen Ausbisses besonders der turonischen Schichten zu. Am Evensbrink biegen die Kalkketten dann in südöstliche Richtung um.

Im südöstlichen Kartenquadranten zwischen Bad Laer und Bad Rothenfelde erhebt sich eine den Kalkschichtkämmen vorgelagerte „schildkrötenförmige" Aufwölbung aus turonischen schloenbachi- und scaphiten-Schichten, die in Gänze Kleiner Berg oder nach ihren Kulminationspunkten auch Blomberg und Lüdenstein genannt wird. Sie ist durch mehrere Verwerfungslinien, die z.T. als Schwächezonen bevorzugter Abtragung unterlagen, gegliedert. Der Kleine Berg weist allseits flache Hänge (5-10°) auf. Nur zu den kleinen Einschnitten hin können auch 15° überschritten werden. Im nordöstlichen Teil, dem Sud-Berg, ist der Kleine Berg durch eine kleine geschiebelehmgefüllte Einsenkung von dem nach Südosten „umschwenkenden" Ast der Kreidekalkketten (z.B. Nottel) getrennt. In der Senke liegt auch die Talwasserscheide zwischen Südbach und Palsterkamper Bach.

An den Cenomanschichtkamm nach Norden schließt sich eine weitgespannte Ausraumzone an, in der zunächst der 50-60 m mächtige Cenoman-Mergel, dann aber in weit größerer Mächtigkeit (135-350 m) der Flammenmergel des Ober-Alb ausstreicht, der faciell dem Cenoman-Mergel sehr ähnlich ist. Aufgrund geringer Widerständigkeit gegenüber der Verwitterung sind beide Schichten fluvial bevorzugt ausgeräumt worden. Sie stehen aber nur selten oberflächennah an, da sie von quartären Sedimenten - Geschiebelehm und Löß - überdeckt sind. Neigungen von 7-15° sind typisch für dieses zertalte Gebiet, in dem auf Ackerflächen z.T. mehrmals im Jahr tiefe Erosionsrinnen beobachtet werden konnten (z.B. an den Unterhängen am Holperdorper Tal). Die Flammenmergel-Ausraumzone wird nördlich vom 3. Schichtkamm des Teutoburger Waldes, der aus sog. Osningsandstein (Unter-Alb bis Valangin) aufgebaut ist, begrenzt. Vom Heidhorn-Berg (201,5 m) im Osten über den Urberg (213,0 m) zum Lim-Berg (194,3 m) und Hohns-Berg (241,9 m) nach Westen streicht auch der dritte Schichtkamm nahezu west-östlich. Als Resultat der Nähe zur Osning-Achse ist der Sandstein uneinheitlich stark beansprucht und verstellt worden. Zwischen Heidhorn-Berg und Lim-Berg weist er eine überkippte Lagerung auf, so daß die mit 7-15°(-25°) recht steile Kammstirn nach Süden zeigt. Der nördlich orientierte Rückhang ist meist weniger steil geneigt. Beide Hänge sind von einer mächtigen Sandstein-Solifluktionsschuttdecke überzogen, in die Lößlehm infiltriert wurde, bzw. in die während der hangabwärtigen Bewegung Löß eingemischt wurde. Am Hohns-Berg nimmt die Mächtigkeit des Osningsandsteins von wenigen Dekametern (Heidhorn-B. bis Lim-Berg) auf über 150-200 m zu.

Nach der Nomenklatur von SCHUNKE u. SPÖNEMANN (1972) ist der Schichtkamm unabhängig von seiner Orientierung ein Traufstirnhang ohne Walm (s.a. HEMPEL 1981, S.21).

- **Osning-Überschiebung, Dörenberggruppe und die Oeseder Kreidemulde (110-330 m üb. NN)**

Nördlich des Osning-Sandsteinkammes streicht der deutsche Wealden mit Tonsteinen und eingelagerten Flözen (Bückeberg-Folge) aus. Nur am Lim-Berg ist er dem überkippten Osning-Sandstein aufliegend sogar Firstbildner. Ansonsten bildet er den

Abb. 7-3: Osningüberschiebung im Raum Bad Iburg

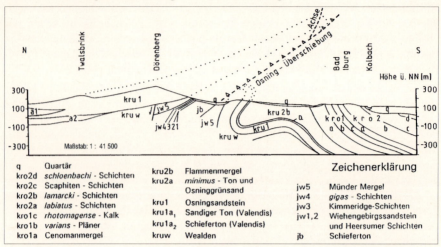

Nordflügel einer weitgespannten Ausraumzone, die räumlich an die stark zerrütteten jurassischen Gesteinsserien im Bereich der Osning-Überschiebung (KELLER 1974, S. 77) gebunden ist. Der Ausraumquerschnitt ist asymmetrisch; dies verwundert angesichts der komplizierten Stratigraphie nur wenig. Mächtige quartäre Sedimente (Geschiebelehm und Löß) kleiden die Ausraumzone aus, so daß mesozoische Gesteine kaum an die Oberfläche treten.

An der Nordflanke der Ausraumzone steigt das Gelände zur Dörenberggruppe - auf neueren Topographischen Karten als „Iburger Wald" bezeichnet - steil bis auf 331 m üb. NN an. Die Dörenberggruppe ist als etwa 280 m mächtiger Osningsandsteinblock an der südvergenten Osning-Überschiebung besonders im Südteil stark herausgehoben worden. Aufgrund hoher Abtragungsresistenz des massigen, faciell aber sehr heterogenen Sandsteins ist sie als markante Vollform herauspräpariert worden. Die Dörenberggruppe ist muldenförmig gelagert und sitzt einem Sockel aus Wealden-Sand- und Tonsteinen auf. Während am Südteil, dem Dörenberg und Grafensundern, die Schichten zum Muldeninneren hin meist flach einfallen, ist die Nordflanke (z.B. Lammersbrink) steil aufgebogen. Im morphologischen Sinne kann von einer Schichtstufe mit umlaufendem Streichen gesprochen werden (siehe Abb. 7-3).

Tektonische Störungen durchziehen diese Mulde und gaben Ansatzpunkte fluvialer Erosion. Die generelle Entwässerungsrichtung folgt der längeren Hangabdachung gemäß über den Sunder-Bach nach Norden hin, wo der Muldenrahmen an vielen Stellen fluvial zerschnitten wurde[26].

Für die Vollformen aus Osningsandstein, die ca. 80-150 m aus ihrem Umland aufragen, sind steile Hänge (15-30°) charakteristisch. Die Hänge weisen mächtige Solifluktionsdecken, denen Lößlehm - vom Oberhang abgesehen - in größeren Anteilen beigemischt ist.

---

[26] Mächtigkeiten des Osningsandsteins von über 200 m finden sich in südostwärtiger Fortsetzung über den Musen-Berg (255,9 m üb. NN) zum Hohns-Berg (241,9 m üb. NN). KELLER (1979) deutet diese Fortsetzung als eine Rinne, die durch marine Tiefenerosion nach Art der Seegatten küstennah zur südlich gelegenen Rheinischen Masse entstanden war und mit marinen Sanden aufgefüllt wurde. Eine detaillierte Erklärung der heutigen Lage der Dörenberggruppe und der auf engem Raum stark schwankenden Mächtigkeit des Osningsandsteins liefert KELLER (1979).

Das Liegende des Osningsandsteins, der deutsche Wealden, steht im oberflächennahen Untergrund östlich der Linie Mühlenbrink-Bornbrink verbreitet an. Zusammen mit der Dörenberggruppe, deren Sockelbildner er ist, bildet er die Oeseder Kreidemulde. Der Nordflügel der Kreidemulde tritt im äußersten Nordwesten des Kartenblattes als Reliefbildner am Strub-Berg und einem weiter nördlich gelegenen nordwestsüdost streichenden, unbenannten Höhenzug in Erscheinung. Ansonsten ist der Wealden weithin mit Löß- und Geschiebelehm überdeckt. Das Relief ist ausgeglichen bis schwach wellig. Hangneigungen von 2-7° machen auf den ackerbaulich genutzten Flächen Erosionsschutzmaßnahmen erforderlich. Die Täler sind als Folge anthropogener Überformung kastenförmig ausgebildet. Dies führt ECKELMANN (1980) auf die jahrhundertelang betriebene Gewohnheit, Plaggen auch im feuchten Grünland der Bachauen zu stechen, zurück.

In der Umrahmung der Dörenberggruppe treten unter pleistozän/holozäner Bedeckung als älteste oberflächennah anstehende Sedimente jurassische Gesteine auf. Nur im Nordwesten des Meßtischblattes, am Ellenberg (170 m), geben sie zur Ausbildung einer Vollform Anlaß.

7.3 HYDROGEOGRAPHISCH-HYDROGEOLOGISCHE VERHÄLTNISSE

Das Untersuchungsgebiet liegt hydrogeographisch betrachtet im Einzugsgebiet der Ems. Es ist das Quellgebiet zahlreicher Fließgewässer.

Der größte Teil entwässert über den Glaner Bach nach Süden über die Bever zur Ems. Die Quellbäche des Glaner Bachs, der Kolbach und der Fredenbach, durchbrechen die Kalkschichtkämme im Paß von Bad Iburg. Der Kolbach und sein Tributär, der Sunder-Bach, entwässern Teile des Dörenbergs bzw. die Jura-Ausraumzone nordwestlich von Bad Iburg. Der Fredenbach fungiert als Vorfluter der Nordabdachung des Cenoman-Schichtkammes nach Osten bis zum Großen Freden und der Südabdachung der unterkretazischen Schichtkämme vom Lim-Berg bis zum Hohns-Berg. Der Glaner Bach nimmt von Ostenfelde bis Glandorf das Wasser zahlreicher kleiner Bäche und Draingräben auf. Haupttributär ist der Remseder Bach mit seinen Quellbächen, dem Rankenbach und dem Südbach. Auch dem Remseder Bach fließen in seinem Lauf von der Lößzone Sentrups und Natrups bis in die Sandgebiete von Westerwiede eine Vielzahl von kleinen Bächen (z.B. Siebenbach, Sentruper Graben Bach) und Drainagegräben zu.

Nahezu die gesamte Oeseder Kreidemulde wird nach Norden über den Schlochterbach bzw. die Düte zur Hase und Ems entwässert. Das Quellgebiet der Düte ist begrenzt auf die Schichtgrenze zwischen Osningsandstein und Wealdentonstein am Hohns-Berg und damit recht klein. In niederschlagsarmen Sommern trocknet daher das Bachbett bis Wellendorf aus. Der parallel zur Düte fließende Schlochterbach hat ein dendritisches, wasserreiches Quellbachsystem im Bereich der Osningüberschiebung. Er wird von Norden her vom Sandsteinblock des Musen-Bergs und Bornbrink, von Süden her vom Wealden der Lim-Berg-Nordabdachung gespeist. Ganzjährig wasserführend[27] mündet er erst außerhalb des Arbeitsgebietes in die Düte.

---

[27] stellenweises Trockenfallen während des Sommes hängt mit der Wasserentnahme zur Forellenzucht in Teichen zusammen (s. Kap.11).

Auch die weiter westlich fließenden Bäche Breenbach, Sunderbach[28] und Goldbach münden außerhalb des Kartenblattes in die Düte. Der Breenbach entspringt in den Jura-Aufbrüchen zwischen Hochholz und Musen-Berg und erhält im weiteren nordwärtigen Verlauf Zuflüsse von beiden Osningsandstein-Vollformen. Der Sunderbach entwässert einen Großteil der geologischen Mulde des Iburger Waldes, deren nördlichen Riegel er zwischen Deckelhagen (190 m) und Bardinghaussundern (219 m) durchbricht, während der Goldbach zwischen Heidhorn-Berg (201,5 m) und Grafensundern (314 m) an einer Talwasserscheide in der Jura-Ausraumzone der Osningüberschiebung entspringend nach Westen hin fließt.

Von geringerer Bedeutung und nur der Vollständigkeit halber erwähnt, sind zwei kleine salzhaltige Bäche im Gemeindegebiet von Bad Laer bzw. in Bad Rothenfelde-Aschendorf. Die Salze stammen nach KOSMAHL (1971, S. 43) aus dem Zechstein und müssen als Sole unterirdisch entlang von Schwächezonen mehr als 10 km weit herantransportiert worden sein.

Die chemische Beschaffenheit des Oberflächenwassers wird zumindest im quellnahen Bereich von der mineralogischen Zusammensetzung des Grundwasserleiters bestimmt.

Das engmaschige „Kluftsystem" der oberkretazischen Kalkzüge bringt ein wenig ergiebiges Grundwasser des Ca-HCO_3-(SO_4)-(Cl)typs[29] hervor; es hat eine hohe Härte. Demgegenüber ist das Grundwasser des Porengrundwasserleiters des Osningsandsteins nur schwach mineralisiert (z.T. <60 mg/l Lösungsinhalt, nach THIERMANN 1970). Eine Angabe des Grundwassertyps ist kaum sinnvoll, da schon geringe Änderungen im „mg/l-Gehalt" genügen, um größere Unterschiede der „mval-Prozente" hervorzurufen.

Besonders der untere Wealden, in dem auch Kalksandstein-Schichten eingelagert sind, ist wasserführend. Häufig ist das Wasser von hoher Härte, eisen- und sulfatreich. Vom Blatt 3712 Tecklenburg beschreibt THIERMANN (1970) Wealden-Grundwasser vom Ca-(Mg)-HCO_3-SO_4 Typ. Die verbreitet auftretenden tonig-mergeligen Schichten des Wealden sind grundwasserarm.

Eine weit größere Grundwasserhöffigkeit besitzen die quartären Lockergesteine des östlichen Münsterlandes. Trotz der relativ geringen petrographischen Unterschiede sind hier eine Vielzahl von Grundwassertypen ausgebildet. Oberflächennahe Bereiche des Aquifers enthalten in größeren Anteilen Sulfat- und Nitrationen, die häufig direkt über die landwirtschaftliche Bodennutzung eingetragen werden und damit düngerbürtig sind oder im Zusammenhang mit verstärkter Mineralisierung organischer Substanz beim Grünlandumbruch stehen (s.a. DECHEND 1971, THIERMANN 1970). Nach THIERMANN (1970, S. 184) sind Ca-HCO_3-SO_4 und Ca-SO_4-HCO_3 Typen im quartären Vorland stark vertreten.

7.4 POTENTIELLE NATÜRLICHE WALDGESELLSCHAFTEN UND BODENEINHEITEN

Die potentielle natürliche Vegetation Nordwestdeutschlands ist, von Sonderstandorten (Gewässer, Moore, Felsfreistellungen) abgesehen, eine Waldvegetation. Da

---

[28] Gemeint ist hier der Sunderbach, der bei Sieben Quellen die Fischteiche durchfließt und nicht der Sunder-Bach (zwei Wörter!), der südl. des Dörenbergs dem Kolbach tributär ist.

[29] Gebräuchlich ist die Benennung der gelösten Ionen in der Reihenfolge ihrer Häufigkeit; mval%-Anteile >50% werden kursiv, zwischen 20 und 50 mval% normal und zwischen 10-20 mval% in Klammern gedruckt.

wesentliche naturräumliche Differenzierungen in spezifischen potentiellen natürlichen Waldgesellschaften ihren Niederschlag finden, werden letztere z.T. bis in den Assoziationsrang hinein vorgestellt und vor allem in ihrer Bindung an edaphische Faktoren erläutert. Ausdruck reliktischer wie aktueller Bodenentwicklungsprozesse ist die Bodenform, die als integrativer Parameter von Bodentyp und Substrat über den oberflächennahen Untergrund Anknüpfung an die lithologischen Verhältnisse findet. Die potentielle natürliche Vegetation, charakteristische Bodentypen und der geologische Untergrund werden in zwei Landschaftsprofilen (Abb. 7-4; 7-5) dargestellt.

Für die potentielle natürliche Vegetation ganz Westfalens liegt im Maßstab 1:500000 eine Kartierung von TRAUTMANN (1972), für die Westfälische Bucht eine Kartierung im Maßstab 1:200000 von BURRICHTER (1983) vor. Zusammenfassende Studien zur Vegetation Westfalens liefern DIEKJOBST (1980) und BURRICHTER (1983). Das Meßtischblatt Bad Iburg wurde hinsichtlich der potentiellen natürlichen Waldgesellschaften von BURRICHTER (1950, mit Ergänzungen 1966) kartiert und erläutert (BURRICHTER 1953, 1954).

Bodenkundliche Kartierungen für den Iburger Raum liegen vor im Maßstab 1:50000 (WILL 1983) und im Maßstab 1:25000 (ECKELMANN, NOUR EL DIN, OELKERS 1978). Erläuterungen zu den in letztgenannter Karte dargestellten Bodeneinheiten geben ECKELMANN, NOUR EL DIN, OELKERS (1979); beachtenswert für spezielle Bodentypen des Landkreises Osnabrück sind die Studien von ECKELMANN (1980) und BAILLY et al. (1987).

Unter den ozeanischen bis subozeanischen Klimabedingungen des östlichen Westfalens befindet sich die Rotbuche (Fagus sylvatica) in ihrem physiologischen Optimalbereich und erlangt vermöge ihrer hohen Konkurrenzkraft gegenüber anderen Laubbäumen auf nicht zu nassen, zu trockenen oder extrem nährstoffarmen Böden strukturelle Dominanz.

Rotbuchenbestände auf basenreichen Kalksteinverwitterungsböden, sog. eutrophe Buchenwälder, sind durch einen besonders hohen Artenreichtum der Krautschicht geprägt. Es sind sog. Perlgras-Buchenwälder (Melico-Fageten), deren Assoziationscharakterart Melica uniflora, das einblütige Perlgras, ist. Aspektbeherrschend ist das Perlgras im Iburger Raum auf flach- bis mittelgründigen, stärker verlichteten Standorten, auf Rendzinen, Rendzina-Braunerden und Pelosolen. Galium odoratum, Lamium galeobdolon, Viola reichenbachiana sowie Carex sylvatica sind als Nitrat- und Basenzeiger hoch stet. Trotz edaphischer Sommertrockenheit bleibt im ozeanischen Rahmenklima die Stellung der Buche konkurrenzlos, wenn nicht menschliche Eingriffe in den Wald (z.B. Niederwaldwirtschaft) Vitalitätsschwächungen zugunsten anderer Baumarten wie der Hainbuche bewirkten (BURRICHTER 1953, POTT 1981). Aufgrund des Artenreichtums von Melico-Fageten werden standörtliche Unterschiede floristisch fein differenziert abgebildet. So tritt zu den flachgründigen, exponierten Oberhang- und Kammstandorten hin die „Bingelkraut-Subassoziation" (RUNGE 1986, S. 263) des Melico-Fagetum in stärkerem Maße auf und vermittelt räumlich zu den hydrisch wie hygrisch anspruchsvolleren Ausprägungen an unterdurchschnittlich besonnten Hängen.

Auf solchen luftfeuchten Schatthanglagen gedeiht auf flachen bis mittleren Mull-Rendzinen als bodenfrischere Subassoziation des Kalkbuchenwaldes das Melico-Fagetum allietosum mit Bärlauch (Allium ursinum) und dem Hohlen Lerchensporn (Corydalis cava). Am Nordhang des Großen Freden und der zwei kegelförmigen Höhen westl. des Kahlen Berges ist diese Subassoziation besonders vollkommen entwickelt.

Die bodentrockene Gesellschaft des Kalkbuchenwaldes, das Carici-Fagetum oder Cephalanthero-Fagetum ist auf strahlungsklimatisch extremen Südhängen der Kreidekalkkämme - und dort auch nur in Anklängen - verbreitet.

Rendzinen, eutrophe Braunerden und Pelosole auf Kalkstein/Kalkmergel mit Lößlehmbeimengungen in unterschiedlichen Anteilen sind die unter Kalk-Buchenwäldern hauptsächlich auftretenden Bodenformen. Ökologisch bedeutsame Eigenschaften sind die gute Aggregierung des oft sehr tonreichen Oberbodens verbunden mit einer hohen Aggregatstabilität und hohen Gehalten an pflanzenverfügbarem Calcium. Aufgrund von Ionenantagonismen können Kalium (örtl. Magnesium) aber auch stabil gebundenes Phosphor im Sinne LIEBICHs ins Minimum für das Pflanzenwachstum geraten. Besonders die ausgesprochen flachgründigen Kalksteinverwitterungsböden haben bei hohen Totwasseranteilen geringe nutzbare Feldkapazitäten, so daß während sommerlicher Trockenphasen Trockenstreß auftritt und infolgedessen die Phytomassenproduktion beschränkt ist. Aufgrund einer hohen biotischen Aktivität bildet sich die Humusform Mull aus, die durch günstige C/N- bzw. C/P-Verhältnisse charakterisiert wird. Organisch gebundener Stickstoff wird schnell mineralisiert und zu NO_3-N mikrobiell oxidiert. Intensive winterliche Perkolation führt große Mengen an Bodennährstoffen (v.a. Calcium und Nitrat) aus dem Bodensystem ab. Stehen diese Böden unter landwirtschaftlicher Nutzung, so ist aufgrund des hohen Skelett- und Tonanteils die Bearbeitung schwierig und auf enge Zeiträume beschränkt („Minutenböden"). Bearbeitung zu feuchter Böden kann zu erheblichen Strukturveränderungen (-verschechterungen) führen.

Auf den lößlehm(solifluktionslehm)betonten, nicht staunassen Standorten des Osnabrücker Hügellandes und des südlichen Osning-Vorlandes weist TRAUTMANN (1972) mesotrophe Flattergras-Buchenwäder (Milio-Fageten) aus. Mesotraphente Arten wie Milium effusum und der Humuswurzeler Oxalis acetosella sind mit hoher Stetigkeit vorhanden. Die Krautschicht ist meist nur spärlich ausgebildet, zur dominanten Buche treten untergeordnet beide Eichenarten hinzu. Im Gegensatz zu den Mull-Humusformen der „Rendzina - eutrophe Braunerde" - Vergesellschaftung zeichnen sich Milio-Fageten durch mullartigen Moder oder echte Moderhumusformen aus. Bodentypen sind i.d.R. tiefgründige, durchschlämmte Braunerden und Parabraunerden. Der überwiegende Teil des potentiellen Milio-Fagetum-Areals steht unter landwirtschaftlicher Nutzung, weniger aufgrund eines außerordentlich hohen natürlichen Bodennährstoffkapitals, Lößlehm versauert nach Entkalkung sehr schnell, sondern hauptsächlich der hohen nutzbaren Feldkapazität und der leichten Bearbeitbarkeit wegen. Neben den o.g. Bodentypen kommen in Lößgebieten des Arbeitsraumes verbreitet Plaggenesche vor, deren bodenkundlicher Bearbeitung sich besonders ECKELMANN (1980) annahm (s.a. Kap. 8.2). Mit dem Milio-Fagetum annähernd parallelisierbar ist die Fago-Quercetum Milium effusum-Variante nach BURRICHTER (1950/1966).

Die basenarmen Standorte des Teutoburger Waldes, d.s. speziell die solifluktionsschuttüberkleideten Hangpartien der Osningsandstein-Vollformen nimmt als pnV der Hainsimsen-Buchenwald, oder Luzulo-Fagetum (mit Übergängen zum Fago-Quercetum typicum), ein. Die krautige Vegetationsbedeckung im Bestand ist spärlich bis fehlend. Nur an besser belichteten Stellen können sich dichte Rasen der rohhumusabbauenden Drahtschmiele (Deschampsia flexuosa) entwickeln. Die namengebende Charakterart Luzula luzuloides (= Luzula albida) ist vereinzelt im Hainsimsen-Buchenwald vorhanden, kann aber auch örtlich ganz fehlen (s.a. BURRICHTER

1973, S. 31). Die genannten acidotoleranten Arten weisen auf eine versauerte Rhizosphäre und ökophysiologisch ungünstige Ektohumusformen als Indikator einer inaktiven Bodenlebewelt hin. Typische Bodenformen sind podsolierte Braunerden bis Podsole sowie Podsol-Ranker auf Hangschutt oder Hanglehm über Osningsandstein. Vielfach ist Lößlehm infiltriert oder im Zuge hangabwärtigen Bodenfließens eingemengt. Die Standorte sind meist bodenfrisch, so daß die Perioden sommerlichen Trockenstresses für Pflanzen kurz sind. Die Phytomassenproduktion wird durch Nährstoffarmut und nicht durch eine unzulängliche Wasserversorgung begrenzt. Aufgrund der meist hängigen Standorte des Luzulo-Fagetum blieb auch unter dem Einfluß des wirtschaftenden Menschen der Wald als Ökosystemtyp zum Bodenschutz weitgehend erhalten: allerdings mit der standortfremden Wirtschaftsbaumart Fichte !

Auf den schwach lehmigen Sanden des Ostmünsterlandes tritt zur Buche in stärkerem Maße die Stiel- und die Traubeneiche hinzu. Typische krautige Pflanzen dieser ebenfalls stark versauerten Standorte sind Adlerfarn (Pteridium aquilinum), Behaarte Simse (Luzula pilosa), Schattenblümchen (Maianthemum bifolium) und das Hain-Veilchen (Viola riviniana) (s.a. RUNGE 1986, S. 249). Vom Nährstoffstatus des Bodens her gibt es starke Parallelen zu den Standorten des Luzulo-Fagetum. Unterschiede liegen besonders in der standörtlichen Bodenfeuchte, da der Boden der groben Textur wegen eine nur geringe nutzbare Feldkapazität aufweist. Die charakteristische Pflanzengesellschaft ist das Fago-Quercetum, der Eichen-Buchenwald.

Dem Fago-Quercetum steht floristisch der Stieleichen-Birkenwald (Querco-Betuletum) nahe. Er bildet den standörtlich trocken-sauren Flügel im Ökodiagramm mitteleuropäischer Waldökosysteme (ELLENBERG 1986, S. 106). Aus reinen, nährstoffarmen Mittel- bis Grobsanden haben sich Podsole oder Braunerde-Podsole durch tiefgründige Verwitterung und Entbasung entwickelt. Junge holozäne Dünenbildungen befinden sich z.T. auch im Podsol-Regosol Stadium. Eine geringe nutzbare Feldkapazität des Bodens erschwert die Wasser- und Nährstoffaufnahme in der Vegetationsperiode. Als Folge einer niedrigen biotischen Aktivität im Oberboden stapeln sich mächtige Humusauflagen dem Mineralboden auf. Nur Standorte mit ehem. Streunutzung lassen selbst dieses Nährstoffkapital vermissen. Strenge Acidophyten bedecken den Waldboden. Zu ihnen zählen Deschampsia flexuosa, Vaccinium myrtillus und Carex pilulifera. Die in der Baumschicht nun nahezu fehlende Rotbuche wird von Stieleiche, Hängebirke sowie der Eberesche ersetzt. Während der Eichen-Buchenwald im starken Maße zur Gewinnung landwirtschaftlicher Nutzflächen umgebrochen wurde, sind die silikatarmen Sande des Eichen-Birkenwald-Gebietes in der Vergangenheit vielfach zu Kiefern-Forsten umgewandelt worden (s.a. Kap. 8.2.1).

Wechselfeuchte Standorte werden von floristisch sehr verschiedenartigen Eichen-Hainbuchenwäldern (Querco-Carpineten) eingenommen. Die Dauer der Bodenvernässung und das Nährstoffangebot sind die bedeutendsten Steuerungsgrößen. Sowohl auf den Grundmoränenplatten des Münsterlandes als auch im Lößgebiet des Osnabrücker Hügellandes besitzen wechselfeuchte Bodenfeuchteregimetypen große Verbreitung. Im ersten Fall sind sie Folge geschichteter Substrate (Geschiebedecksand über Geschiebelehm) im zweiten Fall häufig Sekundärerscheinungen einer durch Toneinlagerung hervorgerufenen Erhöhung des Mittelporenanteils im Unterboden und schon bei Feldkapazität auftretendem Luftmangel (Haftnässe). Die Buche tritt bei zunehmender Vernässungsdauer mehr und mehr zugunsten der Stieleiche und Hainbuche zurück.

Abb. 7-4: Landschaftsprofil Grafensundern - Urberg - Langer Berg - Ostenfelde

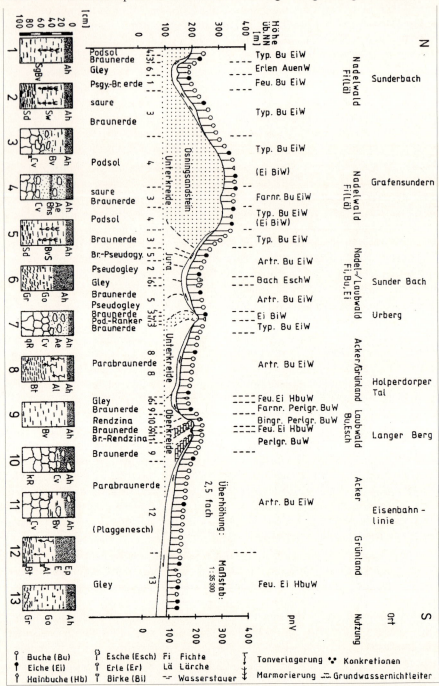

Auf basenarmen Sanden und sandigen Lehmen bilden mäßig anspruchsvolle Arten wie Oxalis acetosella, Polygonatum multiflorum, Hedera helix, Athyrium filix-femina und Poa nemoralis die Krautschicht. Demgegenüber zeigen Lamium

Abb. 7-5: Landschaftsprofil Musen-Berg - Großer Freden - Glane Visbeck

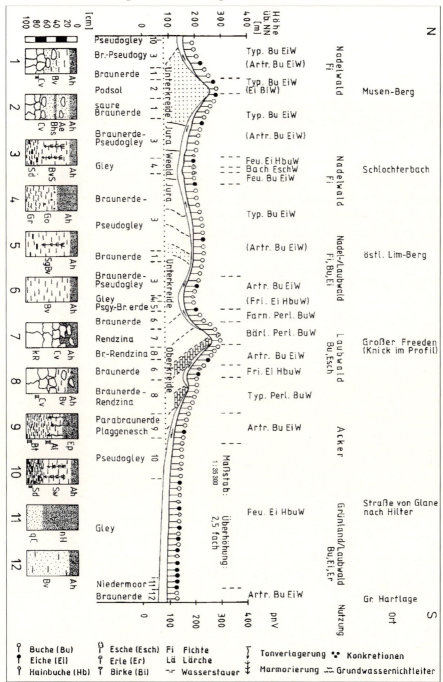

galeobdolon, Carex sylvatica, Viola reichenbachiana als Basen- und Nitrat-Weiserpflanzen eine gute Nährstoffversorgung auf Geschiebemergelstandorten (z.B. in Westerwiede oder in Ostenfelde) oder im Einflußbereich periodisch auftretenden, basenreichen, ascendierenden Grundwassers an. Mull oder Moder, z.T. auch deren Feuchtvarianten, sind dementsprechend vorherrschende Humusformen. Während der Vegetationsperiode kann im Oberboden nach längerer Trockenheit Wasserstreß auftreten, vor allem dann, wenn die Pflanzen als Reaktion auf Vernässungen im Untergrund ihren Hauptwurzelraum in die oberen Horizonte verlegt haben.

Der Pseudogley ist der charakteristische Bodentyp des Querco-Carpinetum Areals. Vergesellschaftungen mit Pseudogley-Braunerden, Pseudogley-Gleyen oder gar Plaggeneschen sind nicht selten. Haftnässepseudogleye auf Löß werden im Iburger Raum verbreitet mit Fichten bestockt oder grünlandwirtschaftlich genutzt. Auf Querco-Carpineten, die sich als Folge früher anthropogener Waldbenutzungsformen aus reinen Fageten, z.T. auch aus Melico-Fageten, entwickelt haben (BURRICHTER 1953, POTT 1981, RUNGE 1986), soll hier nicht näher eingegangen werden.

Grundwasserbeeinflußte Standorte weisen floristische Gemeinsamkeiten mit stark staunässebeeinflußten Querco-Carpineten auf. Floristisch differenzierend wirken der Nährstoffgehalt und der Grundwasserflurabstand.

Ziehendes, nährstoffreiches Grundwasser führt im Auenbereich von Fredenbach, Schlochterbach und Düte, den wichtigsten Vorflutern im Berg-/Hügelland, zur Ausbildung von Bach-Erlen-Eschenwäldern (Carici remotae-Fraxinetum chrysosplenietosum) oder bachbegleitenden Erlenwäldern, wie z.B. am Goldbach. Im Auenbereich sind oft Schwemmlösse in großer Mächtigkeit akkumuliert, die das basenhaltige Grundwasser vermöge hoher Kapillarkräfte überreichlich in den Hauptwurzelbereich aufsteigen lassen. Feuchtmull, Anmoor oder Niedermoortorf sind dominante Humusformen. Trotz Vernässung finden sich stets Nitrifizierungszeiger ein. Beispiele sind Urtica dioica, Stachys sylvatica, Impatiens noli-tangere und Rubus idaeus. Die Krautschicht bedeckt den Boden nahezu vollkommen. Der Bodentyp Gley tritt in unterschiedlich feuchten Varianten - vom typ. Gley zum sehr nassen Moorgley - auf. Benachbart und in Verzahnung mit dem Gley-Areal entwickelten sich Pseudogleye und Kolluvien.

Im Münsterländer Tiefland stellt auf stärker sandigen Auenablagerungen der Traubenkirschen-Eschenwald die „vikariierende" Gesellschaft der o.g. grundwasserabhängigen Assoziationen dar. Die Traubenkirsche (Prunus padus), die Assoziationscharakterart, tritt in stärkerem Maße auf. Ansonsten herrschen auch hier viele feuchteholde und basiphile Kräuter vor. Die Humusform ist ein Feuchtmull, z.T. ein Anmoor, so daß ein ausgesprochener Stickstoffmangel nicht eintritt. Typisch für diesen Naturraum sind Bruchwälder. Ihr Vorkommen ist an Standorte mit oberflächennahem, sehr langsam fließendem bis stagnierendem Grundwasser gebunden. Basenreicheres Grundwasser bevorzugt die Ausbildung von Erlenbruchwäldern (Alnion glutinosae). Unter dem Schirm der Schwarzerle wachsen feuchteholde Kräuter und Sträucher besonders üppig. Von diesen seien Lycopus europaeus, Solanum dulcamara und Rubus nigrum nur exemplarisch genannt. Trotz starker Vernässung herrschen oberflächennah günstige Mineralisierungsbedingungen (förderlich ist hier auch das äußerst enge C/N-Verhältnis der Erlenstreu), unter denen besonders Nitrat freigesetzt wird. Für die Ausbildung von Erlenbrüchern sind Mindestgehalte von Calcium in der Bodenlösung von ca. 0,1 mg CaO/l im Grundwasser die Voraussetzung (ELLENBERG 1986, S. 377), da sonst die Erle gegenüber der Moorbirke (Betula pubescens) oder der Waldkiefer (Pinus sylvestris) nicht konkurrenzkräftig genug ist.

Der Birkenbruch entwickelt sich auf grundnassen, nährstoffarmen Böden. Meist mehr als 30 cm mächtige Torfauflagen bezeugen den gehemmten Humusabbau. Besonders in Birkenbrüchern liegt der pflanzenverfügbare mineralische Stickstoff in der NH_4^+-Form vor. Niedermoore, Moorgleye, in Einzelfällen auch Naßgleye, häufig auf pleistozänen oder holozänen Sanden, sind die dominierenden Bodenformen. Sie weisen Vergesellschaftungen und stoffhaushaltliche Beziehungen mit benachbarten Podsol-Gleyen, Gley-Podsolen oder Pseudogleyen auf.

Das Areal der Bruchwälder im Iburger Raum ist durch landwirtschaftliche Nutzung auf kleinste Restflächen, die selten eine naturnahe floristische Ausstattung zeigen, geschrumpft. Grundwasserabsenkung durch Drainage führte zur Umwandlung in Grünlandflächen, nach Übersandung auch zur Ackernutzung. Zu bezweifeln ist, daß unter den anthropogen veränderten Standortbedingungen die pnV überhaupt noch echte Bruchwaldgesellschaften einschließt.

8 EINWIRKUNGEN DES MENSCHEN AUF DEN STOFF-HAUSHALT VON ÖKOSYSTEMEN IM RAUM BAD IBURG

8.1 IMMISSIONSSITUATION

Seit Dezember/Januar 1982/1983 führt das Niedersächsische Landesamt für Wasserwirtschaft Niederschlagsuntersuchungen im Iburger Raum durch. Im Bereich des Meßtischblattes gibt es vier Meßstationen: Drei Stationen am Dörenberg (331 m Iburger Wald) - davon sind zwei in unterschiedlicher Geländeposition angelegte Freilandstationen, die dritte eine im Waldbestand aufgebaute Station - und eine im Siedlungsraum der Gemeinde Bad Rothenfelde. Darüber hinaus wurde im Mai 1986 eine Anlage zur Sammlung von Stammabflußwasser am Kleinen Berg bei Bad Rothenfelde in Betrieb genommen. Mittlerweile gibt es landesweit vierzig Freilandstationen und fünf Stationen im Waldbestand. Erfaßt wird nicht die Gesamtdeposition, sondern nur die nasse Deposition und die wasserlöslichen Anteile der trockenen Deposition. Die Probensammelintervalle liegen bei durchschnittlich 16 Tagen. Abb. 8-1 zeigt die Konzentration ausgewählter Stoffe im Niederschlagswasser als Durchschnitt der Jahre 1983 bis 1987 im Vergleich des Raumes Bad Iburg mit der Station Osterode-Riefensbeek (Harz) und dem niedersächsischen Mittel der Freilandstationen. Die pH-Werte des Niederschlagswassers lagen im Iburger Raum mit Werten von 4,3-4,6 im sauren Bereich[30] und etwa eine Einheit (log. Skala) unter dem Niveau, das sich einstellen würde, wenn das CO_2 der Luft der einzige Säurebildner wäre. Niedrigste Mittelwerte mit 4,3 wies nicht die exponierte Kuppenlage des Dörenbergs, sondern die luvseitige Hanglage auf.

Im Vergleich zur Tieflandstation Bad Rothenfelde und dem niedersächsischen Mittel erkennt man insgesamt überdurchschnittliche Protonenkonzentrationen in der nassen Deposition am Dörenberg. Extrem geringe Mittelwerte von pH 3,5 weist die Harzstation Osterode am Acker-Bruchberg (760 m) auf.

---

[30])Bei den hier dargestellten Meßwerten handelt es sich um Mittelwertsbildungen für den angegebenen Zeitraum. Eingangsdaten waren ungewichtete arithmetische Jahresmittel aus bis zu 23 Proben pro Sammelstelle und Jahr. Im Vergleich zu den nach der Niederschlagsmenge gewichteten mittleren Konzentrationen liegen die ungewichteten Konzentrationen aufgrund von Verdünnungseffekten zu hoch. Daher ist bei der Interpretation der ungewichteten Durchschnittswerte Vorsicht geboten. Durch die Bildung von gewichteten Mittelwerten erniedrigen sich die hier dargestellten pH-Werte um ca. 0,5 Einheiten. Die Berechnung der pH-Mittel für den angegebenen Zeitraum erfolgt unter Berücksichtigung der logarithmischen Skalierung. Bei der Berechnung der Frachten stellte sich die Frage der Gewichtung von Mittelwerten naturgemäß nicht.

Abb. 8-1: Niederschlagsuntersuchungen in Niedersachsen - Konzentrationen im Niederschlagswasser im Jahresdurchschnitt 1983-1987

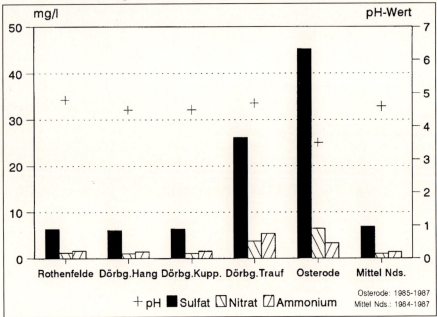

Die immitierten SO_4- und NO_3-Konzentrationen sind im Traufbereich eines Fichtenbestandes (Dörenberg-Trauf) im Vergleich zu den Mittelwerten Niedersachsens (Grundbelastung) erheblich erhöht, erreichen aber bei weitem nicht das in der montanen Höhenlage des Harzes im Trauf gemessene Niveau. Wenn, wie am Dörenberg, trotz hoher Konzentrationen an Anionen starker Säuren die pH-Werte nicht auffällig erniedrigt sind, so darf auf einen bedeutenden Eintrag von Neutralsalzen geschlossen werden.

Die mittlere Ammoniumkonzentration im Niederschlag des Iburger Raumes ist gegenüber dem Landesdurchschnitt erhöht, für die Traufniederschläge diesmal sogar gegenüber Osterode. Vergleichsweise hohe NH_4-Konzentration im Niederschlagswasser Westniedernachsens lassen sich vermutlich auf den überdurchschnittlichen Viehbesatz und der damit zusammenhängenden verstärkten Gülledüngung in Zusammenhang bringen.

Betrachtet man die durchschnittlichen Jahresfrachten aus der nassen Deposition für den gleichen Zeitraum (Abb. 8-2), so erkennt man trotz des logarithmischen Maßstabs der Ordinate sehr deutlich die hohe Filterwirkung von Waldökosystemen. Die immitierten Frachten an Sulfat liegen im Traufniederschlag der Hangstation Dörenberg 4-mal, in Osterode 14,5-mal über der durchschnittlichen niedersächsischen Grundbelastung. Für NO_3-N (NH_4-N) ergeben sich Anreicherungsraten von 3,2 (4,3) bzw. 12,6 (5,1). Beim Vergleich der Iburger Freilandstation mit dem Niedersächsischen Mittel wird die signifikant höhere Belastung des Iburger Raumes mit SO_4, NO_3 und NH_4 deutlich. Somit findet die konzentrationsmäßige Erhöhung auch in den immitierten Frachten aus der nassen Deposition ihren Niederschlag.

Ein geeignetes Maß der Säurebelastung durch die nasse Deposition ist der Baseverbrauch bis zu einem festgelegten pH-Wert. Hier angegeben ist der Baseverbrauch

Abb. 8-2: Niederschlagsuntersuchungen in Niedersachsen - Durchschnittliche Jahresfrachten aus nasser Deposition 1983-1987

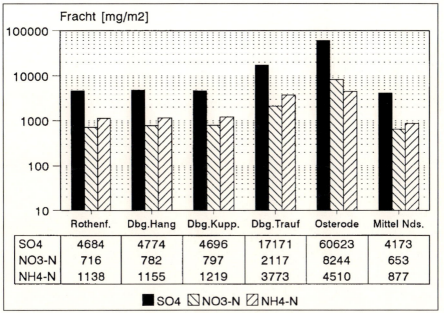

bis pH 5,6, dem physiologischen Neutralpunkt oder auch dem pH-Wert, der sich im Wasser einstellte, wäre das Atmosphären-CO_2 der einzige Säurebildner. Aufgrund des größeren Lösungsinhalts an puffernden Substanzen ist trotz niedriger Konzentrationen freier H^+-Ionen der Baseverbrauch des Traufstandortes am Dörenberg größer und damit die Säurelast höher als am lagegleichen Freilandstandort. Insgesamt zeigt sich eine Zunahme der Säureimmission mit stärkerer Exponiertheit. Auch die untersuchten Schwermetalle Zink und Blei folgen den dargestellten Zusammenhängen. Eine erhöhte Ausfilterung an exponierten Waldstandorten wird hier ebenso deutlich wie die vergleichsweise höheren Stoffeinträge im westniedersächsischen Raum, die auf lokale Quellen (v.a. NH_4), aber auch auf einen Ferntransport herangeführter Stoffe von weitab gelegenen Emittenten (z.B. Rhein-Ruhr-Raum) zurückgehen. Im Jahre 1987 hat sich gegenüber dem Vorjahr die Sulfat- und Säuredepositionssituation deutlich gebessert (Gesamtdurchschnitt 1986: pH 4,5; 1987: pH 4,7), jedoch reagierte bei gewichteten mittleren pH-Werten von 4,2 (1987) der überwiegende Teil der Niederschläge sauer. Ob sich aus den Werten von 1987 schon eine Trendwende zur Abschwächung der Säuredeposition hin erkennen läßt, bleibt unsicher. Eine im Iburger Raum in den letzten Jahren ansteigende NH_4-Immission kann selbst bei einer leicht verringerten Protonendeposition das Gefährdungspotential für die Stabilität des Ökosystems Wald erhöhen (s. Kap. 4.1).

Festzustellen bleibt, daß, obwohl nur ein Teil der Gesamtimmissionen im Rahmen des Meßprogrammes erfaßt wurde, die Säureeinträge in exponierte Waldökosysteme des Iburger Raumes größer sind als die Pufferrate nichtcarbonatischer Böden (s. a. Kap. 4.1). Besonders kritisch ist die Säuredeposition auf Standorttypen, bei denen Luv-Lage, hohe Ausfilterung durch den Vegetationsbestand und Böden mit geringen Pufferraten zusammenkommen. Diese Faktorenkonstellation tritt im Iburger Wald (Dörenberg-Gruppe) und an dem Sandsteinschichtkamm verbreitet auf, mit der Folge,

Abb. 8-3: Niederschlagsuntersuchungen in Niedersachsen - Durchschnittliche Jahresfrachten aus nasser Deposition 1983-1987

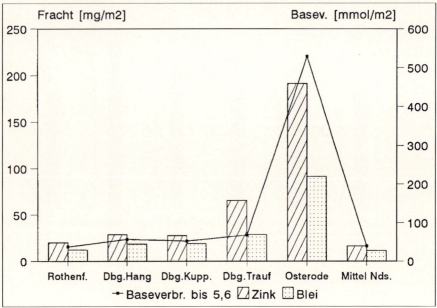

daß Säurestreß und Nährstoffmangel zur sichtbaren Schädigung der Fichten- und Laubholzbestände führen.

Wegen der Steuerung wichtiger Prozesse im (Nähr)Stoffhaushalt landschaftlicher Ökosysteme kommt folglich der Auswertung von Daten zur Immissionsdeposition im Rahmen der geoökologischen Raumanalyse und Kartierung eine erhebliche Bedeutung zu. So findet die regionale Immissionssituation in die ostdeutsche forstliche Standortkartierung sogar zur Kennzeichnung der sogenannten „Standortsform", der räumlichen Grundeinheit, Eingang (FIEDLER u. NEBE 1990).

Zwar besteht keine Flächenkongruenz zwischen immissionsexponierter Lage bzw. Immissionsschutzlage und Ökotop, doch können zur Abgrenzung landschaftsräumlicher Einheiten auf einer übergeordneten Hierarchiestufe, z.B. der Ebene der Ökotoptypen, solche Lagekriterien zur Grenzfindung hohes Gewicht erhalten.

Im folgenden wird für den Iburger Raum näher ausgeführt, daß die Immission saurer Deposition nicht ohne Auswirkung auf den ökochemischen Zustand des Partialkomplexes Boden ist.

8.1.1 Wirkung der Immissionsbelastung auf den Säurestatus von Böden

Fortwährender Eintrag saurer Depositionen in Waldökosysteme seit dem Beginn der Industrialisierung führt zu einer Forcierung des unter humiden Klimaverhältnissen natürlichen Austrags von Nährstoffbasen aus dem Bodenkörper. Der aktuelle Säure-/Basenstatus von Waldböden wird daher zu einem wichtigen Gegenstand geoökologischer Forschung.

Das Projekt „Untersuchungen zur Frage des Waldsterbens im Bereich der Bodenkarte 1:25000 3814 Bad Iburg", das im Auftrag des Landkreises Osnabrück vom Niedersächsischen Landesamt für Bodenforschung (NLfB) bereits Anfang der 80er Jahre durchgeführt und 1985 abgeschlossen wurde, verdeutlichte an 15 physiko-chemisch untersuchten Bodenprofilen aus Fest-/Lockergestein beispielhaft den hohen Grad der Bodenversauerung nicht nur der Podsol-Braunerden und Podsole auf Sandstein-Verwitterungsmaterial, sondern auch von Parabraunerden und Pseudogleyen auf Löß oder tiefgründig entkalktem Geschiebelehm. Sogar in ausgesprochenen Immissionsschutzlagen greift die Entbasung verbreitet bis in Bodentiefen von über 1 m. Moder und Rohhumus sind die dominant auftretenden Humusformen. Es zeigte sich, daß nur die Rendzinen und Rendzina-Braunerden des Kleinen Berges und der Kalkschichtkämme Basensättigungen von über 90% im Oberboden aufweisen (NLfB 1985, NOUR EL DIN 1986).

Das daraufhin ab März 1987 durchgeführte „Bodenuntersuchungsprogramm Landkreis Osnabrück" bestätigte durch eine landkreisweite Waldbodenuntersuchung von 300 Bodenprofilen, an denen insgesamt mehr als 2000 Bodenproben entnommen wurden, den allgemein hohen Versauerungsgrad. In Tab. 8-1 ist die prozentuale Verteilung ökologisch bedeutsamer pH-Wert-Bereiche[31] der untersuchten Böden nach festen Tiefenstufen hin aufgeschlüsselt.

Tab. 8-1: Prozentuale Verteilung von pH-Wert Bereichen 300 untersuchter Waldböden im Landkreis Osnabrück (pH (1 M KCl))

Bodentiefe [cm]	pH-Wert Bereiche					
	>6,2	6,2-5,0	5,0-4,2	4,2-3,8	3,8-3,2	<3,2
0-15	2	1	1	1	26	69
15-45	2	2	2	28	56	10
45-100	3	3	24	38	31	1

(nach NLfB 1989)

Die Tabelle bestätigt eindrucksvoll die extreme Waldbodenversauerung in der Gesamtregion des Landkreises. So liegen die pH (KCl)-Werte von 95% (96%) aller untersuchten Böden in den obersten 15 cm des Mineralbodens unterhalb von 3,8 (4,2), zwischen 15 cm bis 45 cm immerhin noch 66% (94%) aller Böden und in der Tiefenstufe 45 cm bis 100 cm noch 32% (70%).

Die mit dem pH-Wert in einem engen Zusammenhang stehenden Basensättigungen an der effektiven Austauschkapazität belegen die antagonistischen Beziehungen zwischen Säuremengen, die an der Festphase adsorbiert sind, und austauschbaren Nährstoffbasen. So liegen bei 72% der untersuchten Waldböden bereits in einer Tiefe von 40 bis 100 cm die Summe der NH_4-austauschbar adsorbierten Anteile von Ca und Mg bei weniger als 5%. Da die Verwitterungs-(Versauerungs-)front von oben nach unten voranschreitet, impliziert dies noch geringere Basensättigungen in der Tiefenstufe 15-40 cm (NLfB 1989). Damit sind auf großen Arealen die Vorräte an kurzfristig verfügbaren basischen Nährelementen sehr gering.

---

[31] Aufgrund der Messung der pH-Werte in KCl kann keine direkte Parallelisierung zu den Pufferbereichen in der Definition von ULRICH (1981) vorgenommen werden. Diese beziehen sich auf pH-Wert-Messungen in wässriger Suspension. Leider wird in dem Gutachten des NLfB darauf nicht hingewiesen, sondern sogar das Gegenteil suggeriert.

Aufgrund hoher Depositionsraten ist auf den meisten Standorten - von (aufgeschütteten) Rohböden abgesehen - die Stickstoffversorgung gesichert; dies gilt i.d.R. auch für die Phosphorversorgung (a.a.O., S. 58). Neben dem Versauerungsstatus wurden außerdem die Schwermetallgehalte der Böden analysiert. Schon die Voruntersuchung (NLfB 1985) von 15 Profilen im Iburger Raum zeigte die starke Tendenz der Anreicherung von Schwermetallen in der Humusauflage oder dem oberen Teil des mineralischen Ah-Horizontes. Diese konnte mit den lithogenen Gehalten nicht in Zusammenhang gebracht werden (a.a.O., S. 22). Im besonderen war eine sehr hohe Belastung mit Blei auffällig. So wiesen 10 der 15 O-Lagen bzw. Ah-Horizonte mehr als 200 ppm (100 ppm)[32] Blei auf. Spitzenwerte wurden in Rückenpositionen des Dörenbergs mit 770 ppm gemessen. Auch auf exponierten Standorten der Kalkschichtkämme (z.B. Kleiner Freden) traten hohe Schwermetallgehalte auf. So lag hier im mineralischen Ah-Horizont die Bleikonzentration bei 208 ppm (100 ppm), die Zink-Konzentration bei 380 ppm (300 ppm) und die Cadmium-Konzentration bei 6 ppm (3 ppm), wobei in allen drei Fällen die Grenzwerte der Klärschlammverordnung (AbfKlärV 1982) für Böden übertroffen werden. Selbst unter Berücksichtigung, daß hier ausschließlich Schwermetallkonzentrationen und nicht Schwermetallvorräte, deren Kenntnis zur vollständigen Abschätzung des Gefährdungspotentials notwendig ist, bestimmt wurden, gab es deutliche Hinweise auf den hohen Belastungsstatus von forstlichen Ökosystemen im Landkreis Osnabrück.

Im Folgeprogramm (NLfB 1989) belegten Detailstudien am Dörenberg die Expositionsabhängigkeit der Schwermetallkonzentrationen[33] in der Humusauflage von Fichtenbeständen.

Tab. 8-2: Schwermetallkonzentrationen in der Humusauflage und im humosen Oberboden am Dörenberg (330 m üb. NN) in Abhängigkeit von der Exposition und Höhenlage [ppm]

		Luv - Hang		Lee - Hang	
		Kuppe	Oberhang	Kuppe	Oberhang
Of/Oh-Lage	Pb	1037	808	828	689
	Cu	112	83	73	66
	Cd	2	2	1	2
Mineralboden 0-15 cm	Pb	118	108	141	83
	Cu	13	10	11	7
	Cd	0,2	0,1	0,2	0,0

(nach NLfB 1989)

---

[32] Die Zahlen in Klammern geben im folgenden die Grenzwerte nach der Klärschlammverordnung (AbfKlärV 1982) an. Werden diese auf landwirtschaftlich genutzten Böden überschritten, ist das Aufbringen von Klärschlamm untersagt. Somit bezieht sich die Klärschlammverordnung in erster Linie auf landwirtschaftlich genutzte Böden und deren Grenzwerte auf den spezifischen Schwermetall-Transfer vom Boden zur Nutzpflanze. Sie berücksichtigt folglich die potentielle Gefährdung für (Nutz-)Tiere und Menschen, die die Agrarprodukte als Nahrung aufnehmen. Da für Forstkulturen der Transfer in die Nahrungskette entfällt, und darüber hinaus die Klärschlammverordnung keine physiologischen Grenzwerte (z.B. für Waldbäume) nennt, kann dieser Vergleichswert nur als Orientierung gelten.

[33] Bestimmungen von Schwermetallen in der Auflage im Druckaufschluß HF/HCl, im Mineralboden durch halbkonzentrierte HNO_3.

Die höchste Konzentration konnte mit über 1000 ppm Blei am luvseitigen Kuppenbereich gemessen werden. Aber auch der leeseitige Kuppenbereich zeigte Bleikonzentrationen von über 820 ppm und war im Konzentrationsniveau nahezu aller untersuchten Schwermetalle mit dem Luv-Oberhangbereich vergleichbar. Die niedrigsten Konzentrationen wurden im Lee-Oberhangbereich gemessen, doch bleibt die Höhe des Bleiwertes auffällig. Zum Mineralboden hin nehmen die Schwermetallkonzentrationen ausnahmslos stark ab.

Im Zusammenhang mit der Luv-Lee-Situation am Dörenberg ist zu bedenken, daß Luftverunreinigungen von fernen Emittenten zwar mit den vorherrschenden Südwestwinden herantransportiert werden, daß aber der Einfluß der nördlich gelegenen Klöckner-Werke (Georgmarienhütte) nicht a priori vernachlässigt werden darf (s.a. TÜV HANNOVER 1978/79 zitiert nach STADT GEORGSMARIENHÜTTE 1987). Starke Waldbodenversauerung als Ergebnis einer fortwährenden Säuredeposition im Zusammenspiel mit hohen immissionsbürtigen Schwermetallkonzentrationen im Ektohumus wirken belastend auf die Lebewelt ein und hemmen ökosysteminterne Stoffumsätze. Anthropogene Gegensteuerungen sind dementsprechend darauf ausgerichtet, Bodensäuren zu neutralisieren bzw. Schwermetalle zu immobilisieren. Auch sie sind nicht ohne Auswirkungen auf Kompartimente des Landschaftshaushaltes und fordern den geoökologisch Kartierenden methodisch heraus.

8.1.2 Anthropogene Maßnahmen gegen immissionsbedingte Bodenversauerung

Seit langem ist bekannt, daß Böden hoher Acidität durch Applikation basisch reagierender Düngestoffe melioriert werden können. So gab es besonders in den Heidegebieten Nordwestdeutschlands schon in den 30er Jahren dieses Jahrhunderts (z.B. Forstamt Syke) umfangreiche Düngeversuche, vor allem bei Bestandsbegründungen (HETSCH u. ULRICH 1979).

Im Iburger Raum begann die Düngerapplikation auf nährstoffarmen Standorten längst vor dem Auftreten der neuartigen Waldschäden, befand sich doch der Wald infolge vielfältiger Formen der bäuerlichen Waldbenutzung (Streurechen, Waldweide, Plaggenhieb) verbreitet in einem verheerenden Zustand. Dies hat BURRICHTER (1952) durch Auswertung alter Quellen für den Iburger Raum eindrucksvoll belegen können. Für die Staatsforsten am Iburger Wald sind nach Unterlagen des StFA Palsterkamp[34] bereits 1954 und 1956 Kalkgaben in Form schnellöslicher Branntkalke in Mengen von 30 dt CaO/ha bzw. 42,3 dt CaO/ha appliziert worden (s. Karte MKB 1). Die genaue Ausbringungsfläche läßt sich zum Teil heute nicht mehr rekonstruieren. Das Neuartige Waldsterben, das mit zunehmender Tendenz seit dem Ende der 70er Jahre an kammnahen Fichtenbeständen des Iburger Waldes immer stärker offenbar wurde, ließ Kompensationskalkungen (s. Kap. 4.2) ratsam erscheinen. Während die Kalkung mit „Peiner Forstkalk gekörnt" (39% CaO, 8% MgO, 3% P_2O_5) in Mengen von 40 dt/ha mit Bestandesbegründungen (z.B. am Grafensundern) im Zusammenhang stand, wurden flächenhafte Kompensationskalkungen von Beständen aller Altersklassen mit 30 dt/ha dolomitischem Kalk im November 1987 per Hubschrauber durchgeführt.

---

[34] Für die Einsichtnahme in die entsprechenden Akten gebührt Herrn FoR von Senfft (Staatliches Forstamt Palsterkamp) großer Dank.

Karte 8-1 (s.a. MBK1) gibt einen Überblick über die Waldflächen des Iburger Raumes, die bis Anfang 1990 im Auftrag des StFA Palsterkamp oder aber des Landwirtschaftsamtes Osnabrück (betr. Privatforsten) kompensationsgekalkt wurden. Dies sind nahezu alle Forste, die auf Sandsteinverwitterungsböden oder Lößböden stocken. Aus Berechnungen zur Auflösungsgeschwindigkeit kohlensaurer Kalke (PRENZEL 1985) ergibt sich, daß nach der Ausbringung nicht mit schlagartigen bodenökologischen Veränderungen gerechnet werden muß, zumindest solange die Bestände nicht allzusehr aufgelichtet sind.

Karte 8-1: Kalkungsflächen des Iburger Raumes im Überblick

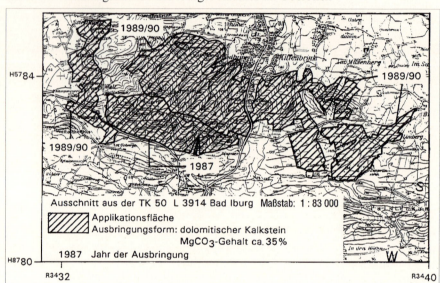

Erste Wirkungen einer Bestandskalkung setzen in der Humusauflage ein. Durch verbesserte Nitrifizierungsbedingungen erhöht sich der Abbau von organischer Substanz, die Ammoniumoxidation verstärkt sich, so daß Nitrat in stärkerem Maße in der Bodenlösung auftritt und damit pflanzenverfügbar ist. Soweit die Belichtung es zuläßt, wird ein erhöhtes Nitratangebot durch die Entwicklung einer spezifischen Nitratflora indiziert, die ihrerseits die Verbesserung des Ektohumus durch eiweißreiche Pflanzenrückstände unterstützt. Aufgrund einer geringen Affinität zur Bodenfestphase unterliegt nicht in die Phytomasse eingebautes Nitrat zu hohen Anteilen der Auswaschung, besonders auf Standorten mit intensiver Perkolation.

Eine Erhöhung des pH-Wertes bleibt aufgrund der nur mäßigen Kalkgaben nahezu auf die Auflage beschränkt. Im Mineralboden reicht die Kalkwirkung in der üblichen Dosierung häufig nicht aus, um die Basensättigung der Bodenkolloide spürbar oder gar nachhaltig zu steigern. Sehr wohl kann jedoch das ökologisch (phytotoxikologisch) bedeutsame Ca/Al-Verhältnis der Bodenlösung erhöht und damit Feinwurzelschäden durch Al-Toxizität unwahrscheinlicher gemacht werden. Unter der derzeitigen Protonendeposition wird die Wirkung der Kompensationskalkung etwa 10-15 Jahre den Säure-/Basenstatus stabilisieren können und daher ökosystemar kaum nachhaltig sein.

Die Wirkung von Kalkungen auf den Schwermetall-Haushalt muß differenziert beurteilt werden. Zwar kann bei schwach steigendem pH-Wert der Bodenlösung mit wachsender Immobilisierung der meisten Schwermetalle gerechnet werden, doch wirkt dem die erhöhte Schwermetallfreisetzung durch Humusabbau entgegen. Der zuletztgenannte Prozeß wiegt um so stärker, je höher die Schwermetallvorräte im Humuskörper sind.

Der geringe Einfluß auf den pH-Wert des Mineralbodens macht es u.U. schwierig, eine Kompensationskalkung im Rahmen einer geoökologischen Feldkartierung zu erkennen, vor allem wenn durch starke Überschirmung die Entwicklung einer nitratindizierenden Flora unterdrückt wird.

Eine in Kammlage des Dörenbergs eingerichtete Kalkversuchsfläche soll Aufschluß über die bodenchemischen Veränderungen von Podsolen und Podsol-Braunerden unter einem Fichtenbestand bei besonders hohen Kalkapplikationen (hier 110 dt/ha: ca. die vierfache Menge einer normalen Kompensationskalkung) geben. Dazu wurden 1988 vom NLfB auf zwei Meßparzellen, der Kalkungsparzelle und einer Referenz-0-Parzelle, in drei verschiedenen Bodentiefenstufen (10 cm, 40 cm, 100 cm) insgesamt 36 Kerzenlysimeter installiert, mit Hilfe derer bis Mai 1989 an 24 Terminen 432 Bodenwasserproben zur Analyse entnommen wurden (NLfB 1989, S. 104 ff). Die Ergebnisse sind vom NLfB (1989) dokumentiert worden. Demnach zeigt sich, daß auf beiden Parzellen die gewonnenen Bodenlösungen bis in eine Tiefe von 40 cm mit pH-Werten von 2,9-3,5 sehr stark sauer reagieren. Selbst in 100 cm wird das pH von 4 kaum überschritten. Molare Ca/Al-Verhältnisse von 0,1 bis 0,2 geben Hinweise auf die Gefährdung von Feinwurzeln durch Al-Toxizität (ROST-SIEBERT 1985). Die Kalium- und Magnesiumversorgung liegt im oder nahe dem pflanzlichen Mangelbereich. Auffällig ist, daß bis in 100 cm Tiefe nahezu über das gesamte 1. Meßjahr hinweg die NO_3-Konzentration im Lysimeterwasser zwischen 50 und 100 mg/l betragen (Grenzwert der TrinkwV (1986): 50 mg/l). Solch hohe NO_3-Ionenkonzentrationen unterhalb des Intensivwurzelraumes sind von Waldökosystemen dieses Ernährungszustandes nahezu unbekannt (s.a. WIEDEY u. RABEN 1989, WENZEL 1989).

Auch der Grenzwert der TrinkwV (1986) für Blei von 0,04 mg/l wird im Lysimeterwasser der Gewinnungstiefe 10 cm nahezu für den gesamten Meßzeitraum überschritten, zeitweise selbst noch in einem Meter Bodentiefe. Damit stellen die versauerten Böden am Dörenberg kaum noch eine wirksame Senke für Cadmium und Blei dar (NLfB 1989). Im ersten Jahr nach der Kalkung im Juni 1988 war die Wirkung des Kalkes auf das pH des Mineralbodens kaum erkennbar. Lediglich das Ca/Al-Verhältnis des Lysimeterwassers zeigte eine ansteigende Tendenz. Die Nitratspitzen in der Bodenlösung konnten jedenfalls mit der Kalkung bislang nicht in Zusammenhang gebracht werden, da die 0-Parzelle bei gleichem Gang der NO_3-Konzentration dasselbe Niveau zeigte (NLfB 1989, Band 2, S. 165).

Eine viele Jahrzehnte bis Jahrhunderte währende Destabilisierung von Waldökosystemen führte zu nachhaltigen Änderungen des ökosystemaren Nährstoffhaushaltes, die die internen Umsatzgrößen betreffen und damit auch Austräge steuern. Dabei können Wirkungen auch auf Nachbarökotope oder die Hydrosphäre ausgehen. Anthropogene Stabilisierungsmaßnahmen (naturnaher Waldbau, Düngung) sind bei fortwährender Einwirkung von Stressoren kurzfristig kaum effektiv.

8.2 EINFLUSS DER LANDNUTZUNG AUF DEN LANDSCHAFTSHAUSHALT

8.2.1 *Landschaftsentwicklung durch Intensivierung der Landnutzung - Konsequenzen für den Stoffhaushalt forstlicher und agrarer Nutzökosysteme*

Voruntersuchungen zur kulturlandschaftlichen Entwicklung im Rahmen einer geoökologischen Kartierung sind von großer Bedeutung. Wie gezeigt werden wird, können vergangene Eingriffe des Menschen in den Landschaftshaushalt sehr persistente Auswirkungen haben und bis heute auf den Nährstoff- und Wasserhaushalt Einfluß nehmen. Wesentliche Eingriffe des Menschen in die Naturlandschaft waren und sind mit Nutzungen verbunden. Waldnutzung und landwirtschaftliche Bodennutzung sind hier als flächenintensive Nutzungstypen vorrangig zu nennen. Bis in das späte 19. Jahrhundert hinein waren Agrarnutzung und Waldnutzung eng miteinander verwoben. Am Beispiel der Gemarkungen Glandorfer Heide, Auf dem Donnerbrink und Laerheide im Südwesten des Meßtischblattes Bad Iburg werden stoffhaushaltliche Konsequenzen des Landschaftswandels an einer Serie von drei topographischen Karten der Jahre 1790, 1897 und 1987 verdeutlicht.

Die Karte ML1a der Landesvermessung des Hochstifts Osnabrück von Du Plat 1790[35] dokumentiert über die Darstellung der realen Vegetationstypen die frühmittelalterliche bis neuzeitliche agrarische Wirtschaftsweise. Um die Erzeugung von agrarischen Nutzpflanzen auf den kleinen, hofnah gelegenen Ackerflächen, den sog. Eschen, langfristig zu sichern, wurden organische Bodenmaterialien - die Plaggen - aus Wäldern, Heiden und feuchten Niederungen entnommen, als Einstreu in die Viehställe gebracht und nach Anreicherung mit tierischen Exkrementen als Mist zur Düngung auf die Ackerflächen aufgetragen. Die Düngewirkung bestand darin, daß im Zuge der Mineralisierung der organischen Substanz sukzessive Nährstoffe in pflanzenverfügbare Formen freigesetzt wurden. Da immer auch ein Teil der organischen Substanz als Dauerhumus zurückblieb, entstanden auf den Eschen im Laufe der Jahrhunderte mächtige, tiefhumose Bodenprofile. Weil die Plaggendüngung letztlich kaum mehr als eine Erhaltungsdüngung hinsichtlich der Makronährelemente N, P, K, Ca und Mg war (von LAER 1864), die auf kärglichen Böden die dauerhafte Produktion von Nutzpflanzen auf einem geringen bis mäßigen Ertragsniveau sichern sollte, kann von einer Eutrophierung - i.S. einer Nährstoffanreicherung - kaum gesprochen werden. Der tiefhumose Plaggenesch-Boden besaß und besitzt allerdings in weit höherem Maße die Fähigkeit, Niederschlagswasser im Boden pflanzenverfügbar zu speichern als dies der ursprüngliche Boden vermochte.

In Karte ML1a ist deutlich erkennbar, daß die Plaggenentnahmefläche ein Vielfaches der Auftragsfläche ausmachte. Das Verhältnis kann von 2:1 bis 10:1 reichen. Waren die Plaggenentnahmeflächen Heiden oder lichte Laubwälder (Querco-Betuletum oder Fago-Quercetum), so verarmten diese Ökosysteme an Nährstoffen mehr und mehr. Alle pflanzlichen Nährelemente, die zu großen Anteilen im Bodenhumus gespeichert waren, wurden im 10-15jährigen Turnus der Fläche entzogen. Der Austrag von Bodenhumus bewirkte Säureschübe im Boden, bei denen Kationsäuren freigesetzt und in ionarer oder organisch komplexierter Form mit dem Sickerwasserstrom nach unten verlagert wurden. Podsolierung setzte ein oder wurde intensiviert; von Vegetation entblößte Flächen unterlagen der Deflation.

---
[35] Verkleinerung der Originalkarte (1:3840); aus Gründen der Darstellbarkeit der kleinparzellierten Vegetationstypen-/Flächennutzungsstruktur wurde auf eine maßstäbliche Anpassung an die Folgekarten verzichtet. Für die großen Hilfestellungen bei der Kartensuche und Reproduktion sei den Mitarbeitern des Staatsarchivs Osnabrück herzlich gedankt.

Zusammenfassend bleibt festzuhalten, daß Flächen, die der Plaggenentnahme dienten, unter extremer Abnahme des Gehaltes an organischer Substanz und Nährstoffbasen oligotrophierten und versauerten. Damit nahm die Wasserspeicherfähigkeit des Bodens ab, und die Perkolation intensivierte sich.

Weitere Strukturelemente der Kulturlandschaft Ende des 18. Jahrhunderts waren Naßwiesen und Feuchtheiden, in der Karte Du Plats als Masch[36] zusammengefaßt, Moore und sogar offene Wasserflächen, die nach QUIRLL u. TOMCIK (1971) zum Teil wohl auch der Fischerei dienten. Die ausgedehnten grundnassen Gebiete sind Ausdruck einer behinderten Vorflut zum Glaner- und Remseder Bach, deren Lauf offenbar noch nicht reguliert war. Grundnässe bedeutet zeitweisen Luftmangel im Oberboden und damit Humusakkumulation bis hin zu Anmoor- oder Torfkörpern.

Der Kartenausschnitt der Preußischen Landesaufnahme durch GAUß (1897) zeigt ein völlig anderes Kulturlandschaftsbild (s. ML1b). Die ehem. Heideflächen wurden mit Kiefern (Pinus sylvestris) - einer im Münsterland nicht heimischen Baumart - aufgeforstet. Die Esche haben im wesentlichen ihre Größe beibehalten, örtlich kamen kleine Ackerflächen hinzu. Diese sind dann meist auf ehemaligen Heideflächen angelegt worden. Einen großen Flächenzuwachs zeigt das Grünland, das besonders auf Kosten der Masch-, Sumpf- und Moorflächen ausgedehnt wurde. Offene Wasserflächen gibt es nahezu nicht mehr. Sie sind der Verbesserung der Vorflut durch Gewässerregulierungen oder Auffüllungen zum Opfer gefallen.

Für den Nährstoffhaushalt bedeutet die Aufforstung der Heideflächen mit Nadelhölzern eine allmähliche Steigerung des Humusvorrates, doch ging die Jungwuchsphase zunächst noch auf Kosten der Bodenvorräte. Obwohl Kiefern ein hohes Aufschlußvermögen für im Boden vorhandene Restnährstoffe aufweisen, war ihre Nährstoff-Versorgung schwierig. Da die Humusakkumulation ein sehr langwieriger bodenbildender Prozeß ist und die Nadelstreu extrem schwer zersetzlich ist, ging die Humusformentwicklung wohl in Richtung Rohhumus. Eine „Bodenmelioration durch Sukzession" im Sinne SCHLICHTINGS (1986) war daher mittelfristig nicht zu erwarten. Bei geringen Nährstoffvorräten waren die Austräge durch Versickerung gering.

Bedeutsame stoffhaushaltliche Veränderungen fanden auf den Flächen der mäßig drainierten, aus Mooren und Sümpfen hervorgegangenen Grünlandflächen statt. Bessere Durchlüftung führte zu mäßigem Humusabbau und Stickstoff-Mineralisierung.

Bis zum Jahre 1987 machte die Landschaft abermals einen tiefgreifenden Nutzungswandel durch. Die ausgedehnten Kiefernwälder wurden bis auf kleine Bestände im Dünengebiet von Glandorf und Bad Laer gerodet. Der stark bewaldeten Kulturlandschaft folgte die offene Agrarlandschaft. Feuchte Standorte kamen unter grünlandwirtschaftliche Nutzung, trockene Standorte wurden zum Acker. Durch umfangreiche Systemdrainagen und erneute Bachlaufregulierungen gelang es, große, ehem. feuchte Areale ackerfähig zu machen.

Bevor auf die schwerwiegenden stoffhaushaltlichen Konsequenzen eingegangen wird, sollen die Wandlungen der agraren Nutzungsstruktur der letzten 30 Jahre durch gemeindebezogene Anbauflächenentwicklungen auf der Grundlage der Agrarberichterstattung des NIEDERSÄCHSISCHEN LANDESVERWALTUNGSAMTES für STATISTIK der Jahre 1964 bis 1990 dargelegt werden[37].

---

[36] Nach SCHILLER u. LÜBBEN (1877) wird die Masch (mittelniederdeutsch) als feuchtes Weideland (Wiese oder Feuchtheide?) bezeichnet.

[37] Schwierigkeiten bei der Flächenbilanzierung ergaben sich aus der mehrfach wechselnden administrativen Zuordnung von Gemeinden oder Gemeindeteilen. Mit Hilfe des Strukturatlas Landkreis Osnabrück (1985) gelang es nicht immer, einheitliche Bezugsflächen zu schaffen. Unsichere Angaben sind gekennzeichnet.

Im Gemeindegebiet Glandorf nahm von 1960/61 bis 1987 die Waldfläche von 625 ha um 45% auf 343 ha ab. Parallel dazu verringerte sich das Dauergrünland von 2364 ha um 62% auf 909 ha. Bei nur geringfügiger Zunahme der landwirtschaftlichen Nutzfläche (LN), innerhalb von 30 Jahren um 3%, verdoppelte sich die Getreidebaufläche nahezu und stieg die Acker-Futterbaufläche auf das 26-fache. Das Verhältnis der Anbaufläche von Futterpflanzen zum Getreide insgesamt verengte sich von 1:32 auf 1:2,5. Hauptgetreidearten sind Gerste und - in abnehmender Tendenz - Roggen. Unter den Futterpflanzen nimmt der Mais (Silomais) eine herausragende Stellung ein.

Die Entwicklung im Gemeindegebiet Bad Laer zeigt keine so krassen Strukturänderungen, da die Gemeinde einen Flächenanteil an sehr verschiedenen Naturraumtypen besitzt. Doch gerade in den quartären Sanden der Laerheide ist die Entwicklung mit derjenigen von Glandorf vergleichbar. So nimmt die Waldfläche von Bad Laer zwischen 1960 und 1987 zwar „nur" um 32% ab, doch muß der Flächenanteil am Kleinen Berg berücksichtigt werden, an dem auf flachgründigen Böden kaum eine andere als die forstliche Nutzung möglich ist. Das Dauergrünland-Acker-Verhältnis hat sich in den letzten dreißig Jahren auffällig von 1:1,3 auf 1:1,9 verändert. Der Futterpflanzenanbau nahm auf Kosten der Getreidebauflächen wie des Dauergrünlandes stark zu.

Die Stadt Bad Iburg incl. der heutigen Stadtteile Glane und Ostenfelde hat Flächenanteile an dem Lößstreifen der Hangfußflächen des Osnings aber auch an den Geschiebelehm- und Talsandflächen im Süden. Auf letztgenannten hat die Waldrodung landwirtschaftliche Nutzflächen geschaffen, die allerdings durch Flächenverluste infolge Siedlungserweiterung kompensiert wurden. Innerhalb der landwirtschaftlichen Nutzflächen zeigt sich ebenfalls eine Verschiebung im Dauergrünland-Ackerland-Verhältnis von 1:1,2 auf 1:2,2. Dies ist auf eine Verringerung der Dauergrünlandfläche um 31% innerhalb der letzten 30 Jahre zurückzuführen. Besonders zu Lasten des Dauergrünlands versechsfachte sich der Flächenanteil von Futterpflanzen allein in den letzten 20 Jahren.

Im heutigen Gemeindegebiet von Hilter a.T.W., das ebenso wie das Stadtgebiet von Georgsmarienhütte zu großen Teilen im Lößgebiet liegt, vergrößerte sich die landwirtschaftliche Nutzfläche durch die Reduzierung von Waldflächen (Abnahme: ca. 30%) infolge Siedlungserweiterungen in den letzten 30 Jahren kaum. Der generelle Trend zur Abnahme des Dauergrünlands läßt sich auch in den Lößgebieten erkennen, ebenso wie die in den letzten 10 Jahren wachsenden Flächen zur Futterpflanzenproduktion. Der Mais als wohl wichtigste Futterpflanze verdrängt im Unterschied zu den Sandgebieten des südlichen Vorlands in weit stärkerem Maße das Getreide, von dem die Gerste - mit abnehmendem Trend - noch immer ca. 54% ausmacht.

Bad Rothenfelde, das nur mit geringen Anteilen landwirtschaftlicher Nutzfläche im Untersuchungsgebiet liegt, hat seit 1977 konstante bis schwach abnehmende Gesamtflächen unter landwirtschaftlicher und forstlicher Nutzung. Umbruch von Dauergrünland fand nur auf geringen Flächenanteilen statt.

Die Veränderungen der agraren Nutzungsstruktur der letzten 30 Jahre im Iburger Raum sind durch den Prozeß der Intensivierung der Landbewirtschaftung geprägt. Wälder und Grünland wurden, wie dargelegt, in unterschiedlichem Maße durch Äcker ersetzt.

Waren von der Umwidmung Wälder betroffen, deren Anpflanzung zumindest im Südteil des Meßtischblattes als Reaktion auf die Degradation übernutzter Heideformationen verstanden werden kann, so fand man, der kurzen Zeit der Waldbestockung wegen, nahezu unverändert humusarme, extrem saure und nährstoffarme Böden vor. Um diese ackerbaulich nutzen zu können, war es nötig, durch Kalkung und Düngung intensive Standortmeliorationen durchzuführen (s.a. Kap. 8.1.2). Die düngungsbedingten Nährstoffvorräte sind allerdings nur so lange pflanzenverfügbar, wie eine ausreichende Bodenfeuchte den Nährstofftransfer gewährleistet; doch neigen gerade die sandigen Böden im intensiv durchwurzelten Raum zu starker Austrocknung. Nicht in Biomasse eingebaute Nährstoffreserven können dann der Auswaschung unterliegen, die in den grob texturierten, sorptionsschwachen Böden besonders intensiv ist. So ist mit Verlusten an Nitratstickstoff, Kalium, Magnesium und sogar Phosphor zu rechnen.

Die Eschflächen, die seit langer Zeit kontinuierlich ackerbaulich genutzt werden, besitzen wegen ihrer tiefreichenden Humosität bis zu einem gewissen Grade die Fähigkeit, die zunehmenden Applikationsmengen an Düngestoffen aufzuspeichern. Plaggenesche auf Sand erweisen sich zwar wegen der gegenüber schwach humosen Sandböden höheren Wasserkapazität als insgesamt weniger auswaschungsgefährdet, doch treten auch hier empfindliche Nährstoffverluste auf. Plaggenesche auf Löß dagegen besitzen eine hohe bis sehr hohe nutzbare Feldkapazität und eine mittlere bis hohe Kationenaustauschkapazität, so daß die Anlage eines großen Nährstoffpools über Düngung möglich und bei vergleichsweise geringen Sickerraten die Auswaschung gehemmt ist.

Grünlandumbruch, der als jüngere Entwicklung im Iburger Raum die Anlage ausgedehnter Maisschläge nach sich zog, forcierte die Nitrifizierung des oft sehr hohen Bodenhumusvorrates. Die Nitratfreisetzung aus bodeneigenen Stickstoffreserven in einem durch Pflügen oberflächlich durchlüfteten Boden wurde darüber hinaus auf grundvernäßten Standorten durch Drainagemaßnahmen[38] weiter gefördert.

Um die Größenordnung von Grundwasserabsenkungen durch Drainage und Verbessung der Vorflut abschätzen zu können, wurden im März/April 1989, dem Ende des hydrologischen Winterhalbjahrs (Grundwasserhochstand), und im August/September 1989, dem Ende des hydrologischen Sommerhalbjahrs (Grundwassertiefstand), die aktuellen Grundwasserstände durch Bohrstock-Sondierungen gemäß ARBEITSGRUPPE BODENKUNDE[39] (1982, S. 157) erkundet.

Nahezu alle Gebiete im Südteil des Meßtischblattes Bad Iburg, die in der Bodenkarte 3814 Bad Iburg (BK 25) in der Grundwasserstufe GWS 1-3 (sehr flach bis mittel) auskartiert sind, wurden in die Untersuchung einbezogen. Die Ergebnisse sind in den Karten MGW1,2 dokumentiert. Hier sind in sechseckigen Symbolen die Einstufungen nach der Bodenkarte angegeben, in quadratischen Symbolen die eigenen, ebenfalls

---

[38] Umfangreiche Drainagemaßnahmen fanden im Zusammenhang mit Flurbereinigungsverfahren statt. Bereits Mitte der 60er Jahre wurden die Verfahren Glandorf (1965) und Glane (1967) eingeleitet. Bad Laer folgte 1976. Die frühen Flurbereinigungsverfahren standen ganz im Zeichen der Ausweitung landwirtschaftlicher Produktionsflächen. Es gab Zuschüsse für die Grünlandumwidmung, das Wegenetz wurde großzügig ausgebaut und große Schläge geschaffen, auf denen die Regulierung des Grundwasserhaushaltes lohnend war. Seit den 80er Jahren rückten andere Ziele in den Vordergrund: Arrondierungen zu hofnahen Lagen, Planform der Schläge und ein angepaßtes Wegenetz. Ökologische Gesichtspunkte erhielten ein weit stärkeres Gewicht (freundliche mündliche Mitteilung Herrn Sobotta, Amt für Agrarstruktur Osnabrück)(s.a. GESETZ ÜBER DIE GEMEINSCHAFTSAUFGABE VERBESSERUNG DER AGRARSTRUKTUR UND DES KÜSTENSCHUTZES 1988, sowie Rd.Erl. d. ML, FlurzR 1989).

[39] Durch Klopfen an den Bohrer tritt im Bereich des geschlossenen Kapillarraumes Wasser aus dem Bohrgut aus. So kann die Obergrenze des geschlossenen Kapillarraums erkannt werden. In Abhängigkeit von Bodenart und Lagerungsdichte ist die Errechnung der Mächtigkeit des geschlossenen Kapillarraums und damit des Grundwasserflurabstands möglich (ARBEITSGRUPPE BODENKUNDE 1982, S. 159, Tab. 54). Die Methode führte in tonigen und stark humosen Substraten zu keinen befriedigenden Ergebnissen.

klassifizierten Ergebnisse. Jedes quadratische Symbol faßt die Ergebnisse von 3-5 Bohrstockeinschlägen zusammen. Bei der Interpretation der Ergebnisse muß beachtet werden, daß aufgrund unterdurchschnittlicher Frühjahrsniederschläge der Grundwasserhochstand 1989 niedriger als der mittlere Grundwasserhochstand ausgefallen sein kann. Die Karte MGW1 zeigt die Grundwasserverhältnisse im Raum Bad Iburg-Ostenfelde. In der Flur „Im breiten Hagen" führte die Verbesserung der Vorflut zu einer Senkung des Grundwasserhochstandes gegenüber der Ausweisung in der Bodenkarte 3814 um 2 dm, örtlich bis 4 dm. Auch der sommerliche Tiefstand erniedrigte sich um 1-2 dm. Die gleiche Tendenz kann für die ausgedehnten Feuchtgebiete „Im großen Bruche" und „Scheventorfs Wiesen" konstatiert werden, wo winterliche Absenkungsbeträge des Grundwasserhochstandes von bis zu 4 dm unter den mittleren Grundwasserstand gefunden werden konnten[40]. Da in der Flur „Im großen Bruche" während der Kartierung neue Systemdrainagen verlegt wurden und auch die Grabenvertiefungen noch recht jung sind, ist die genaue Abschätzung der künftigen Grundwasserstände noch nicht möglich. Verbreitet kann auf den Untersuchungsflächen beobachtet werden, daß gedrainte Flächen von der grünlandwirtschaftlichen Nutzung in ackerbauliche Nutzung genommen werden (s. Karte Reale Vegetationstypen/Flächennutzung). Auf Standorten mit mächtigen Torfauflagen blieb trotz Drainung die Wiesennutzung meist erhalten. Die sandigen Lehme der Glaner-Bach-Aue nordwestlich des Hofes Scheventorf (Kreienbrink) werden durch Rohrdrainagen entwässert, so daß sie bei abgeschwächter Frühjahrsvernässung wertvolle Ackerstandorte abgeben (s. aber Tab. MD1; Drainage Scheventorf).

Im Raum Glandorf-Bad Laer (In der Eckeloh, Blankenteichs Wiesen) sind im Zusammenhang mit Flurbereinigungsverfahren im Unterlauf vom Remseder Bach/Siebenbach sowie am Glaner Bach Bachlaufregulierungen durchgeführt worden, die die Vorflut stark verbessert haben. Nach Angaben des Amtes für Agrarstruktur Osnabrück (Herrn Sobotta) sind aufgrund der erst jüngst erfolgten Flächenaufteilung noch keine größeren Systemdrainagen angelegt worden. Schwierigkeiten der Interpretation der Kartierergebnisse in diesem Raum leiten sich daraus ab, daß der Zeitraum zu kurz ist, als daß sich der Abfluß auf die neuen Vorflutverhältnisse hätte einstellen können. Die Ergebnisse der Kartierung zeigen ein räumlich sehr heterogenes Bild. Verbreitet ist erkennbar, daß der frühjährliche Grundwasserhochstand sogar gegenüber dem mittleren Grundwasserstand von 1978, dem Zeitpunkt der Kartierung der Bodenkarte 3814, tiefer lag, wohingegen der sommerliche Tiefstand kaum unterschritten wurde, so daß sich die jährliche Grundwasserstands-Amplitude verringerte. In der Mühlenbach-Aue zwischen den Höfen Lohmeyer und Hestermeyer verringerten sich die Grundwasserstände nicht, sie lagen bezogen auf die Grundwassertiefstände sogar höher.

Die separate Nebenkarte (MGW2) eines ehemaligen Feuchtgebietes in Glandorf-Nord zeigt ebenfalls eine starke Verminderung des Grundwasserhochstandes an. Nicht kartographisch dokumentiert sind die Kartierergebnisse am Remseder Bach/Siebenbach im Raum Krummenteichs Wiesen, wo im April 1991 noch größere Bodenumlagerungen durch Planierung und Neuanlagen von Systemdrainagen stattfanden. Damit büßten die Kartierergebnisse aus dem Jahr 1989 an Wert ein, die hier wie in der Flur „In der Hölle" Absenkungen um 2-4 dm anzeigten. Ebenfalls nicht kartographisch dokumentiert sind die Ergebnisse in Bad Iburg-Visbeck am „Sieben-

---

[40] In Einzelfällen kann nicht ausgeschlossen werden, daß ein ungünstiger Aufnahmezeitpunkt bei der Erstellung der Bodenkarte die Bewertung der Grundwasserstände nach der Morphe des Bodens erzwang. Hierbei könnten reliktische Bodenmerkmale zu Fehlinterpretationen geführt haben.

bach Bruch". Die für dieses Gebiet in der Bodenkarte 3814 kartierte sehr starke Grundvernässung existiert noch immer (s.a. Tab. 9-14).

Mit einer drainagebedingten Grundwasserabsenkung und anderen standörtlichen Meliorationsmaßnahmen ging eine deutliche Intensivierung der landwirtschaftlichen Bodennutzung einher. Sie fand auch agrarstrukturell durch eine stark wachsende Bedeutung von Veredelungsbetrieben (besonders Mastschweinehaltung) ihren Niederschlag. Im Gemeindegebiet von Glandorf beispielsweise waren im Jahre 1987 40% aller Betriebe Veredelungsbetriebe (NIEDERSÄCHSISCHES LANDESVERWALTUNGSAMT für STATISTIK 1964-1990). Die bei hohem Viehbesatz reichlich anfallenden wirtschaftseigenen Dünger werden auf die meliorierten Schläge aufgebracht, wodurch problematische Stoffausträge, besonders Stickstoffausträge, resultieren können.

8.2.2 Veränderungen im Stoffhaushalt des Grundwassers

Für den Raumausschnitt, der hinsichtlich seiner Landschaftsentwicklung der letzten 200 Jahre durch die Kartensequenz näher dargestellt wurde, läßt sich zeigen, daß die Intensivierung der landwirtschaftlichen Bodennutzung auf sorptionsschwachen Böden die Qualität des Grundwassers beeinträchtigen kann. Am südlichen Kartenrand befindet sich das Trinkwassergewinnungsgebiet Glandorf-Ost, in dem aus 10 (heute 12) Förderbrunnen Trinkwasser gewonnen wird. Das Wassereinzugsgebiet erstreckt sich nach Norden in die Gemarkung Hardensetten hinein (nach GRUNDWASSERGLEICHENKARTE DES WASSERSCHUTZGEBIETES GLANDORF-OST, 1987) und wird überwiegend landwirtschaftlich genutzt. Abb. 8-4 zeigt die jährlichen Mittelwerte der Nitratgehalte des Wassers von 6 ausgewählten Förderbrunnen von 1983 bis 1990[41].

Alle Förderbrunnen weisen seit 1983 einen Anstieg der Nitratkonzentration im Grundwasser auf. Die jährlichen Mittel erreichen den Grenzwert der Trinkwasserverordnung (TrinkwV 1986) von 50 mg NO_3/l nicht[42], doch kommen Überschreitungen in Einzelwerten (Brunnen 4) durchaus vor. Seit 1988 nehmen die durchschnittlichen Nitratgehalte kaum noch zu.

Nitratausträge aus Agrarökosystemen in das Aquifer erscheinen nicht nur problematisch, wenn Grundwasser zur Trinkwasserversorgung genutzt wird, sondern sind i.S. des allgemeinen Grundwasserschutzes grundsätzlich zu vermeiden. Das dargestellte Beispiel belegt die engen intersystemaren stofflichen Verflechtungen zwischen dem Agroökosystem und dem Hydrosystem.

8.2.3 Veränderungen des Stoffhaushaltes von Gewässerökosystemen

Im Raum des Meßtischblattes Bad Iburg fehlen größere stehende Gewässer, so daß sich die Betrachtung auf Fließgewässer beschränkt. Der Einfluß des Menschen auf Fließgewässer kann grob differenziert werden in Maßnahmen zur Regulierung des

---

[41] Für die freundliche Unterstützung sei dem Wasserbeschaffungsverband Osnabrück-Süd (Bad Laer) herzlich gedankt.

[42] Die weiter südlich in der Gemarkung Schierloh gelegenen Brunnen 1 - 3 weisen seit 1984 ununterbrochen Überschreitungen des derzeit geltenden Grenzwertes der TrinkwV (1986) auf, wobei Höchstwerte um 65 mg/l gemessen werden.

Abb. 8-4: Wassergewinnungsgebiet Glandorf-Ost - Nitratgehalte von Brunnen 4 u. 6-10

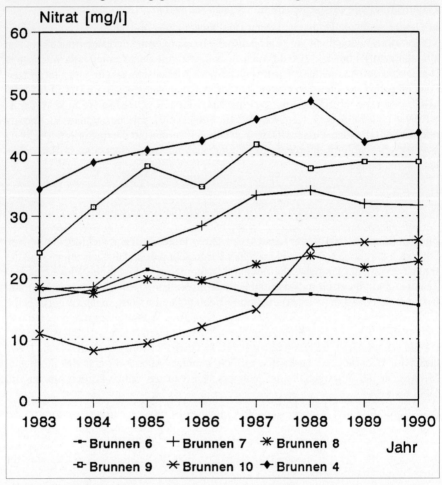

Gewässerlaufs und der Wasserführung und zum anderen in die stoffliche Beeinflussung der Wasserqualität.

- Regulierung des Gewässerlaufs und der Wasserführung

Regulierungen des Gewässerlaufs und der Wasserführung gibt es sowohl im Unterhaltungsverband Nr. 96 „Obere Hase" an den nach Norden bzw. Osten entwässernden Hauptvorflutern Düte, Schlochterbach und Goldbach als auch im Unterhaltungsverband Nr. 93 „Obere Bever" mit dem Remseder Bach und dem Glaner Bach. Sie sind zum Teil schon in der Mitte des 19. Jh. im Zusammenhang mit frühen Maßnahmen zur Flurbereinigung eingeleitet worden und dienten der besseren Vorflut in sumpfigmoorigen Gebieten mit stagnierendem, oberflächennahem Grundwasser. Begradigungen der Bachläufe, Bachuferbefestigung und Sohlenausbau am Glaner Bach und Remseder Bachsystem hat es weiterhin im Rahmen der jüngeren Flurbereinigungsverfahren Glandorf, Bad Laer, Bad Iburg gegeben. Tiefe Entwässerungsgräben zwischen landwirtschaftlichen Schlägen und Systemdrainung auf großen Flächen intensivierten den Wasserabfluß und machen den Gewässerausbau notwendig. Sich erhöhende Abflußspitzen und das Bestreben, Gewässer so herzurichten, daß der Mittelwasserstand zu Gunsten landwirtschaftlicher Bodennutzung gesenkt wird und längerfristige Überschwemmungen von Wiesenflächen verhindert werden, führten zur Anlage von Hochwasserrückhaltebecken (z.B. Düte, Kloster Oesede; Remseder Bach, bei Hof Schönebeck, Bad Laer). Diese waren auch angesichts der sich ausweitenden Siedlungsflächen notwendig geworden, da als Folge hoher Oberflächenversiegelung die Niederschläge über die Kanalisation den Vorflutern rasch zugeleitet und damit Abflußspitzen verstärkt werden. Auch die Wasserentnahme spielt örtlich eine durchaus beachtenswerte Rolle. So wird die Wasserführung des Schlochterbachs durch den Betrieb von Fischzuchtteichen so erheblich beeinflußt, daß während sommerlicher Trockenperioden das Bachbett stellenweise völlig austrocknet. Die Begradigung des Gewässerlaufs führt zu einer Erhöhung der Fließgeschwindigkeit, so daß Tiefen- und Seitenerosion die Befestigung des Bachbettes und der Uferböschungen erforderlich machen. Schutz gegen Böschungsunterschneidung gewähren Steinschüttungen und Faschinen. Der mittlere und obere Böschungsteil wird durch angepflanzte Vegetation, größtenteils Schwarzerlen, aber auch krautige Vegetation vor der Abtragung geschützt. Trotz der Bemühungen um eine stärkere Berücksichtigung ökologischer Belange beim Gewässerausbau, z.B. durch Anlage von Bermen und kleinen Bachschlingen, bleibt vielerorts der künstliche Charakter durch das Überwiegen von Gestaltmerkmalen, die sich aus der technischen Funktion ergeben, unübersehbar.

- Stoffliche Beeinflussung der Wasserqualität

Kausalanalytisch angelegte Untersuchungen zur Wasserqualität von Fließgewässern gehen fast immer der Fragestellung nach, in welcher Weise benachbarte Landschaftsstrukturen, Nutzungstypen und Nutzungsintensitäten beeinflussend wirken. Oft führt schon allein die Regulierung des Gewässerlaufs und der Wasserführung zu stofflichen Veränderungen.

In Nachbarschaft von Waldökosystemen erscheint der Einfluß auf die Wasserqualität im allgemeinen als gering. Starke Beschattung verhindert die schnelle Erwärmung des Wassers, so daß der temperaturbedingte Sauerstoffverlust niedrig ist. Periodisch führt allerdings eine je nach Basizität, Belichtung und Baumartenbesatz unterschiedlich hohe Nitrifikation und Nitratverlagerung in Auewäldern zu Anstiegen der NO_3-Konzentration. Besonders Erlenwälder sind als Nitratspender zu betrachten.

Vergleichsweise stärker ist die Beeinflussung des Bachwassers durch agrarische Nutzung, wenngleich Pauschalierungen vermieden werden sollten. Die Art der Bewirtschaftung und die Bewirtschaftungsintensität sowie besonders strukturelle Merkmale der bachbegleitenden Ufervegetation sind wichtige Regler stofflicher und energetischer Beeinflussung. Allgemein nimmt der Einfluß der Bewirtschaftung von Nachbarflächen in folgender Reihung zu:

Extensives Grünland < Intensivgrünland < konventionell bewirtschafteter Acker < intensiver Acker-/Gartenbau

Die Ausbildung der bachbegleitenden Vegetation kann nutzungsbedingte oberflächliche oder unterirdische Stofftransporte entscheidend modifizieren. Breite, reichstrukturierte, stark beschattende Ufersäume verhindern den Eintrag abgeschwemmten, nährstoffreichen Krumenmaterials oder dessen Einwehung. Im Iburger Raum gefährden insbesondere Zuflüsse aus Draingräben oder -rohren die Qualität des Oberflächenwassers, indem sie große Frachten pflanzlicher Makronährstoffe, zum Teil auch Biozide, eintragen. Biozide und Düngestoffe können darüber hinaus auch auf direktem Wege in den Vorfluter gelangen.

Da erhebliche Flächenanteile im Iburger Raum landwirtschaftlich genutzt werden, ist die potentielle Gefährdung der Fließgewässerökosysteme als nicht gering einzuschätzen.

Gravierender jedoch sind die stofflichen Beeinflussungen durch Siedlungsökosysteme. Das dort entstehende Abwasser wird meist nach Klärung den Oberflächengewässern zugeführt. Dennoch ist es reich an Nährstoffen und bewirkt wegen seiner Fracht an oxidierbaren anorganischen und organischen Verbindungen Sauerstoffzehrung im Gewässer. Bei starkem Sauerstoffmangel können sich Faulschlammsedimente bilden. Niedrige Sauerstoffgehalte wiederum gefährden das Überleben von Fischen, können in Extremfällen sogar die völlige makrofaunistische Verödung nach sich ziehen. Lediglich Bakterien, Geißeltierchen und freilebende Wimpertierchen sind der Sauerstoffarmut angepaßt.

Mittlerweile ist das Gros der Haushalte im Untersuchungsraum an Kanalisationssysteme angeschlossen, die Abwässer über Kläranlagen den Oberflächengewässern zuleiten. So besitzt die Stadt Bad Iburg seit der letzten Erweiterung 1987/88 eine moderne mechanisch-biologische Kläranlage mit einer Kapazität von 22000 EGW, die in den Glaner Bach einleitet (STADT BAD IBURG 1988, unveröffentlichtes Faltblatt). Lediglich die Phosphatfällung fehlt ihr noch. Weitere Kläranlagen befinden sich in Bad Laer (1: Salzbach), Bad Rothenfelde (2: Palsterkamp Bach), Hilter a.T.W. (4: davon 2 öffentlich und 1 privat - Lebensmittelfabrik Rau - Südbach und 1: Düte).

Die Selbstreinigungskraft von Gewässern geht hauptsächlich auf den Abbau organischer Substanz durch Mikrobien und den Einbau organischer Stoffe in die Biomasse zurück. Darüber hinaus kann die seitliche Zuströmung weniger belasteten Grundwassers über Verdünnungen die Selbstreinigungskraft verstärken (z.B. durch Mineralstoffzufuhr) oder aber Selbstreinigungskraft vortäuschen, wenn Messungen ausschließlich auf Konzentrationen und nicht auf transportierte Frachten hin ausgerichtet sind. Letzter Fall ist dann von erheblicher Relevanz, wenn das Oberflächengewässer, wenigstens zeit- oder stellenweise, an den Untergrund Wasser verliert, während es Einträge seitlich zuströmenden Wassers erhält.

8.2.4 Veränderungen des Landschaftshaushaltes im Siedlungsraum

Grundsätzliche Veränderungen des Landschaftshaushalts durch die Anlage und die Erweiterung von Siedlungen mit ihren typischen Flächennutzungen und Oberflächenbedeckungen sind erst ab einer gewissen Geschlossenheit der Siedlungsstruktur zu erwarten.

Im Raum Bad Iburg gibt es ausgedehnte landwirtschaftlich geprägte Streusiedlungsflächen und Gebiete mit lockeren Gruppensiedlungen nicht nur dort, wo orographische Verhältnisse die Ansiedlung weiterer Höfe erschwerten, sondern auch in den Hangfuß- und Niederungsgebieten (z.B. Ostenfelde, Sentrup, Natrup, Westerwiede). Die hier auftretenden „siedlungstypischen" Landschaftsveränderungen erscheinen angesichts des Kartiermaßstabs 1:25000 irrelevant. Doch schon in geschlossenen Haufendörfern (z.B. Bad Laer, Hilter, Glane), die vorwiegend Wohnfunktion besitzen und in ihr ländliches Umland hineinwachsen, ist der Grad der Bodenversiegelung so hoch, daß die Wasserversickerungsintensität und das Maß an oberflächlichem Abfluß entscheidend verändert werden.

„Urbane Verdichtungsräume" gibt es auf dem Meßtischblatt nicht. Auch die Städte Bad Iburg und Georgsmarienhütte weisen eine aufgelockerte bauliche Struktur auf. Ausgedehnte Wohnbauflächen mit Einzel- und Doppelhausbebauung und mit Villenquartieren angereichert sind für die Bäderorte Iburg, Laer und Rothenfelde charakteristisch. Stark emittierende Industrien und Gewerbe sind im Untersuchungsgebiet nicht vorhanden, wohl aber knapp außerhalb mit den Klöckner-Werken in Georgsmarienhütte. Die in Kap. 4.6 aufgeführten allgemeinen Kennzeichen städtischer Verdichtungsräume sind auf die Verhältnisse im Iburger Raum nicht ohne weiteres übertragbar, so daß allgemein gültige Kennwerte zur ökologischen Raumgliederung innerhalb urbaner Ökosysteme aus dieser Arbeit nur eingeschränkt abgeleitet werden können.

9 ABLEITUNG VON KENNGRÖSSEN FÜR EINE STOFFHAUSHALTLICHE CHARAKTERISIERUNG VON ÖKOTOPEN IM NICHT GESCHLOSSEN BESIEDELTEN BEREICH

Wie in Kapitel 8 gezeigt, werden die zentralen Untersuchungsgegenstände der geoökologischen Kartierung, die Komplexgrößen „Stoff- und Energiehaushalt" in starkem Maße von der Art und der Intensität menschlicher Eingriffe beeinflußt. Diese Eingriffe können Ausdruck einer bewußten Naturraumnutzung oder aber nicht beabsichtigte Begleiterscheinungen menschlicher Aktivitäten sein. Im folgenden werden Kenngrößen hergeleitet, die es gestatten sollen, den Landschaftshaushalt in seinem durch den Menschen veränderten Zustand auf der großmaßstäblichen Ebene von Ökotopen zu kennzeichnen. Im Vordergrund der Betrachtung stehen die auf die Lebewelt direkt Einfluß nehmenden Partialkomplexe Nährstoffhaushalt, Wasserhaushalt und Strahlungshaushalt. Zunächst wird hier ein Verfahren zur Ökotopausweisung im nicht geschlossen besiedelten Raum vorgestellt, Kapitel 10 widmet sich anschließend der Ökotopausweisung im Siedlungsraum.

9.1 ÖKOSYSTEMARER NÄHRSTOFFHAUSHALT UND SEINE KENNGRÖSSEN

Zentrales Kompartiment des ökosytemaren Nährstoffhaushalts ist der Nährstoffvorrat, besonders der Bodennährstoffvorrat.

In Waldökosystemen kann der Bodennährstoffvorrat zusammenfassend differenziert werden in den Vorrat der Festphase, des Mineralbodens und des Auflagehumus, sowie den Vorrat der Lösungsphase, des Bodenwassers. Ökophysiologisch bedeutsam sind neben den Gesamtvorräten besonders die kurz- bis mittelfristig mobilisierbare, pflanzenverfügbare Fraktion der Bodenfestphase sowie die Zusammensetzung der Lösungsphase. Die Verteilung von Nährstoffen im Bodenkörper wird von der Vegetation stark beeinflußt. Die Vegetation nimmt Nährstoffe aus der Rhizosphäre auf, lagert sie in der Biomasse über einen gewissen Zeitraum ein und führt sie über den

Bestandesabfall dem Oberboden bzw. dem Auflagehumus zu. Sie wirkt damit dem Nährstoffaustrag mit dem Sickerwasser entgegen. Der Bestandesabfall, in dem die Nährstoffe in organischer Bindung gebunden sind, unterliegt der Mineralisierung, die je nach der Ausprägung einwirkender Umweltfaktoren unterschiedlich schnell erfolgt. In stark bodenversauerten Waldökosystemen ist die Streuzersetzung gehemmt, so daß ein hoher Vorrat von Nährelementen in der organischen Festphase, dem Ektohumus, festgelegt wird. Die pflanzenverfügbaren Nährstoffvorräte des Mineralbodens nehmen der Umverteilung entsprechend ab und sind daher häufig nur gering. Auch die Bodenlösung, die flüssige Bodenphase, ist auf versauerten Standorten arm an Nährstoffbasen. Hier tritt komplexiertes oder ionares Aluminium auf, das mit den Nährstoffkationen K, Ca, Mg in einem antagonistischen Verhältnis steht. Enge K/Al-, Ca/Al-, Mg/Al-Verhältnisse sind daher Indikatoren einer mangelnden Pflanzenversorgung mit Nährstoffbasen. An der Bodenfestphase belegen ionares Aluminium und Al-Hydroxo-Kationen die äußeren und inneren Oberflächen von Tonmineralen. So können erhebliche Mengen an säurebildenden Kationen im Bodenkörper gespeichert werden. In biotisch aktiven Böden andererseits wird ein großer Teil des Bodenhumus rasch mineralisiert und durch das Edaphon in den Oberboden eingemischt, so daß der Oberboden hohe Gesamtnährstoffvorräte mit hohen pflanzenverfügbaren Anteilen aufweist. In der flüssigen Phase treten Al-Ionen nicht in Konzentrationen auf, die die Lebewelt belasten. Die Nährstoffverteilung im Bodenkörper insgesamt leitet über zur derjenigen von Agrarökosystemen.

Agrarökosysteme als vollständig mensch-organisierte Nutzökosysteme werden in Anlehnung an definierte Nährstoffstandards periodisch gedüngt. Sie zeichnen sich gegenüber naturhaushaltlich ähnlichen, aber naturnahen Waldökosystemen durch einen i.d.R. weit höheren Anteil pflanzenverfügbarer Bodennährstoffvorräte aus, wobei der Gesamtvorrat nicht höher sein muß als der seiner naturnahen Stammform[43].

Es bleibt zusammenfassend festzustellen, daß unter dem Einfluß des Menschen auf den Landschaftshaushalt der Partialkomplex „Boden" auf faciell sehr unterschiedlichen Substraten in Waldökosystemen an Basen verarmt und versauert, während Böden unter landwirtschaftlicher Nutzung durch Düngung hohe Gehalte leicht verfügbarer und mittelfristig nachlieferbarer Nährstoffe aufweisen. Menschlicher Einfluß bewirkt, beabsichtigt oder nicht, die Ökosystemtypabhängigkeit der Nährstoffversorgung. Nährstoffvorrat und Nährstoffverfügbarkeit als Elemente des Nährstoffhaushaltes gewinnen in ihrer Verknüpfung als Nährstoffangebot erhebliche Bedeutung zur Charakterisierung landschaftshaushaltlich homogener Einheiten, der Ökotope. Sie wirken direkt auf Lebewesen oder Biocoenosen ein und bilden darüber hinaus den Einfluß des wirtschaftenden Menschen auf den Landschaftshaushalt ab.

Abb. 9-1 zeigt eine Übersicht über die wichtigsten Steuerungs- und Indikationsgrößen des ökosystemaren Nährstoffhaushaltes. Zu den Steuerungsfaktoren gehören neben den geogenen Nährstoffgehalten des Ausgangssubstrates der Bodenbildung, der externe Nährstoffinput durch Düngung, Zuschußwasser, und, zumindest für Stickstoff, die Deposition. Nährstoffentzüge werden durch Erosion und Deflation, Deposition (verstärkte Auswaschung von Basen), durch Ernte von Nutzpflanzen sowie die Intensität der Bodenwasserbewegung gesteuert.

Die Indikationsgrößen des Nährstoffstatus sollen die Einschätzung des Nährstoffangebotes für die biotischen Kompartimente des Ökosystems ermöglichen. Zu ihnen

---

[43] Begriff aus der forstlichen Naturraumerkundung der ehem. DDR, zitiert nach FIEDLER u. NEBE 1990.

Abb. 9-1: Steuerung und Indikation des Nährstoffstatus

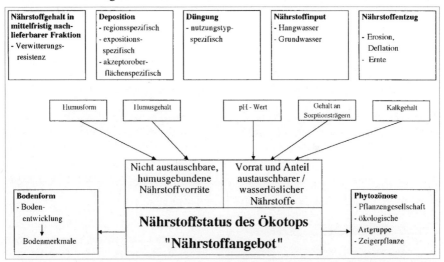

gehöhren mit der Humusform, dem Humusgehalt, dem pH-Wert, dem Gehalt an Sorptionsträgern sowie dem Kalkgehalt klassische Feldkartierparameter der bodenkundlichen oder forstlichen Standortsaufnahme. Die Beeinflussung der Phytozönose durch das Nährstoffangebot ermöglicht es, aus dem Floreninventar Rückschlüsse auf die standörtliche Nährstoffverfügbarkeit zu ziehen. Im folgenden werden zunächst die feldbodenkundlichen Indikationsgrößen und anschließend aus diesen abgeleitete Größen des Säure- und Basenhaushaltes und des Stickstoff- und Phosphorhaushaltes genannt. Laboranalysen ergänzen die nährstoffhaushaltliche Charakterisierung. Auf dieser Basis und unter Einbeziehung der Indikation des Nährstoffangebotes durch die Vegetation oder den Vegetationstyp wird ein Schema zur Ableitung des Nährstoffstatus (s. Tab. 9-6) von Ökotopen vorgestellt.

9.1.1 Säure- und Basenhaushalt

Die Charakterisierung des standörtlichen Nährstoffhaushaltes unterschiedlicher terrestrischer Ökosysteme muß der großen Spannweite vom oligotroph(iert)en bis zum eutroph(iert)en Nährstoffstatus gerecht werden. Sie kann über die Messung „intensiver, extensiver oder kinetischer Größen" erfolgen (ULRICH 1961, S. 141).

Eine sog. intensive[44] Kenngröße des Nährstoffhaushaltes ist der pH-Wert des Bodens, bzw. der Bodenlösung. Der pH-Wert ist mit einfachen Mitteln (z.B. Indikatorstäbchen) und hinreichender Genauigkeit schon im Gelände erfaßbar. Er zeigt die Stärke der im Boden vorhandenen Säuren und Basen an, unterliegt jedoch aufgrund fortwährend im Boden ablaufender Prozesse der Protonenproduktion (z.B. Aufnahme von Nährstoffkationen, Nitratbildung, Mineralisierung von organisch gebundenem Phosphor und Schwefel) bzw. -konsumption (z.B. Gesteinsverwitterung, Basenfreisetzung durch Mineralisierung, Nitrataufnahme) zeitlichen wie räumlichen Schwankungen (ELLENBERG 1939, ULRICH 1981, MEIWES et al. 1984). In naturnahen

---

[44] Intensive Größen haben im Gegensatz zu extensiven Größen (Kapazitäten) in einem kleinen Anteil des Systems denselben Zahlenwert wie im gesamten System; Bsp.: pH-Wert, C/N-Verhältnisse, Schofield's Potentiale

Vegetationsbeständen können auch Pflanzensippen der krautigen und strauchigen Vegetation als Bioindikatoren zur Abschätzung der Bodenacidität/-alkalinität verwandt werden. Grundlage sind die Zeigerwerttafeln von ELLENBERG (1979) (siehe Kap. 9.1.6 u. 9.2.3)

Der besondere Indikatorwert des pH für den ökosystemaren Nährstoffhaushalt begründet sich durch seine enge Bindung zum Maß der Verfügbarkeit an Nährelementen und Schadstoffen, die in der Bodenfestphase gespeichert sind (s. Abb. 9-2).

Abb. 9-2:   Beziehung des pH-Wertes und der relativen Verfügbarkeit von Pflanzennährelementen in Mineralböden

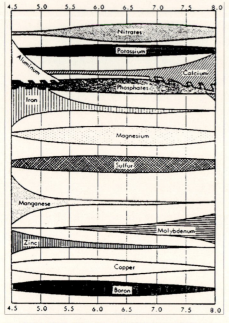

(aus DONAHUE, MILLER u. SHICKLUNA 1977)

Klassifizierungen des pH-Wertes lieferte die Bodenkunde schon lange (z.B. REUTER 1967, S. 75) „doch spielten bei der Definition von Klassen ökologische Eigenschaften nur eine untergeordnete Rolle" (ULRICH 1981, S. 290). ULRICH (1981) definierte auf der Grundlage von Stabilitätsbereichen pedogener Verwitterungsneubildungen sog. Pufferbereiche des Bodens, d.s. pH-Wert-Bereiche, bei denen charakteristische bodenchemische Prozesse ablaufen, die eine für humide Klimate typische Bodenversauerung abschwächen oder ihr auf einem gewissen Niveau sogar Einhalt gebieten (s.a. Tab. 9-1). Ausschlaggebend für die Effektivität der Pufferung ist das Verhältnis von Säurebelastung und reaktionseigener Pufferrate[45].

Jedem Pufferbereich können spezifische bodenchemische Prozesse zugeordnet werden, die für die Bodenentwicklung und damit für die Stoffumsätze im ökosystemaren Nährstoffhaushalt relevant sind. Merkmale des Ablaufs solcher Prozesse werden vielfach schon bei der geoökologischen Feldkartierung erkannt. Farbänderungen (Verbraunung, Podsolierung) erweisen sich als sichere Prozeßindikatoren.

Tab. 9-1 deutet an, daß zwischen den Pufferbereichen und dem Basenhaushalt des Standortes sowie zur biotischen Aktivität, dessen Ausdruck die Humusform ist, enge Beziehungen bestehen.

Zunächst sei auf den Zusammenhang zwischen dem pH-Wert der Bodenlösung und der Basen- bzw. Aluminiumsättigung an den Kolloiden der Bodenfestphase verwiesen (Abb. 9-3, 9-4). Anschließend wird gezeigt, daß der pH-Wert auch die Höhe der

---

[45] In Agrarökosystemen gehen Pufferreaktionen - ähnlich wie in gekalkten Waldökosystemen - z.T. direkt auf die Applikation von Düngestoffen zurück. Deren Lösungskinetik beeinflußt die Pufferrate, die Art und Menge des Düngers die Pufferreaktion bzw. die Pufferkapazität. Die Silikat- und die Austauscherpufferung wirken hier begleitend. Auch der Einfluß basenhaltigen Grundwassers kann den Standort von Pufferreaktionen an der bodeneigenen Festphase unabhängig machen. Es erscheint daher angebracht, in diesen Fällen allgemein von Säure-Basen-Stufen oder pH-Wert Bereichen zu sprechen.

Tab. 9-1: Übersicht über die Pufferbereiche des Bodens

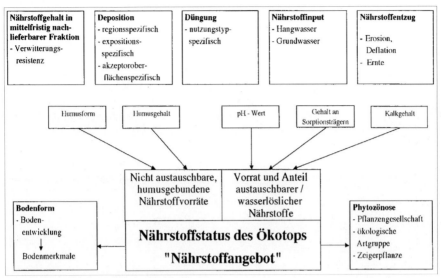

nach ULRICH (1981, 1983, 1984) leicht verändert

effektiven Kationenaustauschkapazität (KAKe) bzw. deren Verhältnis zur potentiellen Kationenaustauschkapazität (KAKp) steuert. Damit wird belegt, daß über die Messung zentraler Steuer- bzw. Indikationsgrößen im Rahmen einer geoökologischen Kartierung schon im Feld weitgehende Aussagen über den standörtlichen Nährstoffhaushalt möglich sind.

Es ist deutlich erkennbar, daß mit steigendem pH-Wert der Anteil der für die Pflanzenernährung bedeutenden Nährstoffbasen Calcium und Magnesium stark zunimmt. Bereits ab pH 5 macht die Sättigung von Calcium und Magnesium über 60% der gesamten Kationenbelegung der Bodenaustauscher aus, bei pH 7 nahezu 100%[46]. Im stark sauren Bereich erreichen die Basensättigungen noch etwa 5-20% bezogen auf KAKe. Bezöge man die Basensättigung auf die potentielle KAK (KAKp), so ergäben sich aufgrund eines geringen KAKe/KAKp-Verhältnisses (s. Abb. 9-5) noch geringere Werte. Die Abnahme des KAKe/KAKp-Verhältnisses mit niedriger werdendem pH-Wert wird erklärbar durch Neutralisation der negativen Überschußladung der Bodenkolloide durch verstärkt auftretende polymere Al-Hydroxo-Komplexe, die in die Zwischenschichträume aufweitbarer 3-Schicht-Tonminerale eindringen (sek. Chloritisierung) sowie durch Abnahme variabler (pH-abhängiger) Ladungen der organischen Substanz. Den Anstieg der Al-Sättigung an der KAKe mit abnehmendem pH-Wert zeigt Abb. 9-4. Am Verlauf der Sättigungskurven von Abb. 9-3 und 9-4 kann deutlich das antagonistische Verhältnis von Basensättigung einerseits und Al-Sättigung andererseits erkannt werden.

Untersuchungen zur Kationenbelegung der Bodenaustauscher dienen nicht ausschließlich der Erhebung des Anteils von Nährstoffbasen oder Säurekationen an der KAK sondern auch der Vorratsberechnung im Boden austauschbar gespeicherter Elemente. Hierzu sind begleitende Untersuchungen über das Trockenraumgewicht und den Skelettanteil notwendig. Obwohl zwischen den austauschbaren Nährstoffvor-

---

[46] Die Anteile von Natrium und Kalium an der effektiven Kationenaustauschkapazität mit Sättigungen von 1-3% bzw. 1-10% sind nahezu pH-unabhängig (ULRICH 1966, ARBEITSKREIS STANDORTSKARTIERUNG 1980).

Abb. 9-3: Äquivalentanteile von austauschbarem Ca und Mg an der KAKe als Funktion des pH-Wertes

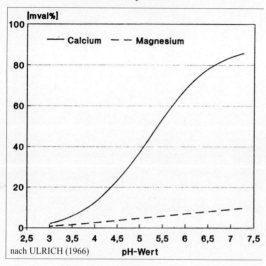

nach ULRICH (1966)

Abb. 9-4: Äquivalentanteile von austauschbarem Al^{3+} an der KAKe als Funktion des pH-Wertes

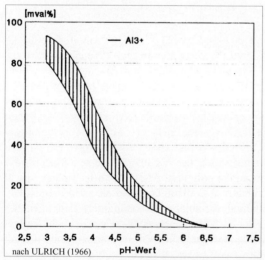

nach ULRICH (1966)

räten und den von Pflanzen aufnehmbaren („verfügbaren") Nährstoffmengen keine Identität besteht, geben solche Vorratsberechnungen unter Berücksichtigung der gegebenen klimatischen Rahmenbedingungen Nordwestdeutschlands sehr wohl Aufschluß über die generelle Nährstoffversorgung, insbesondere im standörtlichen Vergleich. Darüber hinaus werden Vorratsvergleiche mit anderen ökosystemaren Nährstoffspeichern (Humusauflage, Biomasse) möglich.

Auch die von den LUFAs üblicherweise für landwirtschaftliche Böden angewandten Verfahren zur Ermittlung sog. pflanzenverfügbarer Bodennährstoffe mit spezifischen Extraktionsmitteln[47] gestatten ebenfalls nur Vorratsvergleiche mobilisierter (extrahierter) Nährstoffanteile. Über deren biotische Verfügbarkeit allerdings entscheiden hier wie da letztlich Parameter des standörtlichen Bodenwasserhaushaltes (s.a. SCHLICHTING 1986).

Neben den austauschbar/extrahierbar gespeicherten Nährelementen ist auch der Bodenvorrat an säurebildenden Kationen, die Basenneutralisationskapazität (BNK) von Bedeutung. Sie ist nur laboranalytisch, z.B. durch die Erstellung sog. Basenneutralisationskurven, meßbar. Basenneutralisationskurven ermöglichen es zu errechnen, wieviel Basenäquivalente einem Boden zuzugeben sind, um einen bestimmten pH-Wert bzw. eine bestimmte Basensättigung einzustellen. Dies ist von großer praktischer Bedeutung bei der Bemessung notwendiger Mengen an Düngemitteln, die zur Melioration nährstoffverarmter Wald-/Forststandorte zu applizieren sind. Das Maß der gespeicherten Säuren im Verhältnis zu der nur

---

[47] Über die grundsätzlichen Bedenken zur Eignung üblicherweise verwandter Extraktionsmittel bei der Ermittlung pflanzenverfügbarer Nährstoffvorräte unabhängig von den Standortverhältnissen siehe SCHLICHTING 1986, S. 161 und HEIMES 1971.

grob abschätzbaren bodeneigenen Silikatverwitterungsrate, erlaubt Rückschlüsse auf die Tendenz des Bodens, bei verminderter Säuredeposition aus sich heraus zu entsauern. Obwohl die Frage nach dem Säurevorrat besondere ökologische Relvanz in bodensauren Waldökosystemen besitzt, werden solcherlei Untersuchungen seit langer Zeit bereits im landwirtschaftlichen Bereich zur Einstellung optimaler pH-Werte angewandt (SCHACHTSCHABEL 1951).

Die Kationenbelegung der Austauscher und die Elementzusammensetzung der Bodenlösung stehen in einem engen Zusammenhang (ULRICH 1961). Die Gleichgewichtsbodenlösung (GBL oder Sättigungsextrakt) spiegelt die aktuelle stoffliche Zusammensetzung der natürlichen Bodenlösung annähernd wider[48]. Von ökologischer Relevanz sind auf bodensauren Standorten neben dem pH-Wert der GLB die molaren Verhältnisse von Nährstoffbasen (K, Ca, Mg) zu Säurekationen (H, Al).

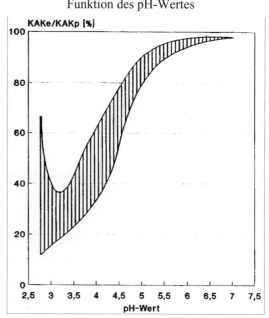

Abb. 9-5: Anteil der KAKe an der KAKp als Funktion des pH-Wertes

Die pH-Werte der GBL gestatten die Zuordnung des Bodens zum Pufferbereich und damit die Einschätzung aktuell ablaufender Prozesse im Boden (s. Tab. 9-1). Von phytotoxikologischer Seite werden im humosen Oberboden- oder Auflagehorizonten pH-Werte <3,0 als kritisch angesehen. Bei diesem pH-Niveau fand MURACH (1984) verstärkte Schädigungen an Feinwurzeln von Fichten, wobei neben direkten Schäden durch Säureeinwirkung die erhöhte, aciditätsbedingte Löslichkeit von Schwermetallen ein gewichtiger synergetischer Streßfaktor sein kann. Schäden unterschiedlicher Intensität an Wurzeln von Fichten- und Buchenkeimlingen traten in Hydrokulturversuchen von ROST-SIEBERT (1985) in Abhängigkeit des molaren Ca^{2+}/Al^{3+}-Verhältnisses des Nährsubstrats auf. Das hieraus abgeleitete Einteilungsschema zur Gefährdungsabschätzung einer Schädigung von Pflanzenwurzeln durch Al-Toxizität für Buche und Fichte ist auf Bodenlösungen humusarmer Mineralböden übertragen worden[49] und wird von MEIWES et al. (1984) als „vorläufig" bezeichnet. Das Einteilungsschema soll sowohl auf mittels Lysimeter gewonnenes Bodenwasser als auch auf eine künstlich hergestellte Gleichgewichtsbodenlösung anwendbar sein[50].

---

[48] Im Unterschied zur natürlichen Bodenlösung steht die GLB mit der homogenisierten Bodenfestphase im Gleichgewicht, so daß die natürliche räumliche Variabilität der Bodeneigenschaften nicht erfaßt werden kann. Außerdem sind mikrobielle Umsetzungen bei einer Standzeit von 18 Std. bei 20°C nicht auszuschließen.

[49] Für Lösungen aus Oberböden, die höhere Gehalte an gelösten org. Verbindungen aufweisen, die Aluminium komplexieren und damit dessen biotisches Gefährdungspotential abschwächen, gilt nach Meiwes et al. (1984) u. ROST-SIEBERT (1985) das Ca^{2+}/H^+-Verhältnis in der Bodenlösung als ökotoxikologisch relevant. Sofern Verhältnisse von 0,1 (1,0) für Fichte (Buche) unterschritten werden, ist nach Einschätzung von ROST-SIEBERT (1985) mit „zunehmender bis starker Gefährdung durch H^+-Toxizität zu rechnen.

[50] Ca/Al-Verhältnisse können auch aus dem wässrigen Bodenextrakt (2 ml H_2O/g Boden) getrockneter Bodenproben bestimmt werden, doch werden nach MEIWES et al. (1984) dabei häufig die Al^{3+}-Konzentrationen überschätzt.

Die Bestimmung der Ca/Al-Verhältnisse ist nicht mit geoökologischen Feldmethoden möglich. Aus der Bindung kritischer Ca/Al-Verhältnisse an ein stark bis extrem saures pH-Milieu des Mineralbodenkörpers ergibt sich jedoch, daß die Laboranalytik durch die vorgeschaltete Feldkartierung vom Umfang her stark reduziert werden kann.

Tab. 9-2: Klassifizierung des molaren Ca/Al-Verhälnisses in der Bodenlösung als Kriterium der toxischen Wirkung von Aluminium auf Fichten- und Buchenwurzeln

Baumart	$\frac{mol\ Ca^{2+}}{mol\ Al^{3+}}$	Gefährdungsgrad
Fichte	>1	keine Gefährdung durch Al-Toxizität
	0,3-1	zunehmende Gefährdung durch Al-Toxizität (Beeinträchtigung des Wurzellängenwachstums)
	0,1-0,3	starke Gefährdung durch Al-Toxizität (Wurzelängenwachstum findet nicht mehr statt)
	<0,1	sehr starke Gefährdung durch Al-Toxizität (umfassende Schädigung des Feinwurzelsystems)
Buche	0,1-1	nur geringe Gefährdung durch Al-Toxizität
	<0,1	starke Gefährdung durch Al-Toxizität

(nach MEIWES et al. 1984)

9.1.2 Phosphor- und Stickstoffhaushalt

Im Zusammenhang mit der ökosystemaren Bedeutung der Bodenreaktion wurde bereits auf die Abhängigkeit der P- und N-Verfügbarkeit vom pH-Wert hingewiesen. Stickstoff- und Phosphorvorräte werden in der organischen Substanz bevorzugt aufgespeichert und können erst nach deren Mineralisierung von Organismen aufgenommen werden.

Die Mineralisierungsgeschwindigkeit der organischen Substanz wird von der biotischen Aktivität und der substantiellen Zersetzbarkeit gesteuert. Gute Indikatoren der Zersetzbarkeit sind das C/N- und das C/P-Verhältnis der organischen Substanz.

In Waldökosystemen teilt sich die organische Substanz des Bodens meist in die organische Auflage und den oberen Mineralboden auf. Nachfolgender Tabelle können mittlere Gehalte an C% sowie mittlere C/N- und C/P-Verhältnisse unterschiedlicher Humusformen entnommen werden.

Einschränkungen der mikrobiellen Zersetzung treten bei C/N-Verhältnissen ab 20 bzw. C/P-Verhältnissen ab 200 auf (von ZEZSCHWITZ 1980). Es kommt zur Humusakkumulation, dem Aufbau eines Nährstoffspeichers, der dem Bioelementkreislauf Nährelemente entzieht. Da die Humusform ein im Feld bereits sehr genau kartierbares Ökosystemkompartiment ist, kann die N- bzw. P-Verfügbarkeit somit recht sicher eingeschätzt werden.

Tab. 9-3: Mittlere Bereiche der Gehalte an Kohlenstoff sowie C/N- und C/P-Quotienten bei verschiedenen Humusformen*

Humusform	C[%]	C/N	C/P
L-Mull	2-6	10-14	15-80
F-Mull	3-7	15-17	50-100
mullartiger Moder	4-10	16-20	80-170
feinhumusarmer Moder	20-35	22-25	260-560
rohhumusartiger Moder	24-41	25-31	400-750
Rohhumus	33-47	29-38	600-1100

(nach von ZEZSCHWITZ 1980)
* bestimmt im Material des Ah-Horizontes bei L-Mull, Of-Mull und mullartigem Moder sowie im Material der H-Lagen aller übrigen Auflagehumusformen

Neben der Humusform läßt sich auch die krautige und strauchige Vegetation als Indikator der Stickstoffverfügbarkeit[51] heranziehen. Grundlage der Bewertung ist auch hier die Zusammenstellung der „Zeigerwerte der Gefäßpflanzen von Mitteleuropa" von ELLENBERG (1979). Auf der neunstufigen Einteilung der Stickstoffzahl wird die Bindung von Pflanzensippen an das standörtliche Angebot von mineralischem Stickstoff (besonders NO_3) ausgedrückt. Damit kann ohne aufwendige laboranalytische Messungen der standörtliche Humusumsatz zumindest in Extrembereichen (Mangel oder Überversorgung) und auf naturnahen Flächen sicher abgeschätzt werden. Für die Abstufung innerhalb mittlerer Versorgungsgrade sind die Zeigerwerte oftmals nicht genau genug abgesichert (s.a. Kap. 9.1.6 u. 9.2.3.1).

Der Humusgehalt und die Mächtigkeit des humosen Horizontes gestatten dann die Schätzung von N-Vorräten. Dies ist hinsichtlich des Phosphats nicht ohne weiteres möglich. Für agrarisch genutzte Böden können mittlere C/N-Verhältnisse im Ap- bzw. im Ah-Horizont von 8-12 und damit eine gute Zersetzbarkeit der organischen Substanz (DIEZ u. WEIGELT 1987) angenommen werden. Aufgrund regelmäßiger Düngung der meisten Ackerflächen ist das N-Angebot gegenüber naturhaushaltlich vergleichbaren Waldstandorten höher. Dies müssen aus o.g. Gründen die N-Vorräte nicht unbedingt sein. Wegen hoher Düngungsempfehlungen für landwirtschaftliche Nutzflächen ist die P-Versorgung in der BRD in aller Regel gut (SCHEFFER u. SCHACHTSCHABEL 1982, S. 252f). Das über die Agrarökosysteme ausgeführte darf auf kleingärtnerisch genutzte Böden in Siedlungsökosystemen sicherlich übertragen werden (s.a. BLUME 1990, S. 464).

Zusammenfassung

Der standörtliche Nährstoffhaushalt ergibt sich im Zusammenspiel der Bioelementinputs durch Gesteinsverwitterung, Düngung und Wasserzustrom mit den Bioelementoutputs durch Auswaschung, Ernte und Abtrag. Er wird rahmengebend beeinflußt durch die regions-, expositions- und ökosystemspezifische Depositionsbelastung.

Nährstoffhaushaltliche Parameter können in weitem Umfang und mit recht hoher Genauigkeit feldmethodisch erfaßt werden. Grundlegend sind genaue makroskopische Ansprachen von Elementeigenschaften sowie einfache Feldmessungen im Rah-

---

[51] Allerdings müssen beim Stickstoff die Einträge über die Deposition, hinsichtlich Phosphor evtl. höhere petrogene Gehalte berücksichtigt werden.

men einer geoökologischen Geländekartierung. Diese Primärdaten sind die Basis der Ableitung weiterer Kenngrößen, häufig mit einem höheren Integrationsmaß. Wichtige feldmethodische aufnehmbare Parameter zum Nährstoffhaushalt, die in die Beispielkartierung im Iburger Raum einflossen, sind in Abb. 9-1 dargestellt.

Vertiefende Kenntnisse des standörtlichen Nährstoffhaushalts vermitteln Detailuntersuchungen unter Einsatz laboranalytischer Methoden. Sie sind im Iburger Raum inhaltlich auszurichten auf die Erfassung des Säure-/Basen-Status von Waldökosystemen, da verbreitet auftretende starke Versauerungsgrade Indizien einer Mangelversorgung an Nährstoffbasen oder pflanzenschädigend enger molarer Ca/Al-Verhältnisse sind. Die für agrarische Ökosysteme typischen hohen Gehalte pflanzenverfügbarer Nährstoffe können gleichwohl erfaßt werden und spielen auch im Zusammenhang mit der Analyse wasserhaushaltlicher Parameter eine bedeutende Rolle. Eine Übersicht über die im Rahmen dieser Untersuchung angewandte Bodenanalytik wird nachfolgend gegeben.

9.1.3 Methoden der Bodenanalytik

Methoden (Feldmethoden):

Standortwahl für Leitprofile

Nach Erfassung der Variabilität der Bodenform innerhalb eines quasihomogenen Areals durch Sondierungen mit einem Pürckhauer-Bohrstock wurde ein flächenrepräsentativer Standort zur Anlage eines Leitprofiles ausgewählt. Die Standortauswahl zur Anlage der Leitprofile erfolgte grundsätzlich nach der Catena-(Toposequenz-)Methode. Ergänzende standortökologische Untersuchungen wurden hier zum Relief, Mesoklima und der Vegetation vorgenommen.

Makroskopische Mineralbodenansprache an Leitprofilen nach ARBEITSKREIS STANDORTSKARTIERUNG 1980 (=FStA), ARBEITSGRUPPE BODENKUNDE 1982 (=KA3) und LESER u. KLINK 1988 (=GÖK)

- Bodenform (incl. Horizontmächtigkeit, Bodenart, Skelettgehalt)
- Bodengefüge, Durchwurzelungsstufe
- Nutzbare Feldkapazität, Wasserdurchlässigkeit (beide Größen abgeleitet nach KA3)
- Kalkgehalt (Test mit 10%iger HCl)
- Pufferbereich bzw. pH-Wert Bereich (elektrometrische pH-Wert Feldmessung nach ULRICH 1981)
- Bodenfarbe (nach REVISED STANDARD SOIL COLOR CHARTS ^{3}1973)

Makroskopische Humusformansprache nach FStA, KA3, GÖK

- nach Mächtigkeit der Lagen, dem Gefüge und der Durchwurzelung

Probenahme Mineralboden

- Gewichtsproben von drei Seiten des Leitprofils nach MEIWES et al. (1984); 1,0-1,5 kg Gesamtprobengewicht
- Volumenproben mit 100 cm^3-Stechzylindern; 3 Parallelen pro Horizont

Die Probenahme aus Leitprofilen erscheint zwar problematisch in bezug auf die Flächenrepräsentativität und ist sicherlich in dieser Hinsicht einer flächig angelegten Beprobung per Bohrstock nach festen Tiefenstufen unterlegen, doch gestattet die Anlage der Leitprofile die gefügekundliche Ansprache bis in große Tiefen, die exakt horizontweise Probenahme und die Schätzung des Skelettanteiles (s. a. SCHLICHTING u. BLUME 1966, FASSBENDER u. AHRENS 1977, MEIWES et al. 1984).

Probenahme Humusauflage

- Volumenproben, quantitative Entnahme unter Verwendung eines Stechringes von 35 cm Durchmesser; Gesamtprobengewicht 0,5 - 1,0 kg

Methoden: (Labormethoden - Probenaufbereitung)

Probenaufbereitung Mineralboden

- Gewichtsproben: Herstellung der Gleichgewichtsbodenlösung (GBL) (siehe unter Bodenlösung) aus feldfrischen Proben; zur Lagerung zunächst eingefroren
- Zur Analyse des Mineralbodens Trocknung der Proben bei 40°C (FASSBENDER u. AHRENS 1977), Absiebung über 2 mm-Sieb; nur Feinboden (< 2 mm) wird analysiert

Probenaufbereitung Humusauflage

- Lufttrocknung: zur Beschleunigung des Trocknungsprozesses und Einschränkung einer möglichen Humuszersetzung Trocknung bei 40°C im stark belüfteten Trockenschrank.
- Siebung: Trennung der Feinsubstanz von groben organischen oder mineralischen Bestandteilen durch Siebung mittels eines 2 mm-Kunststoffsiebes.

Probenaufbereitung Bodenlösung: Simulation der Bodenlösung durch Herstellung der GBL (Gleichgewichtsbodenlösung = Sättigungsextrakt) nach MEIWES et al. (1984). Gewinnung der GBL durch Zentrifugieren und Filtration über Membranfilter. In Einzelfällen mußte die Bestimmung der Ca/Al-Verhältnisse aus dem 1:2-Extrakt (MEIWES et al. 1984) erfolgen.

Methoden: (Labormethoden - Analytik)

Bodenphysikalische Kennwerte

- Trockenraumdichte (Mineralboden)
Gravimetrische Bestimmung an Volumenproben (100 cm^3) nach 18-stündiger Trocknung bei 105°C im Trockenschrank an drei Parallelen pro Horizont
- Gesamtporenvolumen (Mineralboden); Errechnung nach HARTGE u. HORN (1989)
- Bodenart (Mineralboden); Bestimmung nach DIN 19683, Teil I, II
Dispergierung mit Natriumpyrophosphat, Humuszerstörung mit 15%iger Wasserstoffperoxid-Lösung, Carbonatzerstörung mit HCl; Siebung und Sedimentationsanalyse mit Köhn-Pipette
- Trockensubstanz (Humusauflage); Bestimmung des Trockensubstanzgewichts einer Teilprobe nach Trocknung bei 105°C.

Bodenchemische Kennwerte

- Acidität/Alkalinität (Mineralboden, Humusauflage, GBL)
Bestimmung am lufttrockenen Feinboden in H_2O und 0,01 M $CaCl_2$-Lösung; Boden(Humus)-Lösungsverhältnis 1:2,5. Bei mehrmaligem Schütteln innerhalb von 2 Std. Standzeit, Messung mit Glaselektrode in der Suspension (MEIWES et al. 1984)
Salzzusätze erlauben die Einschätzung, in welchem Maß leicht mobilisierbare Säurekationen (z.B. H^+, Al^{3+}) an den Oberflächen der Bodenkolloide vorhanden

sind. So werden standörtliche pH-Minima, die sich nach H^+-Ionenbelastung oder Salzdüngung einstellen können, erkennbar (SCHWERTMANN 1970) pH-Wert-Bestimmung in GBL ebenfalls elektrometrisch.

- Kationenaustauschkapazität (Mineralboden)

Potentielle Kationenaustauschkapazität (KAKp)
KAKp nach MEHLICH (1953) aus lufttrockener < 2 mm-Fraktion; Austausch mit Bariumchlorid-Triäthanolamin und Bariumchlorid-Lösung. Rücktausch mit Magnesiumchlorid-Lösung; Barium-Bestimmung gravimetrisch (SCHLICHTING u. BLUME 1966)
Effektive Kationenaustauschkapazität (KAKe)
KAKe nach MEIWES et al. (1984) aus lufttrockener < 2 mm-Fraktion; Austausch mit 1n Ammoniumchlorid-Lösung. Im Perkolat werden Na, K, Ca, Mg, Al, Mn, Fe mittels Atomabsorptionsspektroskopie bestimmt.
Die Berechnung von austauschbaren H^+-Ionen (H^+_{ex}) leistet ein Fortran-Programm von PRENZEL (PC-Version von BREDEMEIER), in das die Gleichgewichtskonstanten der wichtigsten Aluminiumhydroxide eingehen. Dem Programm liegen Annahmen zugrunde, von denen die folgenden von MEIWES et al. (1984) als problematisch explizit erwähnt werden (verkürzt):
1. Al-Ionenaustausch vollständig; alle Al-Ionen unterliegen Hydrolyse-Reaktionen
2. Aluminium im Extrakt stammt ausschließlich von austauschbarem Al^{3+}
3. Das pH des Extraktes berechnet sich nach u.g. Gleichung, andere Säure/Basen-Reaktionen sind ausgeschlossen:

$$[H^+] = [H^+]_0 + [H^+]_{ex} + \sum_{(x,y)} y \cdot [Al_x(OH)_y]$$

$[H^+]_0$: Konzentrationen von H^+-Ionen im Extraktionsmittel
$[H^+]_{ex}$: Konzentrationen ausgetauschter H^+-Ionen
Die hier ermittelten „austauschbaren" Kationen schließen die Kationen wasserlöslicher Salze ein. Bei niedrigen pH-Werten ist mit <u>verhältnismäßig hohen Anteilen</u> wasserlöslicher Alkali-/Erdalkalisalze zu rechnen, bei hohen pH-Werten mit <u>absolut hohen Gehalten</u>. In calcithaltigen Böden kann aus diesem Grunde die KAKe größer sein als KAKp. In solchen Fällen ist Ca_{ex} um die Differenz KAKe - KAKp reduziert worden. Entsprechendes gilt für saure Böden mit hohen Anteilen löslicher Al-Salze. Zur Errechnung der Anteile von Ionen am Sorptionskomplex diente in diesem Fall KAKp. Die Verwendung des Bodenrückstandes aus der GBL-Herstellung zur Bestimmung der Kationenaustauschkapazität hätte das Problem leider nur zu einem nicht genau definierbaren Anteil vermindert. In die Berechnung von KAKe gehen Al und Fe in 3-wertiger Oxidationsstufe, Mn 2-wertig ein.

- „Pflanzenverfügbare Nährelemente" (Mineralboden)

Kalium, Phosphor nach SCHÜLLER (1969) aus lufttrockener < 2 mm-Fraktion im Calciumlactat-Auszug. Extraktion bei einem Boden-Lösungs-Verhältnis 1:20. Verfahren ist nach HEIMES (1971) geeignet, den Mangelbereich festzustellen. Standardverfahren der LUFAs zur Einteilung landwirtschaftlich genutzter Böden in Versorgungsstufen. Nach GUSSONE (1964) wird zur Bemessung pflanzenverfügbarer Anteile ein Lactatauszug dem höheren Nährstoff-Aufschlußvermögen von Waldbäumen nicht gerecht.

Magnesium nach SCHACHTSCHABEL (1956) aus lufttrockener < 2 mm-Fraktion im Calciumchlorid-Auszug. Extraktion durch 0,0125 M $CaCl_2$-Lösung bei einem Boden-Lösungs-Verhältnis von 1:10. Nach GUSSONE (1964) wird zur Bemessung pflanzenverfügbarer Anteile ein Auszug mit schwach konzentrierten Salzlösungen dem höheren Nährstoff-Aufschlußvermögen von Waldbäumen nicht gerecht.

Calcium: Extraktion mit 1n Ammoniumchlorid-Lösung (entspricht austauschbarem Ca nach MEIWES et al. 1984, siehe oben)

- Kalkbedarf (Mineralboden)
  nach MEIWES et al. (1984) aus lufttrockener < 2 mm-Fraktion. Diskontinuierliche Titrationskurve mit Calciumhydroxid-Konzentrationsstufen von 0,0; 0,25; 0,5; 1,25; 2,5; 5,0 mval/25 g Boden (mmol/z/25 g Boden). Errechnung des Kalkbedarfs für verschiedene Ziel-pH-Werte unter Berücksichtigung des Bodenskelettgehaltes und der Trockenraumdichte (TRD)
  Trotz kurzer Schüttelzeit von 18 Std. können nach MEIWES et al. (1984) die im Boden mit Basen reagierenden Säuren recht vollständig erfaßt werden. Gegenüber dem Zusatz von $CaCO_3$ als Protonenakzeptor, das eigentlich als in der Praxis üblicherweise angewandter Kalkdünger sich anböte, besteht der Vorteil, daß lange Schüttelzeiten (ca. 8 Tage) und damit verbundene mikrobielle Umsetzungen vermieden werden können.
- Mineralstoffgesamtgehalte (Humusauflage)
  K, Ca, Mg, Al, Fe, Mn nach MEIWES et al. (1984). Feinmahlen der lufttrockenen < 2 mm-Fraktion und trockene Veraschung bei 550°C; Aufnehmen in 0,5 n HCl. Bestimmung durch AAS bzw. kolorimetrisch (Phosphor).
- Mineralstoffkonzentration (Bodenlösung)
  K, Ca, Mg, Al, Fe, Mn nach MEIWES et al. (1984). Analyse durch AAS. Das hier bestimmte Gesamt-Aluminium wurde zur Bildung des molaren Ca^{2+}/Al^{3+}-Verhältnisses herangezogen. Dies ist möglich, wenn der beprobte Horizont humusarm und stark sauer ist. Dann ist der Anteil organisch komplexierten Aluminiums gering und nach NAIR (1978) liegt über 80% des Al in Form von Al^{3+} vor.
  NO_3, Cl, SO_4, PO_4: Bestimmung durch Ionenchromatographie
  NH_4: Bestimmung kolorimetrisch
- Kohlenstoffgehalt (Mineralboden, Humusauflage)
  nach Feinmahlen der lufttrockenen < 2 mm-Fraktion, Bestimmung von C_{org} aus Differenz von C_{ges} und C_{anorg}; C_{ges} coulometrisch, C_{anorg} coulometrisch nach Versetzen mit Perchlorsäure mit C-Analyzer der Fa. Deltronik
- Stickstoff (Mineralboden, Humusauflage)
  nach Feinmahlen der lufttrockenen < 2 mm-Fraktion Bestimmung von N_{ges} nach Reduktion von NO_3-N in Aminosalicylsäure und Aufschluß nach Kieldahl; Ammoniumsulfat kolorimetrisch (nach SCHLICHTING u. BLUME 1965; FASSBENDER u. AHRENS 1977).

Das dargestellte Analysenprogramm zur Einschätzung wichtiger Parameter des Nährstoffhaushaltes terrestrischer Ökosysteme kann das gesamte Spektrum der Nährstoffversorgung erfassen. Die Gefährdung von Aluminiumtoxizität in der Rhizosphäre oligotroph(iert)er Standorte kann ebenso erkannt werden wie ein natürliches oder künstliches Nährstoffüberangebot. Das Programm integriert sowohl Standardverfahren der landwirtschaftlichen Bodenuntersuchung als auch Methoden der Waldökosystemforschung.

Schwierigkeiten erwachsen aus dem Umstand, daß das Aneignungsvermögen für Nährstoffe von agraren Nutzpflanzen häufig geringer ist als das von Waldbäumen

(GUSSONE 1964), so daß die ökosystemtypunabhängige Einschätzung „pflanzenverfügbarer" Elementgehalte erschwert wird. Im Rahmen einer **ökosystemtypübergreifenden geoökologischen Kartierung**, deren vordringliches Ziel es nicht sein kann, landwirtschaftliche Düngungsberatung zur Ertragsmaximierung zu betreiben, erscheint es allerdings gerechtfertigt, die ökophysiologisch relevanten kurz- bis mittelfristig nachlieferbaren Nährstoffvorräte allgemein aus der NH_4-extrahierbaren Fraktion zu bestimmen. Vorteilhaft ist dadurch darüber hinaus, daß mit relativ geringem laboranalytischem Aufwand sowohl unausgewogene Nährstoffkationen-Zusammensetzungen als auch phytotoxikologisch bedenkliche hohe Al^{3+}-Gehalte erkannt werden können. Die Analyseverfahren zur Bemessung der Stickstoffvorräte in Wald- bzw. Agrarökosystemen gleichen sich, doch kommt naturgemäß in Agrarökosystemen der standörtlichen Mineralisierungsrate in Verbindung mit dem N-min-Vorrat sowohl hinsichtlich der Ernährung landwirtschaftlicher Nutzpflanzen als auch der Translokationsdisposition besondere Bedeutung zu.

9.1.4 Stabilität und Stabilisierung des Nährstoffzustandes

Da in allen terrestrischen Ökosystemen des humiden Klimaregimes die Tendenz zur Nährstoffauswaschung besteht, ist es bedeutsam, nicht nur den aktuellen Nährstoffstatus sondern auch das „wer" und „wie" dessen Stabilisierung zu beleuchten (s.a. HABER 1981, sowie Kap. 5). Dies erscheint um so notwendiger, als daß der anthropogene Einfluß auf den Nährstoffhaushalt besonders groß und nachhaltig ist. In Anlehnung an die grundsätzliche Typisierung der Stabilisierung in eine endogene und eine exogene Art kann hier folgendermaßen differenziert werden:

a) endogene (=autonome) Stabilisierung
 - durch Freisetzung von Basen aus der Bodenfestphase (z.B. durch Kohlensäureverwitterung und hydrolytische Verwitterung
 - durch stagnierendes, oberflächennah anstehendes Grundwasser
b) exogene (=heteronome) Stabilisierung
 - durch Applikation von Nährstoffen (Düngestoffen) im Verhältnis zum Ernteentzug
 - durch Nährstoffzufuhr/-abfuhr über Grund-/Hangwasser oder Drainage (Bewässerung, Überflutung)
 - durch Säuredeposition, die die standörtliche Basenfreisetzung aus der hydrolytischen Verwitterung übersteigt, oder unbeabsichtigte Nährstoffdeposition (sonst Düngung).

Vielfach überlagern sich exogene und endogene Arten der Stabilisierung. So wirkt beispielsweise die Silikatverwitterung einer Säurebelastung entgegen, ja wird in engen Grenzen sogar durch sie forciert. Andererseits können auch Arten exogener Stabilisierung gleichzeitig wirksam sein (z.B. Düngung und ziehendes Grundwasser).

Neben der standörtlichen Stabilisierungsart des Nährstoffhaushalts sind die Stabilität (Instabilität) des aktuellen Zustands und damit zusammenhängend die Elastizität bedeutende Bestimmungsgrößen (s.a. Kap. 5).

Beispiel:
Ein Pseudogley auf Geschiebedecksand kann unter ackerbaulicher Nutzung durch fortwährende Düngung auf demselben Nährstoffstatus stabilisiert sein wie eine

gleichartig genutzte Parabraunerde auf Lößlehm. Basenentzug durch Ernte führt auf dem Decksand-Standort zu einem weit weniger abgepufferten Säureschub als auf dem Lößlehm-Standort, da die sorbierte (nachlieferbare) Basenmenge korngrößenbedingt sehr viel geringer ist. Der Lößlehm reagiert auf Basenentzug folglich vergleichsweise elastisch. Fallen beide Ackerflächen brach, so ist der Basenverlust durch Auswaschung pro Zeit abhängig von der Wasserdurchlässigkeit, der Feldkapazität und dem Tongehalt, so daß sich folgende Abstufung ergibt:

Tab. 9-4: Stabilität und Instabilisierbarkeit des Nährstoffzustandes

stabil (= schwer instabilisierbar):	sehr hohe Sorptionskapazität, sehr hohe Wasserkapazität (Bodenartenklassen I, II)
mäßig stabil (= mäßig instabilisierbar):	hohe Sorptionskapazität; hohe Wasserkapazität (Bodenartenklassen III, IV, V)
instabil (= leicht instabilisierbar):	mittlere bis geringe Sorptionskapazität, mittlere bis geringe Wasserkapazität (Bodenartenklassen VI, VII)
sehr instabil (= sehr leicht instabilisierbar):	niedrige Sorptionskapazität, niedrige Wasserkapazität (Bodenartenklasse VIII
	[Klassifizierung der Bodenart nach LESER u. KLINK 1988]

Wenn ein Ökosystem durch basenreiches Grundwasser in seinem Basenhaushalt stabilisiert wird, kann eine Instabilisierung durch Absenkung des Grundwasserspiegels hervorgerufen werden (z.B. durch Grundwasserentnahme). Die Instabilisierbarkeit (Destabilisierbarkeit) ist dann neben o.g. Faktoren auch noch abhängig vom Gehalt an Sulfiden, die durch Oxidationsprozesse (Schwefelsäurebildung) die Entbasung fördern.

Gering oder sehr gering basenhaltige Systeme (z.B. oligotrophe Waldökosysteme) sind in ihrem Basenzustand i.d.R. als stabil zu bezeichnen; hier erscheint es im Sinne einer „problemorientierten" Kartierung sinnvoll zu sein, die Elastizität gegenüber Säuretoxizität zu einem Differenzierungskriterium zu erheben. Diese ist eine abhängige Größe des Anteils nachlieferbarer Basen am Sorptionskomplex, so daß ULRICH (1984) folgende Abstufung vorschlägt (s. Tab. 9-5).

Damit sind über den aktuell kartierbaren, dynamischen Nährstoffzustand hinaus kausal-analytische Betrachtungen über dessen Zustandekommen und Aufrechterhaltung, aber auch ansatzweise über dessen generellen Entwicklungsgang möglich.

Die mit Feldmethoden recht sichere Abschätzung des Säure-/Basenstatus legt es nahe, dieses Kompartiment des Nährstoffhaushaltes zu dessen Charakterisierung vorrangig zu berücksichtigen. Dies erscheint auch deshalb geboten, da er über die Steuerung der standörtlichen Mineralisierungsrate auf den Stickstoff- und Phosphorhaushalt Einfluß nimmt.

Tab. 9-5: Elastizität gegenüber Säuretoxizität als abhängige Größe der Basensättigumg

Effektive Kationenaustauschkapazität	Elastizität gegenüber Säuretoxizität
KAKe < 0,5 mval/100g Boden	insgesamt sehr geringe Elastizität
Bei KAKe >0,5 mval/100g Boden gilt:	
Wenn $X_{Ca} + X_{Mg}$ an KAKe	
< 5%	sehr geringe Elastizität
5 - 15%	geringe Elastizität
15 - 50%	hohe Elastizität
>50%	sehr hohe Elastizität

(nach MEIWES et al. 1984)

In konventionell bewirtschafteten Agrarökosystemen scheint der pH-Wert kaum die standörtliche Differenzierung widerzuspiegeln, liegen doch die Ziel-pH-Werte trotz einer Feindifferenzierung in Abhängigkeit von Nutzungstyp, Bodenart und Humusgehalt allesamt im neutralen bis mäßig sauren Bereich. Diese Richtwerte werden dem gestiegenen Ausbildungsgrad der Landwirte gemäß allgemein immer mehr eingehalten und sind damit für die geoökologische Kartierung verläßliche Schätzgrößen.

9.1.5 Einstufung des Nährstoffzustandes

Auf der Basis der allgemeinen Definition von Pufferbereichen des Bodens und ihrer Verankerung in spezifischen chemischen Reaktionen, die nährstoff- und schadstoffhaushaltlich von großer Bedeutung sind, wurde ein Rahmenschema zur Beurteilung des Nährstoffstatus entwickelt. Es berücksichtigt die Ergebnisse der eigenen geoökologischen Standortuntersuchungen, der regionalen und länderweiten Waldbodenuntersuchungsprogramme (s.a. Kap. 4.1 u. 8.1.1) sowie Standorteigenschaften, die durch die agrarisch-gärtnerische Düngungspraxis künstlich eingestellt werden.

Die zur Gliederung herangezogenen Kriterien sind nicht vollends trennscharf. Sie gründen sich auf die in Abb. 9-1 zusammengestellten, feldökologisch leicht erfaßbaren Meß- und Aufnahmegrößen. Unter diesen spielen der pH-Wert und daraus abgeleitet die Basensättigung, die Körnung, die Humusform und die floristische Ausstattung eine bedeutende Rolle. Bevor das ausführliche Schema zur Einstufung des Nährstoffstatus von Ökotopen dargestellt wird, sollen zunächst die wesentlichen Differenzierungen grob skizziert werden.

Der **sehr basenreiche** Nährstoffstatus ist - endogen stabilisiert - überwiegend an Kalk-/Mergelstein-Verwitterungsböden gebunden. Entkalkung, Verbraunung und Verlehmung sind die wichtigsten Bodenentwicklungsprozesse. Die entstehenden bzw. reliktischen Residuallehme und -tone besitzen i.a. eine sehr hohe Sorptionskapazität und damit ein hohes Nährstoffnachlieferungspotential. Die krautige Vegetation ist reich an Basen- und Stickstoffzeigern, sofern die Belichtung hinreichend ist.

Im **basenreichen** Nährstoffstatus ist die Basensättigung in der Rhizosphäre i.a. niedriger. Bei pH-Werten im schwach sauren Bereich tritt freies $CaCO_3$ nicht mehr auf. In Waldökosystemen kann die Bodenreaktion oberflächlich breits stark sauer sein, wenn der Extensivwurzelraum sehr basenreich oder gar karbonathaltig ist, wie es bei geschichteten Profilen aus Löß über Kalkstein-Verwitterungslehm häufig auftritt. Die Deckung der Krautschicht nimmt in oberflächlich bodensauren Waldökosystemen ab, im besonderen der Anteil basen- und nitratholder Pflanzensippen. Substrate mittlerer Sorptionsfähigkeit sind unter landwirtschaftlicher Nutzung meist basenreich und können bei tiefer Humosität und damit erhöhter KAKp als Folge einer Plaggenauflage sogar im Übergangsbereich zum sehr basenreichen Status liegen. Die Silikatverwitterung (Verbraunung) wird zum wichtigsten bodenbildenden Prozeß.

Zum **mittel basenhaltigen** Status hin „öffnet sich die Schere" zwischen KAKe und KAKp. Da die Bezugsgröße der Basensättigung (KAKe) durch Verlust variabler (pH-abhängiger) Ladung kleiner wird, vergrößert sich relativ der Anteil sorbierter Basen. Im Intensivwurzelraum von Waldbäumen können Basensättigungen von <15% bezogen auf KAKp auftreten. Die Humusform ist meist ein mullartiger Moder oder ein typischer Moder. Im Auflagehumus sind verglichen mit dem mineralischen Intensivwurzelraum erhebliche Basenmengen organisch gespeichert. Der Extensivwurzelraum, lithogen oder grundwasserbedingt mäßig basenreich bis basenreich, übernimmt zu einem Gutteil die Nährstoffversorgung. Podsoligkeit tritt hier bereits im initialen Stadium auf. Säurezeiger verdrängen mehr und mehr basiphile Arten. In diese Nährstoffstufe werden auch die stark gedüngten, sorptionsarmen Sande gestellt, deren Basenkapital im mineralischen Oberboden nahezu ausschließlich an die org. Substanz gebunden ist. Sie unterscheiden sich in der Nährstoffverteilung und -verfügbarkeit sowie in der stofflichen Zusammensetzung der Bodenlösung von den Waldböden dieser Gruppe ganz erheblich, so daß hier bei vergleichbarem Gesamtbasenkapital zwei recht verschiedene Typen subsumiert werden.

Die Nährstoffstufen **gering und sehr gering basenhaltig** unterscheiden sich hinsichtlich des pH-Wertes ökophysiologisch nur graduell. Die Basensättigung liegt in der Stufe „gering basenhaltig" bezogen auf KAKe bei 5-15% (bis 20%), die Aluminiumsättigungen bei 60-90%. Bedeutende Flächenanteile waldbestandener Lößlehm- und entkalkter Geschiebelehmflächen müssen dieser Stufe zugeordnet werden. Makroskopisches Merkmal ist eine deutliche Podsoligkeit, die sich zum sehr gering basenhaltigen Zustand hin zur Podsolierung verstärkt. Im sehr gering basenhaltigen Nährstoffstatus ist das Kriterium der Basensättigung nur noch bedingt aussagekräftig, da die zeitliche und räumliche Schwankung der Bezugsgröße KAKe erheblich ist. Die Mineralisierungsrate des Rohhumus und die Baseneinträge aus der Deposition sind für die Zusammensetzung der Bodenlösung bestimmend.

Durch dieses Einstufungsschema wird ein alternatives Aufnahme- und Bewertungsverfahren zur Ableitung des Nährstoffangebotes von LESER u. KLINK (1988, S. 85, Tab. 8) ersetzt, das im Untersuchungraum zu keinen brauchbaren Ergebnissen führt. Es zeigte sich nämlich, daß die dort dargestellten Zusammenhänge zwischen Bodenart, pH-Wert und Basensättigung an der KAKp (V-Wert) für versauerte Waldböden unrealistisch sind. So treten V-Werte <20% von Waldböden nicht nur auf sandigen Substraten, sondern im Iburger Raum nahezu unabhängig von der Körnung der Bodenmatrix auf. Die von MOSIMANN (in LESER u. KLINK 1988) vorgeschlagene Zuordnung der Stickstoffzahl nach ELLENBERG (1979) zu den Klassen des Nährstoff-

Tab. 9-6: Schema zur Einstufung der Trophie

Nährstoffstatus: sehr basenreich		
Typische Pflanzengesellschaften/ Flächennutzung	edaphische und pflanzenökologische Kriterien	Stabilisierung/Stabilität/Elastizität (Beispiele)
Eu-Fagion (z.B. Melico-Fag.), Carpinion (z.B. Stell.-Carpin.), Alno-Ulmion, Alnion glutinosae, Sukzessionsstadien o.g. Waldgesellschaften, Acker, Intensivgrünland, Nutzgarten, Park, Friedhof	pH (CaCl$_2$): >6,0 - 8,5 Ausgangsgestein meist karbonatreich KAKp: >12 mmol/z/100g humusfreier Feinboden Basensättigung an KAKe im - Intensivwurzelraum: >75% - Extensivwurzelraum: >80% (>75%) bei Grundwassereinfluß meist mit CaCO$_3$-Konkretionen im Go-Horizont Humusform: typ. Mull, selten Of-Mull Reaktionszahl nach ELLENBERG (1979): >6,4	Endogen - stabil (sehr hohe Elastizität) - Ausgangsgestein basenreich: Boden meist flach- bis mittelgründig; unausgewogene Nährelementzusammensetzung möglich Exogen-endogen - stabil (sehr hohe Elastizität) - Stabilisierung durch Düngung eines lithogen basenreichen Bodens zur Erzielung einer ausgewogenen Nährelementzusammensetzung und zur Bewahrung der Gefügestabilität Exogen - stabil bis mäßig stabil (sehr hohe Elastizität) - Stabilisierung durch sehr basenreiches, meist ziehendes Grund- oder Stauwasser Exogen - mäßig stabil (sehr hohe Elastizität) - Stabilisierung durch intensive Düngung eines lithogen mäßig basenreichen Bodens

Nährstoffstatus: basenreich		
Typische Pflanzengesellschaften/ Flächennutzung	edaphische und pflanzenökologische Kriterien	Stabilisierung/Stabilität/Elastizität (Beispiele)
Eu-Fagion (Melico-Fagetum), Carpinion (z.B. Stell.-Carpin.), Alno-Ulmion, Alnion glutinosae, Sukzessionsstadien o.g. Waldgesellschaften, Acker, Intensivgrünland, Nutzgarten, Park, Friedhof	pH (CaCl$_2$): >5,0 - 6,5 KAKp: >8mmol/z/100g humusfreier Feinboden, Basensättigung an KAKe im - Intensivwurzelraum: 50-75% - Extensivwurzelraum: >80% (50-75%) Humusform: typ. Mull, Of-Mull Reaktionszahl nach ELLENBERG (1979): >5,7 - 6,4	Endogen - stabil (sehr hohe bis hohe Elastizität) - Ausgangsgestein basenreich: Boden meist tiefgründig, mit örtl. schwacher Zufuhr von basenhaltigem Grund- oder Hangwasser oder Boden zweischichtig und Oberboden versauert, dann in der Regel mittelgründig; Nährstoffkomposition meist ausgewogen Exogen-endogen - stabil (sehr hohe Elastizität) - mäßige Düngergabe auf Standorte mit Böden aus basenreichem Gestein (v.a. unter Grünlandnutzung) Exogen - stabil bis mäßig stabil (instabil) (sehr hohe bis hohe Elastizität) - Stabilisierung durch basenreiches, meist ziehendes Grundwasser; Instabilisierbarkeit (durch Drainage) abhängig vom Gehalt an Sulfiden und s.u. - Stabilisierung durch fortwährenden Nährstoffinput (landwirtschaftl. und gärtnerische Nutzung) (Anhalt: Düngungsempfehlungen: z.B. VDLUFA, RUHR-STICKSTOFF AG 1988)

Fortsetzung Tab. 9-6: Schema zur Einstufung der Trophie

		Instabilisierbarkeit abhängig von: kf-Wert, Feldkapazität, Tongehalt sehr leicht: VIII leicht: VII, VI, V mittel: IV, III schwer: II, I *[römische Ziffern beschreiben Bodenarten-klasse nach LESER u. KLINK (1988)]*
Nährstoffstatus: mittel basenhaltig		
Typische Pflanzengesellschaften/ Flächennutzung	*edaphische und pflanzenökologische Kriterien*	*Stabilisierung/Stabilität/Elastizität (Beispiele)*
Milio-Fagetum, Luzulo-Fagetum, Fago-Quercetum, Carpinion, Alnion glutinosae, Sukzessionsstadien o.g. Waldgesellschaften, Fichtenforst, Acker, Grünland, Park	pH (CaCl$_2$): 4,0 - 4,8 (bis 5,5) Basensättigung an KAKe im - Intensivwurzelraum: 15-40% - Extensivwurzelraum: >80% (>75%) initiale Podsoligkeit möglich Humusform: - mullartiger Moder, - typischer Moder Reaktionszahl nach ELLENBERG (1979): 4,5-5,6	Endogen - stabil bis mäßig stabil (hohe, örtl. geringe Elastizität) - Stabilisierung durch mäßig basenfreisetzendes Gestein, z.B. Tonstein, Geschiebelehm, silikatreiche Sande - Stabilisierung durch stehendes, oberflächennahes, mäßig basenreiches Grundwasser (Instabilisierbarkeit s.o.) Endogen-exogen - stabil bis mäßig stabil (hohe Elastizität) - Stabilisierung durch fortwährenden, mäßigen Nährstoffinput in einen natürlicherweise mäßig basenfreisetzenden Boden (z.B. bei extensiver Grünlandnutzung (Bodenart: Klasse III, IV, V, VI) Exogen - mäßig stabil bis sehr instabil (hohe, örtlich geringe Elastizität) - Stabilisierung durch ziehendes, mäßig basenreiches Grundwasser; Instabilisierbarkeit (v.a. durch Drainage) abhängig von der Bodenart und dem Gehalt an Sulfiden - anthropogene Stabilisierung durch eine im Verhältnis zu den natürlichen Nährstoffvorräten (bzw. Nährstofffreisetzungsraten) hohe Düngung; Bodenart: meist Klasse VII, VIII; Boden i.d.R. humusarm.
Nährstoffstatus: gering basenhaltig		
Typische Pflanzengesellschaften/ Flächennutzung	*edaphische und pflanzenökologische Kriterien*	*Stabilisierung/Stabilität/Elastizität (Beispiele)*
Luzulo-Fagion, Quercion roboripetraeae, Carpinion, Betulion - pubescentis, Sukzessionsstadien o.g. Waldgesellschaften, Nadelholzforste, Extensivgrünland	pH (CaCl$_2$): >3,2 - 3,8 Basensättigung an KAKe im - Intensivwurzelraum: 5-15% (20%) - Extensivwurzelraum: 15-20% molares Ca/Al- Verhältnis in Gleichgewichtsbodenlösung: (0,1) 0,3-1,0 im Intensiv- und Extensivwurzelraum Podsoligkeit/Podsolierung Humusform: mullartiger Moder, Moder (Rohhumus)	Endogen - stabil (hohe, örtlich geringe Elastizität) - Stabilisierung durch hoch anstehendes, basenarmes, nicht ziehendes Grundwasser (Instabilisierbarkeit durch Drainage, v.a. abhängig vom Gehalt an Sulfiden) Exogen-endogen - stabil-mäßig stabil (geringe, örtlich hohe Elastizität) - Stabilisierung durch Zustrom mäßig basenhaltigen Grund- oder Hangwassers im Extensivwurzelraum (Instabilisierbarkeit s.o.)

Fortsetzung Tab. 9-6: Schema zur Einstufung der Trophie

	Reaktionszahl nach ELLENBERG (1979): 3,5-4,5	endogen-exogen - (stabil) (geringe, örtl. sehr geringe Elastizität) - Stabilisierung im stark sauren Milieu durch anthropogene Säuredeposition; schwache Tendenz zur autonomen Entsauerung durch Silikatverwitterung (Bodenartenklasse III, IV, V, VI); durch Düngung heteronom auf höherem Basenniveau mittelfristig stabilisierbar; aus stark entbastem Lockergestein (Löß, Solifluktionslehm, Geschiebelehm u.a.) entstanden
Nährstoffstatus: sehr gering basenhaltig		
Typische Pflanzengesellschaften/ Flächennutzung	edaphische und pflanzenökologische Kriterien	Stabilisierung/Stabilität/Elastizität (Beispiele)
Quercion robori-petraeae, Betulion pubescentis, Sukzessionsstadien o.g. Waldgesellschaften, Nadelholzforste	pH (CaCl$_2$): 2,7 - 3,3 Basensättigung an KAKe im - Intensivwurzelraum: 2-10% (20%) - Extensivwurzelraum: 2-10% (20%) KAKp: <3 (5) mmol/z/100g humusfreier Feinboden molares Ca/Al- Verhältnis in Gleichgewichtsbodenlösung: 0,1 - 0,3 (1,0) im Intensiv- und Extensivwurzelraum meist starke Podsolierung Humusform: (typischer Moder) rohhumusartiger Moder, Rohhumus Reaktionszahl nach ELLENBERG (1979): < 3,0 (< 3,5)	Endogen - exogen (instabil) (sehr geringe Elastizität) - Stabilisierung im stark sauren Milieu durch anthropogene Säuredeposition; sehr schwache Tendenz zur autonomen Entsauerung (Bodenartenklasse VII, VIII) durch Silikatverwitterung; durch einmalige Düngung heteronom auf höherem Basenniveau mittelfristig nicht stabilisierbar; aus sehr stark entbastem Gestein (silikatarme bis -freie Sande, Sandstein, sandsteinbetonte Schuttdecken) entstanden. Standortdegradierung oft kontinuierlich seit dem Mittelalter (Streu- oder Plaggennutzung, Waldweide)

angebots ist realitätsfern und viel zu schematisch. So bleibt zu bezweifeln, daß ein sehr geringes Mineralstickstoffangebot über mittlere N-Zeigerwerte von 1-2 indiziert wird, denn in nahezu jeder pflanzenökologischen Aufnahme an N-Mangelstandorten können auch „intermediäre" Pflanzenarten gefunden werden, die die Mittelwerte vom Extremum weg verschieben.

Auch in der Bodenkarte des Meßtischblattes Bad Iburg (1:25000, 1978) wird der Basengehalt von Bodeneinheiten nach dem V-Wert klassifiziert und zwar dreistufig: <30%; 30-80%; >80%. Dies erfolgt jedoch nicht auf der Basis des aktuellen, während der Kartierung erfaßbaren Zustands, sondern für einen nicht näher definierten „natürlichen Zustand". Dieser kann allerdings auch nicht mit dem tatsächlichen Basenstatus naturnaher, depositionsbelasteter Waldökosysteme im Raum Bad Iburg identisch sein, da sonst die ausgewiesenen V-Werte i.d.R. zu hoch angesetzt wären. Somit ergeben sich zur Ableitung des standörtlichen Nährstoffstatus aus der Bodenkarte die Schwierigkeiten, daß einerseits die Eutrophie bzw. Hypertrophie agrarisch genutzter Standorte nicht wiedergegeben wird, und andererseits die untere Klasse des V-Wertes von <30% weder ökotrophologische noch toxikologische Problemstandorte hinreichend definiert. So fallen in diese Klasse durchaus Standortstypen, die sich resistent- bzw. elastisch-stabil gegenüber fortdauernden Säureeinträgen verhalten[52].

Die Nährstoffauswaschung, die im Zusammenhang mit dem Nährstoffstatus schon kurz angesprochen wurde, und hier besonders die Umweltbelastungen auslösende Nitratverlagerung, die in starkem Maße von der Nutzung/Vegetationsbedeckung abhängt, macht die Verzahnung des Nährstoffhaushaltes mit dem Wasserhaushalt besonders deutlich.

9.1.6 Beispiele zur Einstufung des Nährstoffstatus

9.1.6.1 Nährstoffstatus „sehr basenreich"

Großer Freden Nord, Bad Iburg; Eichendehne, Bad Rothenfelde

Die Standorte Nr. 1 und Nr. 2, beide als sehr basenreich klassifiziert, unterscheiden sich hinsichtlich ihrer Lage im Relief, des Mesoklimas, des Floreninventars und der Bodenform sowie der Bodenfeuchtestufe.

Der windexponierte, überdurchschnittlichen Depositionseinträgen unterliegende Kuppenstandort am Großen Freden (264 m über NN) trägt einen Melico-Fagetum allietosum, dessen Baumschicht einen hohen Eschenanteil aufweist. Deren Laubstreu ist wie die der üppig entwickelten basi- und nitrophilen Krautschicht der Corydalis cava-Gruppe[53] (siehe Pflanzenaufnahme Nr. MP1b.12) mit Corydalis cava, Allium ursinum, Mercurialis perennis eiweißreich und daher schnell zersetzlich (C/N-Wert 14), so daß sich ein typischer Mull ausbildet. Dieser wird allerdings aufgrund der exponierten Lage z.T. verblasen, was in örtlichen Verhagerungserscheinungen erkennbar ist. Die Bodenform ist eine Mull-Rendzina auf Cenomankalk, deren Ah-Horizont ein stabiles Krümel-Gefüge aufweist, locker gelagert und intensiv durchwurzelt ist. Mit pH-(H_2O)Werten zwischen 5,3 und 7,6 im Ah reagiert der sehr stark humose Oberboden neutral bis schwach alkalisch, obwohl der Feinboden carbonatfrei ist. Die Basensättigung an der KAKe (KAKp: >40 mval/100g) ist mit über 80% sehr hoch. Die N-Versorgung der Vegetation ist gut, und auch Phosphor ist bei einem sehr günstigen C/N-Verhältnis der Laubstreu kein ausgesprochener Mangelfaktor. Wachstumsbegrenzend wirkt die häufig auftretende sommerliche Trockenheit (H6; siehe Kap. 9.2.3.1). Niederschläge durchströmen den flachgründigen Bodenkörper sehr schnell und bewirken empfindliche N-Verluste.

Der Standort Nr. 2 liegt demgegenüber in einer Tiefenlinie. Er weist ebenfalls eine Buchen-Eschen-Bestockung auf. Die Krautschicht wird von basi- und nitrophilen, feuchteholden Pflanzen der Stachys sylvatica-Gruppe gebildet. Stachys sylvatica, Ranunculus ficaria, Veronica montana treten als typische Vertreter dieser Gruppe auf (siehe Vegetationsaufnahme MP1c.19). Die mittelgründige Pelosol-Braunerde auf turonischem Kalkmergel ist stark humos und weist im 23 cm mächtigen, locker

---

[52] Trotz der insgesamt großen Bedeutung genetisch definierter Pedotope für die landschaftsökologische Kartierung bleibt am Wesen der Bodenkarte als Naturraumkarte kein Zweifel.

[53] Die Gruppierung von Pflanzensippen erfolgt hier aufgrund ihres Verbreitungsschwerpunktes im Hinblick auf die ökologischen Faktoren Wasserhaushalt, Humusform und Acidität. Der Begriff „Gruppierung" bedeutet nicht, daß alle subsumierten Arten in Pflanzengesellschaften zusammen auftreten, sondern nur, daß ihr gemeinsamer Verbreitungsschwerpunkt bei einer speziellen Konstellation ökologischer Faktoren liegt. Die hier verwendete „Gruppierung von Bodenpflanzen mitteleuropäischer Laubwälder" lehnt sich an ELLENBERG (1986) und den ARBEITSKREIS STANDORTSKARTIERUNG (1980) an.

gelagerten und gut aggregierten Ah-Horizont eine neutrale bis schwach alkalische Reaktion auf. Die sehr hohe KAK indiziert bei nahezu 100% Basensättigung (KAKe = KAKp) ein hohes Basenkapital. Calcium beherrscht die Austauscherbelegung mit Anteilen von >95%. Damit wird das K/Ca-Verhältnis, aber auch die Phosphor-Verfügbarkeit für die Pflanzenernährung ungünstig, wie die Analyseergebnisse der GBL verdeutlichen.

Die Profile lassen erkennen, daß aufgrund der großen biotischen Aktivität im Oberboden die Humusauflage schnell zersetzt wird, so daß sich keine mächtigen Auflagehorizonte bilden können. Lateraler Wasserzuschuß führt am Standort 2 zu einer weit ausgeglicheneren Bodenfeuchte (Hi5 (Hi4-5) siehe Kap. 9.2) während der Vegetationsperiode.

Folgende auf Mikrofilm dokumentierte ökologische Standortaufnahmen (MB) können diesem Nährstoffstatus zugeordnet werden:

Der Kammstandort Südhang Großer Freden (MB1) liegt auf dem schwach lößbedeckten Rückhang des Cenomankalk-Kammes. Im Gegensatz zu dem nur wenige Meter entfernten Beispielstandort 1 ist hier der Oberboden mit einem pH-Wert von 3,7 stark versauert. Der Anteil der wichtigsten Säurekationen (Al und H) an der Austauscherbelegung beträgt nahezu 80%. Im Bv-Horizont - dem Übergang zum Residualton - steigen die Basensättigungen auf über 90% an. Die stärkere Versauerung des Oberbodens geht auf die Lößlehmbeimengung zurück, die eingetragene Säuren nur sehr schwach abpuffern kann. Trotz günstiger C/N-Verhältnisse ist die Mächtigkeit des Of-Horizontes mit 5 cm groß. Der stark besonnte Standort neigt sommerlich zur Trockenheit. Aufgrund des stark versauerten Oberbodens und der standörtlich inselhaft auftretenden Basen- und Nitratzeiger wird dieser Standort als gut bis sehr gut basenversorgt klassifiziert. Mit einer zum Mittelhang hin weiter zunehmenden Lößlehmmächtigkeit wird der Basenzustand mittel (bis gering) basenhaltig schnell erreicht.

Der Standort MB2 am nordexponierten, schwach besonnten Mittelhang des Kalkschichtkammes des Kleinen Freden, setzt sich die Standortkette der beiden Kammstandorte nach Norden hin fort. Trotz Lößlehmbeimengung im Oberboden reagiert der Boden im Intensivwurzelraum nur mäßig sauer. Zwar entspricht der pH-Wert des Intensivwurzelraumes nicht den strengen Maßstäben zur Einstufung nach „sehr basenreich", doch soll diese Einstufung aufgrund der Austauscherbelegung, den günstigen C/N- und C/P-Verhältnissen sowie dem üppigen Wachstum der basiphilen Vegetation erfolgen. Der große Anteil feuchteholder Pflanzen ist mit dem luftfeuchten Schatthangklima in Zusammenhang zu bringen.

Die Standortaufnahmen MB3 und MB4 vom Kleinen Berg - Aschendorfer Berg sind mit dem Beispielprofil Nr. 2 - Eichendehne in eine Standortkette zu stellen. Die stark tonigen Böden aus turonischen Mergelkalken und Kalkmergeln besitzen Basensättigungen im intensiv durchwurzelten Raum von 50-90% bei einer KAKe von über 40 mval/100 g, so daß die austauschbaren Basenvorräte groß sind. Der Ah-Horizont von Standort MB4 besitzt offenbar eine schwache Beimischung von Lößlehm, da die Schluffgehalte gegenüber dem Unterboden signifikant erhöht sind; das pH-Niveau ist hier bis in den Austauscherpufferbereich abgesunken. Beide Standorte weisen freie Carbonate im Feinboden des Intensivwurzelraumes auf; so erscheint die Einordnung in die Stufe „sehr basenreich" trotz Oberbodenversauerung von MB4 eindeutig. Die Kaliumversorgung liegt bei hohen pflanzenverfügbaren Gehalten des Bodens und trotz der Calcium-Ionen-Dominanz in der GBL nicht im Mangelbereich. Auffällig ist

Tab. 9-7: Standortaufnahme Großer Freden Nord, Bad Iburg

Aufn. Nr.: 1   **Datum: 25.6.88**   **Rechtsw.: 3437950**   **Hochwert: 5781020**   **Nr. ökol. RE: 1a A5**

Geogr. Ortsbeschreibung: StF. Palsterkamp Abt.102/103 nordöstl. der Kuppe des Großen Freden, BAD IBURG
Aktuelle Vegetation od. Nutzung: Buchen-Eschen Wald mit Mercurialis perennis, Allium ursinum, Corydalis cava

Relief/Mesoklima:

Höhe üb. NN: 264m
Formentyp (evtl. Wölbung): Kuppe (konvex)
Neigung/Exposition: 28°N

gelände-/mesoklimatische Verhältnisse: Waldbestandsklima, stark windexponiert

Besonnungsstufe: schwach besonnt (A)

Boden/Auflagehumus:

Lage	Mächtig-keit* [cm]	pH (CaCl$_2$)	Gefüge	Durchwur-zelung	Humusform: typ. Mull
L(Of)	1,5	4,97	locker	schwach	

* Neigung zur Deflation von Laubstreu zum First hin zunehmend

Boden/Mineralboden

Horizont	Tiefe [cm]	Bodenart	Skelettgeh. [%]	Farbe	Gefüge	Puffer-bereich	nFk [mm]	Kf-Stufe	Durchw.-stufe*
Ah	0-23	Tu3	10	10YR3/3	krü	Si	50,0	4-5	w5
Cv	23+	—	>75						

* Extensive Durchwurzelung der Klüfte von scherbig verwitterndem Kalkstein

Aktueller Bodenbildungsprozeß: Entkalkung (Verbraunung)
Bodenform: Mull-Rendzina auf Cenomankalk
Intensivwurzelraum($\geq$w3) [cm]: 25
Gründigkeit [dm]: 1,5-3
Mittl. Grundwasserflurabstand [dm]: —
nFk im eff. Wurzelraum [mm]: ca. 60 (20 mm/dm)
Erosionsgrad/ Erosionsgefärdung: gering/ unter Wald gering - mäßig
Feststoffeinträge: —

Extensivwurzelraum(w1+w2) [cm]: bis ca. 40
Staunässegrad: —

Standörtl. Bodenfeuchte: H6
Basenversorgung: sehr gut

Beeinflussung von/durch Nachbarökotope(n) (NÖ) u. Hydrosphäre (Hy)
Nährstoffaustrag   **Nährstoffeintrag**
mittel - hoch (v.a. Ca, N: Hy)   gering

Art (u. Maß) d. anthropogenen Beeinflussung
- starker Eintrag saurer Deposition (Luvlage)

Art der Stabilisierung
endogen (basenreiches Gestein)

Stabilität der Basenversorgung/Elastizität
stabil / sehr hoch

Festphase (Mineralboden)

Horizont	Tiefe [cm]	Kornfraktion [%]			TRD [g/cm^3]	PV [%]	pH		CaCO$_3$ [%]	Corg [%]	C/N	Kalkbedarf [dt/ha] pH 5 pH 5,5 pH 6 pH 6,5
		S	U	T			H$_2$O	CaCl$_2$				
Ah1	0-10	3,7	53,2	43,1	1,04	59,0	5,30	4,72	0,1	7,2	18,5	wegen hohen pH-Wertes keine
Ah2 Cv	10-23	4,8	59,0	36,2	1,04	59,0	7,61	7,00	0,25	3,8	14,6	Berechnung des Kalkbedarfs!

Festphase (Mineralboden)

Hrzt.	Anteile an der effektiven Kationen-Austauschkapazität (KAKe) [%]							KAKe [mval/100g]	KAKp	KAKe/KAKp	Pflanzenverfügbare Nährelemente [ppm] [g/m^2]					
	Na	K	Ca	Mg	Al	Fe	Mn	H				K	Mg	PO$_4$	K$_2$O	CaO	MgO	P$_2$O$_5$
Ah1	0,3	1,1	85,2	3,5	0,6	<0,1	9,0	0,3	30,1	46,5	0,65	95	85	90	10,6	671	13,2	6,3
Ah2 Cv	0,3	0,3	99,2	0,2	<0,1	<0,1	<0,1	<0,1	38,0	41,1	0,92	43	58	17	6,3	1285	11,8	1,5

Fortsetzung vonTab. 9-7 nächste Seite

Fortsetzung vonTab. 9-7

Festphase (Auflagehumus)

Lage	pH		TS	Elementvorräte [g/m^2]							Elementkonzentrationen [ppm]				Cges.	C/N	C/P
	H$_2$O	CaCl$_2$	[g/m^2]	K$_2$O	CaO	MgO	Al$_2$O$_3$	FeO	MnO	P$_2$O$_5$	K	Ca	Mg	Al	PO$_4$	[%]	
L/Of	n.b.	4,97	2950	7,8	34,3	8,9	81,6	60,0	7,8	8,4	2198	8305	1821	7316	3763	23,5 14,1	191

Lösungsphase (1:2 Extrakt)

Horizont	Ca [ppm]	Al [ppm]	Ca[mol]/ Al[mol]
Ah1	1,6	3,01	0,36
Ah2	2,4	<0,10	>24,00

Tab. 9-8: Standortaufnahme Eichendehne, Bad Rothenfelde

Aufn. Nr.: 2   **Datum:** 18.2.90   **Rechtsw.:** 3441720   **Hochwert:** 5776000   **Nr. ökol. RE:** 4 C2

Geogr. Ortsbeschreibung: Eichendehne, 200m westl. Weidtmannshof, Bad Rothenfelde
Aktuelle Vegetation od. Nutzung: Buchen-Eschenhochwald mit Ranunculus ficaria, Aegopodium podagraria, Arum maculatum, Paris quadrifolia

Relief/Mesoklima:

Höhe üb. NN: 125m
Formentyp (evtl. Wölbung): Tiefenlinie
Neigung/Exposition: 5°SSE

gelände-/mesoklimatische Verhältnisse:
Waldbestandsklima (Sammelgebiet feucht-kühler Luft)

Besonnungsstufe: normal besonnt (C)

Boden/Auflagehumus:

Lage	Mächtig-keit [cm]	pH (CaCl$_2$)	Gefüge	Durchwur-zelung	Humusform: typ. Mull
L	1	5,72	locker	schwach	

Boden/Mineralboden

Horizont	Tiefe [cm]	Bodenart	Skelettgeh. [%]	Farbe	Gefüge	Puffer-bereich	nFk [mm]	Kf-Stufe	Durchw.-stufe
Ah1	0-9	Lts	—	10YR3/1	krü	Ca	17,1	3	w5
Ah2	9-23	Lts	—	10YR4/3	subp-pol	Ca	24,5	3	w4
PBv	23-32	Tu2	—	10YR5/4	pol-pri	Ca	9,9	1-2	w3
PCv1	32-56	U	6	10YR7/4	koh-pri	Ca	56,4	2	w1-2
Cv2	56-78	n.b.	20	n.b.	koh	Ca	n.b.	n.b.	w0

große Regenwurmdichte im Oberboden; stark gebuchteter Übergang vom Ah zum Bv

Aktueller Bodenbildungsprozeß: Verbraunung (Entkalkung)
Bodenform: Pelosol-Braunerde auf Kalkmergel
Intensivwurzelraum(≥w3) [cm]: 32   **Extensivwurzelraum(w1+w2) [cm]:** bis 55
Gründigkeit [dm]: 5   **Staunässegrad:** —
Mittl. Grundwasserflurabstand [dm]: —
nFk im eff. Wurzelraum [mm]: 110 (19,3 mm/dm)   **Standörtl. Bodenfeuchte:** Hi5 (Hi4-5)
Erosionsgrad/Erosionsgefährdung: nicht erodiert / sehr gering   **Basenversorgung:** sehr gut
Feststoffeinträge: —

Beeinflussung von/durch Nachbarökotope(n) (NÖ) u. Hydrosphäre (Hy)   **Art (u. Maß) d. anthropogenen Beeinflussung**
Nährstoffaustrag   **Nährstoffeintrag**   - Eintrag saurer Deposition
gering - mittel (Hy)   mittel (NÖ: Interflow)   (Immissionsschutzlage)

Art der Stabilisierung   **Stabilität der Basenversorgung/Elastizität**
endogen (basenreiches Gestein)   stabil / sehr hoch

Fortsetzung vonTab. 9-8 nächste Seite

Fortsetzung vonTab. 9-8

Festphase (Mineralboden)

Horizont	Tiefe [cm]	Kornfraktion [%]			TRD [g/cm³]	PV [%]	pH		CaCO₃ [%]	Corg [%]	C/N	Kalkbedarf [dt/ha]			
		S	U	T			H₂O	CaCl₂				pH 5	pH 5,5	pH 6	pH 6,5
Ah1	0-9	28,9	29,1	42,0	1,24	48,1	6,30	5,71	0	4,1	20,7	0,0	0,0	3,3	21,1
Ah2	9-23	28,7	28,9	42,4	1,35	48,8	7,26	6,65	0	2,2	18,1				
PBv	23-32	19,9	32,3	54,8	1,28	51,7	7,86	7,16	0,4	1,0	8,7				
PCv1	32-56	12,8	83,7	3,5	1,54	41,9	8,30	7,59	46,8						

Festphase (Mineralboden)

Hrzt.	Anteile an der effektiven Kationen-Austauschkapazität (KAKe) [%]							KAKe KAKp [mval/100g]		KAKe/ KAKp	Pflanzenverfügbare Nährelemente						
											[ppm]			[g/m²]			
	Na	K	Ca	Mg	Al	Fe	Mn	H			K	Mg	PO₄	K₂O	CaO	MgO	P₂O₅
Ah1	0,4	1,5	95,7	2,4	<0,1	<0,1	<0,1	<0,1	35,6	35,6	1,00	99	58	5	13,1	1031	10,4	0,4
Ah2	0,2	1,4	97,0	1,4	<0,1	<0,1	<0,1	<0,1	33,5	36,1	0,93	71	30	4	16,2	1722	9,3	0,6
Bv	0,3	1,7	96,3	1,7	<0,1	<0,1	<0,1	<0,1	>31,9	31,9	1,00	64	22	2	8,9	1934	4,3	0,2
Cv1	0,4	0,8	98,0	0,8	<0,1	<0,1	<0,1	<0,1	>37,0	37,0	1,00	51	13	2	21,4	6644	7,2	0,5

Festphase (Auflagehumus)

Lage	pH		TS	Elementvorräte [g/m²]						Elementkonzentrationen [ppm]						Cges. [%]	C/N	C/P
	H₂O	CaCl₂	[g/m²]	K₂O	CaO	MgO	Al₂O₃	FeO	MnO	P₂O₅	K	Ca	Mg	Al	PO₄			
L	6,12	5,72	688	1,5	21,5	1,3	18,1	5,8	0,6	1,1	1814	22314	1168	6960	2107	34,7	36,9	505

Lösungsphase (Gleichgewichtsbodenlösung)

Horizont	pH	K	Ca	Mg	Al	Mn	Fe	NH₄	NO₃	Cl	SO₄	PO₄	Ca[mol]/ Al[mol]	H₂O[g]/ Botr[g]
					[ppm]									
Ah1	7,80	3,5	102,0	2,7	2,5	0,1	6,2	3,5	1,3	10,1	13,6	<0,1	27,8	0,71
Ah2	7,34	3,7	38,1	2,3	18,6	0,3	46,9	n.b.	4,5	4,2	11,0	0,6	1,4	0,53
Bv	7,98	0,3	66,0	0,7	3,7	0,1	23,6	0,8	1,3	4,8	9,0	<0,1	11,9	0,81
Cv1	7,65	0,6	59,2	0,7	0,5	<0,1	5,0	0,6	2,4	4,4	15,8	0,2	78,1	0,59

das ungünstige C/N- und C/P-Verhältnis der Laubstreu. Da die laktatlöslichen Phosphorkonzentrationen ebenfalls gering und die Ca-Konzentrationen in der GBL hoch sind, kann Phosphormangel nicht ausgeschlossen werden.

An lokalen Hangversteilungen kann auch in unteren Hangpositionen die Bodenmächtigkeit abnehmen, wie das Beispiel MB5 vom Langen Brink zeigt, bevor zur Tiefenlinie hin durch Akkumulation kolluvialen Materials die Gründigkeit wieder zunimmt (siehe Beispiel 2). Die Rendzina auf Kalkstein ist bis in den Intensivwurzelraum hinein carbonathaltig und besitzt demgemäß eine sehr hohe Basensättigung (>85%). Die Reaktion liegt im geringmächtigen Oberboden im mäßig sauren, aber noch im unteren Intensivwurzelraum im alkalischen Milieu. Die Humusform ist ein Mull; entsprechend sind die C/N-Verhältnisse eng. Die krautige, nitratholde Vegetation weist trotz Schatthanglage wenig Frischezeiger auf. Die Pflanzenaufnahmen MP1a.1-22 geben Beispiele für die floristische Artenzusammensetzung sehr basenreicher und basenreicher Standorte auf Kalkstein- oder Mergelsteinverwitterungslehm. Die mittleren, ungewichteten Reaktionszahlen (ELLENBERG 1979; s.a. Kap. 9.2.3.1) der Strauch- und Krautschicht liegen zwischen 6,4 und 7. Damit herrschen Schwachsäurezeiger bzw. Schwachbasenzeiger, also Pflanzen, die stark saure Böden meiden, vor. Entsprechend dem für die Mineralisierung der organischen Substanz günstigen pH-Niveau zeigen die gemittelten ELLENBERGschen Stickstoffzahlen von 6 bis 6,5 ein reichliches Angebot von Mineralstickstoff an.

Die Standortaufnahmen MB6, 7, 8 liegen im Hangfußgebiet des Teutoburger Waldes bzw. auf sandig-lehmigen Auensedimenten des Ostmünsterlandes. Ihnen ist gemeinsam, daß basenreiches (kapillar aufsteigendes) Grundwasser oder Stauwasser zur zeitweiligen Bodenvernässung führt. Örtlich treten sekundäre Kalkausfällungen im oberen Go-Kapillarraum auf. Die Basensättigung an der KAKe (KAKp) ist mit 80 bis >90% sehr hoch, nur der Standort Mühlholz (Scheventorf) (MB8) weist im Ah-Horizont mit einem pH-Wert von 4,8 und einer Al-Sättigung am Austauscher von 79% eine starke Versauerung auf. Hier gehen die pH-Werte bis in den Austauscherpufferbereich zurück. Die KAKp der mineralischen Substanz ist aufgrund geringer Tongehalte viel niedriger als diejenige der Kalksteinverwitterungsböden, doch werden Nährstoffbasen über das Grundwasser überreichlich nachgeliefert. Aufgrund sehr hoher Ca/K- Verhältnisse in der GBL (MB6) ist die Kaliumversorgung suboptimal. Mull-Humus und enge C/N-Verhältnisse belegen einen schnellen Umsatz organischer Bestandsabfälle und damit eine große Stickstoffversorgung.

Am Standort MB7 (Meyer zu Klöntrup; s.a. Pflanzenaufnahme MP2.3) und MB8 (Mühlholz; s.a. Pflanzenaufnahme MP3a.2) geht der schnelle Umsatz auf die eiweißreiche Streu von Erlen und Eschen zurück; naturgemäß ist daher das C/N-Verhältnis der Ektohumusauflage des Eichen-Buchenwaldes nahe Hof Uhrberg deutlich weiter. Sowohl die Pflanzenaufnahmen der eutrophen Pseudogley- und Pseudogley-Gley-Standorte (MP2.1-9) als auch die der echten Gleye (MP3a,b.1-13) zeigen bei Deckungsgraden der Krautschicht von 40 - 95% eine Vielzahl von basiphilen Pflanzen aber - trotz zeitweiliger Vernässung - ein gutes Stickstoffangebot im Bodenkörper an. Die Stachys-Gruppe der Mull-Zeiger feuchter Standorte verzahnt sich allerdings auf den staunassen Standorten mit der Deschampsia cespitosa-Gruppe (Deschampsia cespitosa, Juncus effusus) der besseren Moder-Humusformen.

Aufgrund der hohen Basensättigung im gesamten Wurzelraum und der fortwährenden Basennachlieferung an die sich üppig entwickelnde Vegetation sind die Standorte MB5 und 6 als sehr basenreich, MB8 aufgrund stärkerer Oberbodenversauerung nur als basenreich bis sehr basenreich einzuordnen. Sofern der Einfluß basenreichen Grund- oder Stauwassers im intensiv durchwurzelten Raum geringer ist, schlägt der Nährstoffstatus zur basenreichen oder mittel basenhaltigen Stufe um.

9.1.6.2 Nährstoffstatus „basenreich"

Kleiner Freden, Nord, Bad Iburg; Holtmeyers Esch, Bad Iburg-Sentrup

Als Beispiele dienen ein nährstoffhaushaltlich exogen-endogen bzw. ein exogen stabilisierter Standort. Der Standort 3 setzt die Standortkette (Nr. 1; MB1; MB2) am Kalkschichtkamm nach Norden fort und liegt am konkaven, nordexponierten Unterhang des Kleinen Freden. Dort auftretende Böden sind zweischichtig aufgebaut. Über dem anstehenden Cenomanmergel liegt eine Solifluktionsdecke, der zu größeren Anteilen Lößlehm beigemengt ist. Diese erste Schicht ist stark entbast und z.T. depositionsbedingt versauert. Am Beispielprofil 3 werden bis in 40 cm pH(H_2O)-Werte von 5 nicht erreicht; der Ah-Horizont befindet sich bodenchemisch im At/Al-Pufferbereich. Al-Sättigungen von 60% an der KAKe werden überschritten. Dennoch bleibt die Basenversorgung im Oberboden gut, die Kalium-Versorgung ist gegenüber einem reinen Kalksteinverwitterungsboden verbessert. Gemäß dem Bewertungsschema von ROST-SIEBERT (1985) ist bei weiten Ca/Al-Verhältnissen mit Al-Toxizität im Wurzelraum nicht zu rechnen. Ab 65 cm Bodentiefe enthält der sehr tonreiche Unterboden freies $CaCO_3$. Die Humusform Mull, ein C/N-Verhältnis von 20 sowie tiefe Humosität indizieren eine gute N-Versorgung. Zahlreiche auf dauernde Bodenfrische und auf gute Basenversorgung weisende Kräuter (Stachys sylvatica, Carex remota, Athyrium filix-femina) besiedeln den Standort und machen ihn abgrenzbar gegen ärmere Nachbarstandorte (z.B. MB12). Insgesamt wird dieser hangfrische Standort als basenreich bezeichnet.

Standort Nr. 4 ist exogen-anthropogen stabilisiert. Es handelt sich um einen Braunen Plaggenesch auf Lößlehm und Geschiebelehm, der unter ackerbaulicher Nutzung steht. Dieser weist pH-Werte um 5 und eine hohe Basensättigung (70-80%) an der KAKe auf. Die KAKe beträgt infolge der kolloidarmen mineralischen Substanz zwar nur um 10 mval/100 g Feinboden, doch ist sie durch Plaggenauftrag „künstlich" erhöht. Der austauschbar bzw. „pflanzenverfügbar" gespeicherte Basenpool ist, verglichen mit sehr basenreichen Standorten, weit geringer. Auffällig sind die im Vergleich zu Waldökosystemen hohen Gehalte laktatlöslichen Kaliums. Sie stammen aus der Düngung und entsprechen den Empfehlungen der Versorgungsstufe „C" (RUHR-STICKSTOFF 1988, S. 248) für sorptionsarme Böden. Auch die laktatlöslichen Phosphatgehalte sind, verglichen mit den meisten Waldstandorten, hoch. Sie unterschreiten jedoch deutlich die Empfehlungen für landwirtschaftlich genutzte Böden (Versorgungstufe „A"-"B" a.a.O., S. 248). Der Umsatz der organischen Substanz wird durch ein physiologisch günstiges Reaktionsmilieu sowie typischerweise enge C/N-Verhältnisse stark begünstigt. Unterhalb des Wurzelraumes konnten in der GBL hohe Nitratkonzentrationen gefunden werden. Sie belegen die Auswaschungsgefährdung auf sorptionsarmen Standorten.

Tab. 9-9: Standortaufnahme Kleiner Freden Nord, Bad Iburg

Aufn. Nr.: 3	Datum: 10.6.89	Rechtsw.: 3437060	Hochwert: 5780850	Nr. ökol. RE: 15 B4

Geogr. Ortsbeschreibung:	StF. Palsterkamp Abt.104, Nordhang Kleiner Freden, BAD IBURG
Aktuelle Vegetation od. Nutzung:	Buchenhochwald mit Stachys sylvatica, Carex remota, Lysimachia nemorum, Athyrium filix-femina

Relief/Mesoklima:

Höhe üb. NN: 165m	gelände-/mesoklimatische Verhältnisse:
Formentyp (evtl. Wölbung): Unterhang (konkav)	Waldbestandsklima
Neigung/Exposition: 18°N	
	Besonnungsstufe: unterdurchschnittlich besonnt (B)

Boden/Auflagehumus:

Lage	Mächtigkeit [cm]	pH ($CaCl_2$)	Gefüge	Durchwurzelung	Humusform: typ. Mull
L	0,5	4,62	locker	mittel	

Boden/Mineralboden

Horizont	Tiefe [cm]	Bodenart	Skelettgeh. [%]	Farbe	Gefüge	Pufferbereich	nFk [mm]	Kf-Stufe	Durchw.-stufe
Ah	0-11	Tu4	3	10YR4/3	krü	At	23,7	4	w4
AhBv	11-28	Tu4	—	10YR5/4	pri-pol	At	28,9	3	w4
Bv	28-40	Tu4	—	10YR5/6	pri	At	14,4	2	w3
IIPBv	40-65	Tu2	—	10YR5/4	pri	Si	27,5	2	w1
IIPCv	65-77	Tu3	10	2,5Y7/4	koh	Ca	n,b.	1	w1
IICv1	77-116	n.b.	30	2,5Y7/4	koh	Ca	n,b.	1	w0

Fortsetzung von Tab. 9-9 nächste Seite

Fortsetzung vonTab. 9-9

Aktueller Bodenbildungsprozeß: Verbraunung
Bodenform: Braunerde auf lößhaltigem Kalksteinverwitterungslehm
Intensivwurzelraum(≥w3) [cm]: 40　　　　　　　　　　　　　　　**Extensivwurzelraum(w1+w2) [cm]:** bis 80
Gründigkeit [dm]: 6,5　　　　　　　　　　　　　　　　　　　　　　**Staunässegrad:** —
Mittl. Grundwasserflurabstand [dm]: —
nFk im eff. Wurzelraum [mm]: 94,5 (14,5 mm/dm)　　　　　　　**Standörtl. Bodenfeuchte:** H5 (Hi5)
Erosionsgrad/Erosionsgefährdung: gering/ unter Wald gering　**Basenversorgung:** gut
Feststoffeinträge: —

Beeinflussung von/durch Nachbarökotope(n) (NÖ) u. Hydrosphäre (Hy)　　**Art (u. Maß) d. anthropogenen Beeinflussung**
Nährstoffaustrag　　　　　　　**Nährstoffeintrag**　　　　　　　　　　　　　　　- Eintrag saurer Deposition
mittel (v.a. Ca, N: NÖ)　　　　　mittel (NÖ, Interflow)

Art der Stabilisierung　　　　　　　　　　　　　　　　　　　　　　　**Stabilität der Basenversorgung/Elastizität**
exogen - <u>endogen</u> (basenreiches Gestein)　　　　　　　　　　　　stabil - mäßig stabil / hoch

Festphase (Mineralboden)

Horizont	Tiefe	Kornfraktion [%]			TRD	PV	pH		CaCO$_3$	Corg	C/N	Kalkbedarf [dt/ha]		
	[cm]	S	U	T	[g/cm^3]	[%]	H$_2$O	CaCl$_2$	[%]	[%]		pH 5	pH 5,5	pH 6 pH 6,5
Ah	0-11	11,6	62,1	26,3	0,99	61,2	4,30	3,80	0	1,8	20,0	13,9	42,8	64,2 97,7
AhBv	11-28	11,0	57,9	31,1	1,41	46,9	4,58	4,00	0	0,6		33,3	83,9	105,5 129,4
Bv	28-40	7,6	57,9	34,5	1,51	43,1	4,89	4,26	0	0,3		10,9	18,1	54,4 72,5
IIPBv	40-65	3,4	40,3	56,3	1,34	49,6	6,33	5,25	<0,1	0,4				
IIPCv	65-77	n.b.	n.b.	n.b.	1,53	42,2	7,73	7,30	48,3					
IICv	77-116+	n.b.	n.b.	n.b.	n.b.	n.b.	7,61	7,19	54,1					

Festphase (Mineralboden)

Hrzt.	Anteile an der effektiven Kationen-Austauschkapazität (KAKe) [%]							KAKe	KAKp	KAKe/KAKp	Pflanzenverfügbare Nährelemente					
											[ppm]			[g/m^2]		
	Na	K	Ca	Mg	Al	Fe	Mn	H	[mval/100g]			K	Mg	PO$_4$	K$_2$O	CaO MgO P$_2$O$_5$
Ah	0,2	2,9	19,0	2,8	64,4	<0,1	4,2	6,5	12,26	18,3	0,67	90	39	2	11,5	70 7,0 0,2
AhBv	0,3	2,0	28,7	3,4	60,9	<0,1	0,7	4,0	14,79	18,5	0,80	62	57	2	17,9	285 22,7 0,4
Bv	0,4	1,8	57,1	4,7	31,5	<0,1	0,4	4,1	13,61	17,9	0,76	43	63	<2	9,4	395 19,1 <0,3
IIPBv	0,2	1,3	93,7	2,9	<1,0	<0,1	0,2	1,7	31,51	34,2	0,92	58	66	7	23,4	2774 36,6 1,8
IIPCv	0,7	1,0	94,9	3,4	<1,7	<0,1	<0,1	<0,1	>11,43	11,4	1,00	25	18	2	5,0	2814 5,0 0,2
IICv	0,1	0,3	99,1	0,5	<1,0	<0,1	<0,1	<0,1	>17,61	17,6	1,00	29	16	2		

Festphase (Auflagehumus)

Lage	pH		TS	Elementvorräte [g/m^2]						Elementkonzentrationen [ppm]					Cges.	C/N	C/P
	H$_2$O	CaCl$_2$	[g/m^2]	K$_2$O	CaO	MgO	Al$_2$O$_3$	FeO	MnO	P$_2$O$_5$	K	Ca	Mg	Al	PO$_4$	[%]	
L	5,16	4,62	426	1,0	5,4	0,7	17,4	3,9	1,2	0,9	1868	9138	937	10812	2763	31,1	32,7 345

Lösungsphase (Gleichgewichtsbodenlösung)

Horizont	pH	K	Ca	Mg	Al	Mn	Fe	NH$_4$	NO$_3$	Cl	SO$_4$	PO$_4$	Ca[mol]/	H$_2$O[g]/
					[ppm]								Al[mol]	Botr[g]
Ah	4,35	8,3	12,7	1,4	0,6	1,3	0,8	1,1	35,5	4,3	9,8	<0,1	15,5	0,75
AhBv	5,27	0,9	6,1	0,6	0,1	<0,1	0,8	0,5	2,3	3,2	9,1	<0,1	82,1	1,07
Bv	5,65	<0,2	5,0	0,4	0,1	<0,1	0,3	0,2	0,2	2,0	9,7	<0,1	67,3	0,84
IIPBv	7,59	0,5	15,8	0,8	4,5	0,1	15,8	2,1	<0,1	3,6	7,2	<0,1	2,4	1,01
IIPCv	8,07	0,2	45,8	0,7	0,2	<0,1	0,3	0,1	1,7	2,1	5,5	<0,1	171,3	0,80

Tab. 9-10: Standortaufnahme Holtmeyers Esch, Bad Iburg-Sentrup

Aufn. Nr.: 4	Datum: 19.2.90	Rechtsw.: 3438570	Hochwert: 5779290	Nr. ökol. RE: 22 C1

Geogr. Ortsbeschreibung: Holtmeyers Esch, BAD IBURG-Sentrup
Aktuelle Vegetation od. Nutzung: Acker, im Vorjahr mit Triticale

Relief/Mesoklima:

Höhe üb. NN: 105m
Formentyp (evtl. Wölbung): Ebene
Neigung/Exposition: 0-2°

gelände-/mesoklimatische Verhältnisse: Freilandklima, Normallage

Besonnungsstufe: normal besonnt (C)

Boden/Auflagehumus:

Lage	Mächtig-keit [cm]	pH (CaCl$_2$)	Gefüge	Durchwur-zelung	Humusform: —
entfällt (Ackernutzung)					

Boden/Mineralboden

Horizont	Tiefe [cm]	Bodenart	Skelettgeh. [%]	Farbe	Gefüge	Puffer-bereich	nFk [mm]	Kf-Stufe	Durchw.-stufe
EAp1	0-11	Uls	1	7,5YR4/3	krü-brö	(Si)	72,9	3	—
EAp2	11-32	Uls	1	7,5YR4/3	krü-brö	(Si)		3	—
E	32-75	Us	0,5	10YR4/4	krü-subp	(Si)	93,7	3	—
IIfAl	75-86	Us	0,5	10YR5/6	koh	(Si-At)	24,2	3	—
IIIfBtSw	86-114	Us	0,5	10YR5/6	koh-pol	(Si-At)	61,6	2-3	—

viele Regenwurmgänge bis in den IIfAl-Horizont; Untergrenze E stark gelappt (fAlh ?)

Aktueller Bodenbildungsprozeß: Verbraunung, Tonverlagerung (Pseudovergleyung)
Bodenform: Brauner Plaggenesch aus Lößlehm über Geschiebelehm
Intensivwurzelraum(≥w3) [cm]: —
Gründigkeit [dm]: >10
Mittl. Grundwasserflurabstand [dm]: —
nFk im eff. Wurzelraum [mm]: >200 (22,2 mm/dm)
Erosionsgrad/Erosionsgefährdung: gering / gering-mäßig
Feststoffeinträge: Düngung (s.u.)

Extensivwurzelraum(w1+w2) [cm]: —
Staunässegrad: gering

Standörtl. Bodenfeuchte: H5
Basenversorgung: gut

Beeinflussung von/durch Nachbarökotope(n) (NÖ) u. Hydrosphäre (Hy)
Nährstoffaustrag
hoch-mittel (v.a. Ca, N: Hy)

Nährstoffeintrag
gering

Art (u. Maß) d. anthropogenen Beeinflussung
- regelmäßige Zufuhr von Düngestoffen
- regelmäßiger Einsatz von Pestiziden
- regelmäßige Bearbeitung des Oberbodens
- Entzug von Nährelementen durch Ernte agrarischer Nutzpflanzen

Art der Stabilisierung
exogen (Düngung)

Stabilität der Basenversorgung/Elastizität
instabil - mäßig stabil / mittel - hoch

Festphase (Mineralboden)

Horizont	Tiefe [cm]	Kornfraktion [%]			TRD [g/cm^3]	PV [%]	pH		CaCO$_3$ [%]	Corg [%]	C/N	Kalkbedarf [dt/ha]		
		S	U	T			H$_2$O	CaCl$_2$				pH 5	pH 5,5	pH 6 pH 6,5
EAp	0-32	32,8	55,7	11,5	1,46	44,9	5,37	5,02	0	1,2	11,8	0,0	0,0	13,9 41,8
E	32-75	31,9	61,9	6,2	1,41	45,2	5,16	4,76	0	0,6	6,4			
IIfAl	75-86	23,0	70,4	6,6	1,46	46,5	4,93	4,76	0	0,4				
IIIfBtSw	86-114	42,0	53,8	4,2	1,64	38,1	5,08	4,85	0					

Festphase (Mineralboden)

Hrzt.	Anteile an der effektiven Kationen-Austauschkapazität (KAKe) [%]							KAKe	KAKp	KAKe/KAKp [mval/100g]	Pflanzenverfügbare Nährelemente					
											[ppm]			[g/m^2]		
	Na	K	Ca	Mg	Al	Fe	Mn	H				K	Mg	PO$_4$	K$_2$O	CaO	MgO	P$_2$O$_5$
EAp	<0,2	6,9	82,2	4,7	<3,7	<0,2	<0,7	5,2	5,43	9,0	0,60	114	26	73	64	580	19,9	25,2
E	0,8	11,2	71,0	5,0	<5,6	<0,3	0,3	11,7	3,59	7,9	0,51	111	20	14	81	434	19,8	6,3
IIfAl	0,8	10,8	72,2	5,4	<8,3	<0,4	<0,4	10,8	2,41	5,6	0,43	70	15	5	14	78	4,0	0,6
fBtSw	1,7	6,9	70,5	6,0	<8,0	<0,4	<0,4	14,9	2,47	3,2	0,76	51	15	6	28	224	11,4	1,9

Fortsetzung vonTab. 9-10 nächste Seite

Fortsetzung von Tab. 9-10

Festphase (Auflagehumus)

Lage	pH		TS	Elementvorräte [g/m^2]						Elementkonzentrationen [ppm]				Cges. C/N [%]	C/P
	H$_2$O	CaCl$_2$	[g/m^2]	K$_2$O	CaO	MgO	Al$_2$O$_3$	FeO	MnO	P$_2$O$_5$	K	Ca	Mg	Al	PO$_4$	

Auf abgeerntetem Acker war kein Auflagehumus vorhanden

Lösungsphase (Gleichgewichtsbodenlösung)

Horizont	pH	K	Ca	Mg	Al	Mn	Fe	NH$_4$	NO$_3$	Cl	SO$_4$	PO$_4$	Ca[mol]/ Al[mol]	H$_2$O[g]/ Botr[g]
						[ppm]								
EAp	7,52	21,6	32,7	1,6	3,5	0,1	2,8	0,6	11,6	3,4	31,4	0,5	6,3	0,40
E	6,31	20,8	18,1	1,6	3,2	0,1	2,3	0,7	2,4	2,4	14,1	<0,1	3,9	0,41
IIfAl	6,63	14,2	36,0	2,5	<0,1	<0,1	<0,1	0,2	88,2	7,5	8,5	<0,1	>485	0,48
IIIBtSw	6,60	9,3	76,5	4,0	<0,1	<0,1	<0,1	0,1	92,0	10,6	10,8	<0,1	>1030	0,45

Auch die auf Mikrofilm dokumentierte ökologische Standortaufnahme MB8 kann diesem Nährstoffstatus zugeordnet werden:

Der Standort MB8 wird als grundwassernaher Auenstandort am Schlochterbach durch ziehendes, basenreiches Grundwasser ebenfalls exogen stabilisiert. Das Beispielprofil ist bodentypologisch ein Naßgley auf kolluvialem Lößlehm. Es weist mäßig saure pH-Werte (~5,4) im Intensivwurzelraum auf. Die Basensättigung allerdings beträgt über 90%. Einen ungewöhnlich hohen Anteil von 10% an der Basensättigung nimmt Magnesium ein, das überwiegend grundwasserbürtig ist. Ebenfalls mit dem Grundwasser wird SO$_4$ in das Ökosystem eingetragen, wie die hohe Konzentration (409 ppm) in der GBL des Gor-Horizontes belegt. Der Bodenkörper ist durch Erlen und einen über 90% den Boden überdeckenden Unterwuchs mit feuchtezeigenden, basiphilen Kräutern, unter denen Filipendula ulmaria, Lysimachia vulgaris, Cirsium palustre und Equisetum telmateia als Arten der Filipendula ulmaria- (z.T. Carex pendula-) Gruppe vorherrschen, intensiv durchwurzelt und porenreich (siehe auch MP3a 7 und 8). Aufgrund hoher Wassersättigung ist die Belüftung und der Humusabbau bei mittleren Stickstoffzahlen von 5,5-5,6 zwar eingeschränkt, ausgesprochenen N-Mangel gibt es dagegen aber nicht. Das C/N-Verhältnis des Oberbodens wirkt jedenfalls auf den Humusabbau nicht beschränkend, denn es ist mit 16,2 recht eng. Zusammenfassend betrachtet führt die Einstufung des Nährstoffstatus über den pH-Wert zur Stufe „basenreich", jedoch unter Berücksichtigung der KAKe und der Vegetationsindikation zum Übergangsstatus „basenreich bis sehr basenreich". Umgeben von bodensauren Ökotopen der lößlehmüberkleideten Talflanken findet der Einfluß oberflächennah anstehenden basenreichen Grundwassers seinen Niederschlag in einem krassen Wechsel der floristischen Artenzusammensetzung, so daß die Ökotopabgrenzung bei der Feldkartierung recht einfach möglich ist.

9.1.6.3 Nährstoffstatus „mittel basenhaltig"

Nordöstlich Hohnsberg, Hilter a. T.W; südlich Hof Schönebeck, Bad Laer

Die Beispielstandorte 5 und 6 sind wiederum je ein Waldstandort und ein landwirtschaftlich genutzter Standort. Standort Nr. 5 liegt an einem leicht konvexen, 6° N geneigten Mittelhang, der unter forstlicher Nutzung steht. Die Bodenform ist ein Pseudogley auf Lößlehm. Sie ist im Lößgebiet nördlich der Kalksteinschichtkämme in Vergesellschaftung mit Parabraunerden weit verbreitet. Mit pH-Werten von 3,6 bis 4,9 reagiert der Bodenkörper im obersten Meter sauer bis stark sauer. Die Basensättigung an der KAKe beträgt im Intensivwurzelraum 2-15%, im Extensivwurzelraum über 30%. Der wasserstauende BtSd-Horizont ist jedoch nur in den obersten 2 dm durchwurzelt. Vergleicht man die austauschbaren/extrahierbaren Nährstoffvorräte der oberen 40 cm des Mineralbodens mit den Gesamtvorräten des Ektohumus, so wird deutlich, daß diese - vom Calcium abgesehen - ungefähr auf demselben Niveau liegen. Da der Fichtenstreumoder schwer zersetzlich ist (C/N >30, C/P 400-600), ist die Mineralisierung gehemmt, so daß der AhSw- und der AlSew-Horizont hauptsächlich die Pflanzenernährung übernehmen. In diesen Horizonten sind große Mengen an austauschbaren Al-Ionen vorhanden, wie die Basenneutralisationskurven zeigen (s. Abb. 9-6).

Entsprechend der über 95%igen Al-Sättigung an den Austauscheroberflächen steigt die BNK-Kurve des AhSw nur sehr langsam an. Erst bei einer Basenzugabe von 2,5 mval/25 g Boden (mval = mmol/z), das entspricht unter Berücksichtigung von TRD

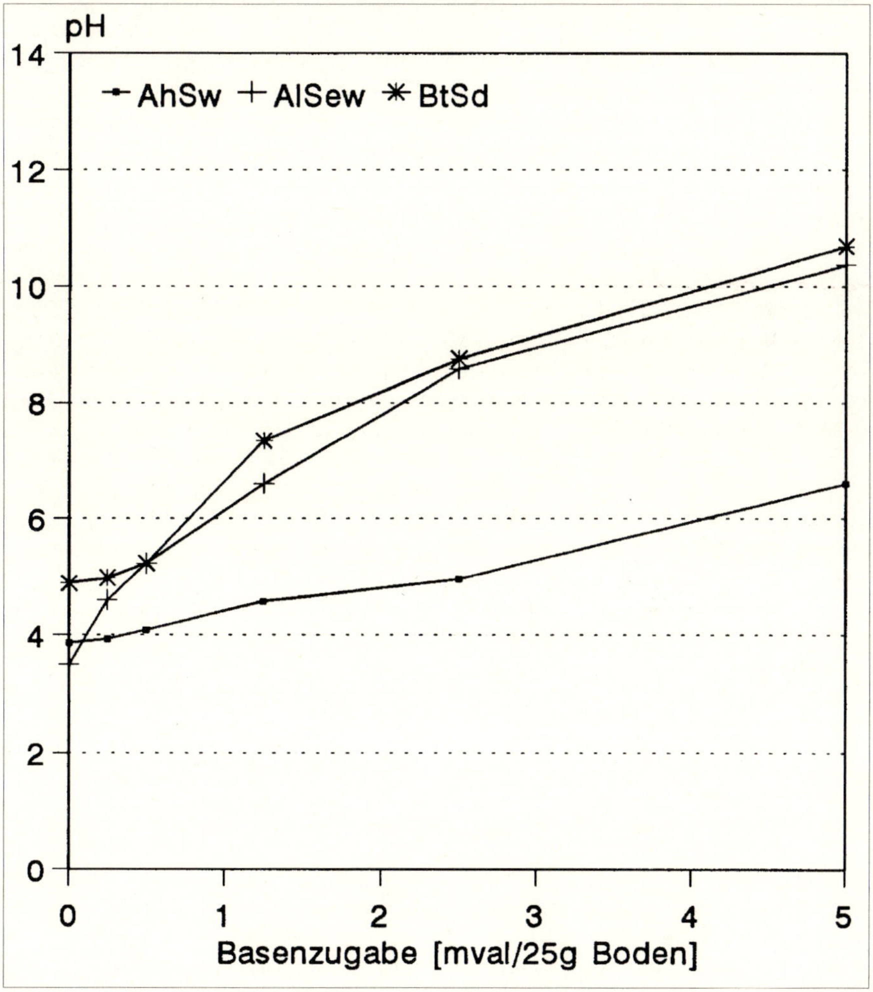

Abb. 9-6: Basenneutralisationskapazität, nördl. Hohnsberg, Abt. 86, Hankenberge

und Skelettgehalt einer Zugabe von 63 dt kohlensaurem Kalk, wird der pH-Wert 5 erreicht. Die molaren Ca/Al-Verhältnisse in der GBL sind im Oberboden kleiner als 0,2; dies bedeutet eine erhöhte Gefährdung von Feinwurzeln durch Al-Toxizität (ROST-SIEBERT 1985) besonders im humusarmen AlSew-Horizont. Im BtSw-Horizont steigt das Ca/Al-Verhältnis sprunghaft an, so daß freie Al^{3+}-Ionen nicht mehr auftreten. Die angeführten Daten zum pH-Wert und zur Basen- und Säurekationensättigung an den Austauschern entsprechen gerade noch dem Definitionsbereich für die Stufe „mittel basenhaltig". Abschläge sind für die ungünstigere Humusform, den hohen Anteil an Säurezeigern sowie die extreme Versauerung des Oberbodens zu geben.

Der Beispielstandort Nr. 6 stand bis vor kurzem unter landwirtschaftlicher Nutzung und war zum Zeitpunkt der Aufnahme eine Grünbrache. Er ist charakteristisch für die großen Plaggenesch-Gebiete zwischen Bad Laer und Hilter, auf die vorwiegend Grasplaggen aus nahen Niederungsgebieten aufgebracht wurden. Unter ackerbaulicher Nutzung werden die Plaggenesche heute intensiv gekalkt und gedüngt (siehe Kap. 8.2). Die pH-Werte ($CaCl_2$) von 5,7 im Oberboden entsprechen den Empfehlungen für schwach lehmige Sande (Empfehlung nach RUHR-STICKSTOFF 1988, S. 247: 5,5; s.a. Kap. 4.2, Tab. 4-2). Es ergeben sich hohe Basensättigungen, die allerdings für den unteren Teil des Bodenkörpers unsicherer werden, da die Elementgehalte sehr gering sind und die Nachweisgrenzen erreicht werden. Auffällig sind die im interökosystemaren Vergleich hohen laktatlöslichen Gehalte an Phosphor (Versorgungstufe C; a.a.O. S. 248) und Kali. Phosphor ist sogar in hohen Konzentrationen in der GBL - also wasserlöslich - des nicht mehr gepflügten E-Horizontes vorhanden, so daß mit Verlagerungen mit dem Sickerwasserstrom zu rechnen ist. Der Gehalt an organischer Substanz, die bei ackertypischen C/N-Verhältnissen (11) leicht zersetzlich ist, beträgt 1,6% im Ap- und 0,8% im E-Horizont und hat für die Sorptionskapazität sandiger Böden eine große Bedeutung. Die nährstoffhaushaltliche Einstufung des Plaggenesch-Standortes führt aus dem mittel basenhaltigen Standort deutlich zu mittel basenhaltig bis basenreich. Humusarme und tonarme Sande - oft ehemalige Plaggenentnahmestandorte - erreichen unter landwirtschaftlicher Nutzung den mittleren Basenstatus fast immer.

Tab. 9-11: Standortaufnahme nordöstlich Hohnsberg, Hilter a.TW

Aufn. Nr.: 5	Datum: 28.1.90	Rechtsw.: 3439170	Hochwert: 5781880	Nr. ökol. RE: 43b C2

Geogr. Ortsbeschreibung:		StF. Palsterkamp Abt.86, nordöstl. Hohnsberg, Hilter a.TW		
Aktuelle Vegetation od. Nutzung:		Fichtenforst mit Drypoteris dilatata, Dryopteris carthusiana, Blechnum spicant		

Relief/Mesoklima:

Höhe üb. NN: 176m **gelände-/mesoklimatische Verhältnisse:**
Formentyp (evtl. Wölbung): Mittelhang (leicht konvex) Waldbestandsklima
Neigung/Exposition: 6°NW

Besonnungsstufe: leicht unterduchschn. besonnt (B-C)

Boden/Auflagehumus:

Lage	Mächtig-keit [cm]	pH ($CaCl_2$)	Gefüge	Durchwur-zelung	Humusform: rohumusartiger Moder	
L	1	3,23	locker	fehlt		
Of	1,5	2,81	schichtig	sehr schwach		
Oh	5,5	2,79	schichtig	stark		

Fortsetzung vonTab. 9-11 nächste Seite

Boden/Mineralboden

Horizont	Tiefe [cm]	Bodenart	Skelettgeh. [%]	Farbe	Gefüge	Pufferbereich	nFk [mm]	Kf-Stufe	Durchw.-stufe
AhSw	0-11	Ut2	—	7,5YR4/3 (20%) 7,5YR5/3 (15%) 10YR5/3 (65%)	subp	Al	38,5	4	w4
AlSew	11-37	Ut2	—	10YR6/3 (90%) 7,5YR5/6 (10%)	pol-koh	At	65,0	3	w3
BtSd	37-97	Ut3	—	7,5YR5/6 (90%) 10YR7/2 (10%)	pla-koh	At-Si	120,0	1-2	w0-1

Aktueller Bodenbildungsprozeß: Pseudovergleyung (stark)
Bodenform: Pseudogley auf Lößlehm
Intensivwurzelraum($\geq$w3) [cm]: ca.40
Gründigkeit [dm]: ca.4
Mittl. Grundwasserflurabstand [dm]: —
nFk im eff. Wurzelraum [mm]: 105 (28,0 mm/dm)
Erosionsgrad/Erosionsgefährdung: gering / unter Wald gering
Feststoffeinträge: —

Extensivwurzelraum(w1+w2) [cm]: bis ca. 50
Staunässegrad: stark-sehr stark
Standörtl. Bodenfeuchte: lh4
Basenversorgung: mittel - gering

Beeinflussung von/durch Nachbarökotope(n) (NÖ) u. Hydrosphäre (Hy)
Nährstoffaustrag | Nährstoffeintrag
gering (NÖ) | gering (NÖ)

Art (u. Maß) d. anthropogenen Beeinflussung
- Eintrag saurer Deposition
- Erhöhung der Säuredeposition durch stark luftfilternde Baumarten
- Verschlechterung der Humusform durch ungünstige Baumartenwahl

Art der Stabilisierung
endogen - exogen (Säureeintrag)

Stabilität der Basenversorgung/Elastizität
potentiell (Düngung) mäßig stabil / gering - mittel

Festphase (Mineralboden)

Horizont	Tiefe [cm]	Kornfraktion [%] S	U	T	TRD [g/cm^3]	PV [%]	pH H$_2$O	pH CaCl$_2$	CaCO$_3$ [%]	Corg [%]	C/N	Kalkbedarf [dt/ha] pH 5	pH 5,5	pH 6	pH 6,5
AhSw	0-11	5,5	84,8	9,7	1,23	57,2	3,63	3,32	0	4,1	29,3	69,0	89,3	111,0	131,2
AlSew	11-37	5,5	84,0	10,5	1,39	47,5	4,59	4,21	0	0,3		28,9	47,0	68,7	86,7
BtSd	37-97	4,5	80,8	14,7	1,65	37,9	4,93	4,33	0			49,5	118,8	158,4	188,1

Festphase (Mineralboden)

Hrzt.	Anteile an der effektiven Kationen-Austauschkapazität (KAKe) [%]								KAKe KAKp [mval/100g]		KAKe/KAKp	Pflanzenverfügbare Nährelemente [ppm]			[g/m^2]			
	Na	K	Ca	Mg	Al	Fe	Mn	H				K	Mg	PO$_4$	K$_2$O	CaO	MgO	P$_2$O$_5$
AhSw	0,6	0,5	1,4	0,3	82,6	3,7	0,1	11,4	11,05	18,7	0,59	21	11	26	3,4	3,4	2,6	2,6
AlSew	2,4	0,9	14,9	0,3	76,1	0,6	<0,3	4,8	3,36	3,9	0,86	13	7	123	5,7	50,8	4,0	33,2
BtSd	0,5	1,4	20,7	8,8	67,1	<0,1	0,5	1,0	8,59	8,6	1,00	28	88	15	33,4	494,1	145,0	11,1

Festphase (Auflagehumus)

Lage	pH H$_2$O	pH CaCl$_2$	TS [g/m^2]	Elementvorräte [g/m^2] K$_2$O	CaO	MgO	Al$_2$O$_3$	FeO	MnO	P$_2$O$_5$	Elementkonzentrationen [ppm] K	Ca	Mg	Al	PO$_4$	Cges. [%]	C/N	C/P
L	4,36	3,23	1209	0,9	5,0	0,5	3,8	2,4	0,8	2,2	647	2972	241	828	2501	47,4	30,0	581
Of	3,87	2,81	3025	1,5	5,7	1,0	18,8	21,1	0,4	5,3	417	1350	189	1643	2359	45,2	30,1	587
Oh	3,72	2,79	12071	8,3	12,4	4,3	322,9	123,5	1,5	22,3	570	734	216	4080	2470	32,9	34,3	408

Lösungsphase (Gleichgewichtsbodenlösung)

Horizont	pH	K	Ca	Mg	Al	Mn	Fe	NH$_4$	NO$_3$	Cl	SO$_4$	PO$_4$	Ca[mol]/ Al[mol]	H$_2$O[g]/ Bo$_{tr}$[g]
					[ppm]									
AhSw	3,02	2,3	1,4	1,4	7,2	0,2	2,0	n.b.	15,8	7,5	36,5	<0,1	0,13	0,57
AlSew	3,86	0,4	2,0	2,1	8,8	0,2	0,2	1,0	6,4	14,2	26,6	<0,1	0,15	0,43
BtSd	4,42	1,6	12,0	4,1	<0,1	0,1	<0,1	0,2	5,7	2,7	28,1	<0,1	>100	0,42

Tab. 9-12: Standortaufnahme südlich Hof Schönebeck, Bad Laer

Aufn. Nr.: 6	Datum: 20.3.90	Rechtsw.: 3437880	Hochwert: 5777840	Nr. ökol. RE: 50 C1

Geogr. Ortsbeschreibung: Esch vor dem Hagendiek, südl. Hof Schönebeck, Remsede, Bad Laer
Aktuelle Vegetation od. Nutzung: Grünbrache mit Trifolium repens

Relief/Mesoklima:

Höhe üb. NN: 91m
Formentyp (evtl. Wölbung): Ebene
Neigung/Exposition: 0-2°

gelände-/mesoklimatische Verhältnisse:
Freilandklima, Normallage

Besonnungsstufe: normal besonnt (C)

Boden/Auflagehumus:

Lage	Mächtig-keit [cm]	pH (CaCl$_2$)	Gefüge	Durchwurzelung	Humusform: —

kein Auflagehumus (Acker)

Boden/Mineralboden

Horizont	Tiefe [cm]	Bodenart	Skelettgeh. [%]	Farbe	Gefüge	Puffer-bereich	nFk [mm]	Kf-Stufe	Durchw.-stufe
EAp	0-33	Sl2	—	10YR3/3	krü	(Si)	56,1	3-4	w4-5
E	33-59	Sl2	—	7,5YR4/3	subp	(Si)	42,9	3	w2
EBv	59-74	Su2	—	5YR4/6	einz	(Si)	27,0	3	w1
IIBv	74-115	mS	—	7,5YR6/6	einz	(Si)	27,9	5-6	w1
IICn	115-132	mS	—	10YR7/4	einz	(Si)	15,3	5-6	w0

Holzkohlenstückchen im EAp und E; IICn mit schmalen Eisenbändchen

Aktueller Bodenbildungsprozeß: Verbraunung (Humusbildung)
Bodenform: Plaggenesch aus lehmig-sandigen Plaggen
Intensivwurzelraum(≥w3) [cm]: 35   **Extensivwurzelraum(w1+w2) [cm]:** bis ca. 100
Gründigkeit [dm]: >10   **Staunässegrad:** —
Mittl. Grundwasserflurabstand [dm]: —
nFk im eff. Wurzelraum [mm]: 126 (17,0 mm/dm)   **Standörtl. Bodenfeuchte:** H6 (H5-6)
Erosionsgrad/Erosionsgefährdung: gering/ Deflation v.a. bei Saatbettbereitung   **Basenversorgung:** gut
Feststoffeinträge: (Düngung)

Beeinflussung von/durch Nachbarökotope(n) (NÖ) u. Hydrosphäre (Hy)   **Art (u. Maß) d. anthropogenen Beeinflussung**
Nährstoffaustrag   Nährstoffeintrag   - Zufuhr von Düngestoffen (heute: Grünbrache)
hoch-mittel (v.a. Ca, N: Hy)   gering

Art der Stabilisierung   **Stabilität der Basenversorgung/Elastizität**
exogen (Düngung)   instabil / hoch - sehr hoch

Festphase (Mineralboden)

Horizont	Tiefe [cm]	Kornfraktion [%]			TRD [g/cm³]	PV [%]	pH		CaCO$_3$ [%]	Corg [%]	C/N	Kalkbedarf [dt/ha] pH 5 pH 5,5 pH 6 pH 6,5
		S	U	T			H$_2$O	CaCl$_2$				
EAp	0-33	78,9	15,1	6,0	1,66	37,0	6,42	5,72	0	0,8	11,4	wegen hohen pH-Wertes keine
E	33-59	79,4	14,1	6,5	1,60	39,6	6,47	5,67	0	0,4	10,0	Berechnung des Kalkbedarfs !
EBv	59-74	84,9	11,6	3,5	1,57	40,9	6,45	5,66	0	0,2		
IIfBv	74-115	94,1	3,9	2,0	1,61	39,2	6,34	5,64	0			
IIfICn	-132+	97,5	1,7	0,8	1,63	38,4	6,25	5,77	0			

Festphase (Mineralboden)

Hrzt.	Anteile an der effektiven Kationen-Austauschkapazität (KAKe) [%]							KAKe [mval/100g]	KAKp	KAKe/ KAKp	Pflanzenverfügbare Nährelemente					
	Na	K	Ca	Mg	Al	Fe	Mn	H		K	[ppm] Mg	PO$_4$	K$_2$O	[g/m²] CaO	MgO	P$_2$O$_5$
EAp	0,6	5,1	81,1	6,8	<4,0	<0,2	0,4	6,0	5,29	7,5	0,71	85	42	260	56	659	38,2	106
E	0,2	7,1	69,4	9,5	<4,8	<0,2	<0,2	13,4	4,20	6,1	0,69	96	50	166	48	339	34,4	52
EBv	<0,5	4,6	59,3	7,3	<9,1	<0,5	<0,5	28,5	2,19	4,0	0,54	43	25	88	12	86	9,9	16
IIfBv	1,7	3,9	43,3	6,7	<11,0	<1,1	<1,1	44,4	1,78	2,1	0,86	33	18	17	26	143	19,2	8
fICn	<1,1	4,6	35,6	5,7	<23,0	<1,1	<1,1	54,1	0,87	0,9	1,00	23	9	18	8	24	4,3	4

Fortsetzung vonTab. 9-12 nächste Seite

Fortsetzung vonTab. 9-12

Festphase (Auflagehumus)

Lage	pH		TS	Elementvorräte [g/m²]						Elementkonzentrationen [ppm]					Cges.	C/N	C/P
	H₂O	CaCl₂	[g/m²]	K₂O	CaO	MgO	Al₂O₃	FeO	MnO	P₂O₅	K	Ca	Mg	Al	PO₄	[%]	
				Auf Grünbrache (1. Jahr) kein Auflagehumus vorhanden													

Lösungsphase (Gleichgewichtsbodenlösung)

Horizont	pH	K	Ca	Mg	Al	Mn	Fe	NH₄	NO₃	Cl	SO₄	PO₄	Ca[mol]/	H₂O[g]/
						[ppm]							Al[mol]	Botr[g]
EAp	7,10	12,8	27,2	3,7	1,1	0,11	3,6	4,4	47,2	2,7	7,2	11,5	16,64	0,26
E	6,30	17,3	11,2	4,6	1,3	0,41	15,4	n,b	30,3	5,2	5,6	26,7	5,80	0,29
EBv	5,82	11,3	12,4	3,9	2,7	0,74	23,2	n,b	7,3	0,6	3,2	8,2	3,05	0,25
IIfBv	5,93	7,8	5,8	1,7	3,0	1,00	14,8	7,4	3,3	8,3	2,9	0,8	1,28	0,23
IIfCn	6,63	5,3	3,2	0,8	7,7	0,62	4,9	n,b	0,8	0,2	1,3	0,3	0,28	0,31

Folgende auf Mikrofilm dokumentierten ökologischen Standortaufnahmen können diesem Nährstoffstatus zugeordnet werden:

Die Standorte MB10 und MB11 werden nährstoffhaushaltlich vorwiegend exogen durch zuströmendes Grundwasser gesteuert. Ausgangssubstrat der Bodenbildung ist im ersten Fall Schwemmlöß, im zweiten Fall Sand. MB10 kommt in Verzahnung mit MB6 vor. Differenzierend wirkt die kapillare Aufstiegshöhe des Grundwassers bzw. die Intensität der Stauwasserdynamik. Im Gegensatz zu MB6 steigt das basenreiche Grundwasser nur bis auf ca. 25-30 cm unter Flur an. Im Oberboden ist Perkolation mit Wasseraufstau der herrschende bodendynamische Prozeß. Nährstoffe werden ausgewaschen; der Oberboden versauert. Der größte Teil des Intensivwurzelraumes weist sehr stark saure pH (CaCl₂)-Werte auf (3,2-3,4); zum Swd-Horizont jedoch erfolgt ein sprunghafter Anstieg der Basensättigung bis hin zu 100%. Sogar freies Calciumcarbonat tritt auf. Die C/N-Verhältnisse des Oberbodens zeigen eine mäßige Zersetzbarkeit der organischen Substanz an. Moder-Humus bildete sich aus. Der hier stockende Buchen-Eichenwald weist eine spärlich deckende (<2%) Krautschicht mit vorwiegend säurezeigenden Pflanzen auf, doch sind die mittleren Zeigerwerte wegen der geringen Zahl von Indikatorpflanzen höchst unsicher. Gleichwohl läßt dieser Standort erkennen, daß trotz basenreichen Unterbodens - zumindest unter Stauwassereinfluß - die basenpumpenden Eigenschaften der gut wüchsigen Bäume nicht ausreichen, um im Oberboden eine gute Nährstoffversorgung zu bewirken. Daher erfolgt die Einstufung von MB10 in den Nährstoffstatus mittel basenhaltig. Im Gegensatz zu MB10 führt im Oberboden von MB11 ungehinderte Perkolation zur starken Podsolierung des Oberbodens. Auch hier liegen im oberen Intensivwurzelraum die Basensättigungen der sorptionsschwachen Sande bei 10-30%. Basenreiches Grundwasser führt dann im verwaschenfarbigen GoBhs-Horizont zu einem nur noch schwach sauren Milieu. Die Basensättigungen erreichen nahezu 100%. Einen ehemalig höheren Grundwasserstand zeigt ein 6 cm breiter Niedermoortorfhorizont, der zwischen dem Aeh- und dem Ahe-Horizont liegt. Heute wird der Waldstandort randlich durch einen tiefen Graben entwässert, so daß die Grundwasserhochstände und der mittlere Grundwasserflurabstand derzeit tiefer liegen als vor der Drainung. Aufgrund der sehr ungünstigen Humusform (Rohhumus) und der stark säurezeigenden Vegetation wird trotz des basenreichen Grundwassers der Standort als mittel basenhaltig bis gering basenhaltig eingestuft. Die Trennung des Nährstoffstatus „mittel basenhaltig" von „gering basenhaltig" durch Bioindikation allein ist recht schwierig, besonders wenn der Intensivwurzelraum stark entbast ist. Das Auftreten von Arten der Anemone nemorosa-

Gruppe wie Milium effusum, Carex pilosa, Hedera helix, Anemone nemorosa oder auf frischeren Standorten Athyrium filix-femina gibt Hinweise auf eine tendenziell bessere Nährstoffversorgung als in der Stufe gering basenhaltig. Starke Säurezeiger wie Deschampsia flexuosa fehlen besonders auf reinen Lößlehm- oder Geschiebelehmstandorten, während beispielsweise auf Geschiebedecksandstandorten diese sehr wohl auftreten können (siehe Pflanzenaufnahme MP4b.18 und 20-23 und dazu im Gegensatz 19). Schwierigkeiten der Einstufung des Nährstoffstatus über Bioindikation treten im Status „mittel bzw. gering basenhaltig" dann auf, wenn der reale Vegetationstyp ein stark beschattender Nadelforst ist, der über seine schwer zersetzbare Streu die Humusform zum Ungünstigeren hin verschiebt.

9.1.6.4 Nährstoffstatus „gering basenhaltig"

Niedermeyers Loh, Bad Iburg-Glane; Im Bruch, Bad Iburg-Visbeck

Beispiele 7 und 8 sind Standorte des Nährstoffstatus „gering basenhaltig". Standort Nr. 7 ist repräsentativ für tiefgründige Lößlehmstandorte, die, sofern sie unter landwirtschaftlicher Nutzung stehen, als basenreich zu klassifizieren sind. Unter forstlicher Nutzung allerdings weisen diese Standorte stark versauerte Böden auf; der Beispielstandort hat im gesamten Profil pH(H_2O)-Werte von 3,7-4,7. Entsprechend niedrig sind die Basensättigungen an der KAKe. Sie erreichen im Unterboden, der allerdings kaum noch durchwurzelt ist, 10-15%. 80-90% der Austauschplätze sind durch Al^{3+} belegt, so daß die molaren Ca/Al-Verhältnisse sehr eng sind. Im Auflagehumus ist, verglichen mit den Gehalten austauschbarer/extrahierbarer Nährelemente des Mineralbodens, ein großer Nährelementpool angelegt. Die C/N- und C/P-Verhältnisse des Auflagehumus liegen allerdings mit 27-40 bzw. 240->1000 in einem für die Mineralisierung sehr ungünstigen Bereich, so daß sich, zum Teil durch die Baumart Lärche bedingt, ein mächtiger rohhumusartiger Moder ausbildete. Auch die krautige Vegetation, die starke Säurezeiger aufweist, belegt die standörtlich geringe Basen- und Mineralstoffverfügbarkeit. Die Pflanzenaufnahmen MP4c 6, 7 u. 8 können als Beispiele dienen. Verstärkt tritt Oxalis acetosella als Vertreter schlechter Moder-Humusformen auf. Die Berechnung mittlerer Zeigerwerte zur Standortindikation wird zunehmend problematisch, da die Zahl indizierender Arten pro Aufnahmefläche abnimmt und viele naturnahe Waldbestände in Forste mit standortfremden Gehölzen umgewandelt wurden, so daß die zwischenartlichen, natürlichen Konkurrenzbeziehungen innerhalb der Krautschicht gestört sind. Deshalb besitzen die Zeigerwerte nur noch beschränkte Gültigkeit. Die mittleren Reaktionszahlen o.g. Pflanzenaufnahmen von unter 4,0 erscheinen auch bei nur wenigen Starksäurezeigern als abgesichert. Die Basenneutralisationskurve (Abb. 9-7) zeigt, daß wegen der nur geringen Sorptionskapazität des kolloidarmen Unterbodens die austauschbar gebundenen Säuremengen schon mit 1 mval Basenäquivalenten/25 g Feinboden bis auf Boden-pH-Werte von ca. 6 abgepuffert werden können.

Beispiel 8 kennzeichnet einen grundwasserbeeinflußten Standort, bei dem Luftmangel bis in den Oberboden hinein zur Mineralisierungshemmung und damit zur Bildung eines mächtigen Torfkörpers führt. Er bildet das Endglied der hydromorphen Bodenentwicklungsreihe auf sandigem Substrat und hat zum trockneren hin Anschluß an MB11. Bei pH(H_2O)-Werten der GBL von 3,2-4,0 ist das Reaktionsmilieu sehr stark bis extrem sauer. Aufgrund der Oxidation von Sulfiden liegen die pH-Werte der

Abb. 9-7: Basenneutralisationskapazität, Privatwald südwestl. Niedermeyers Loh, Glane

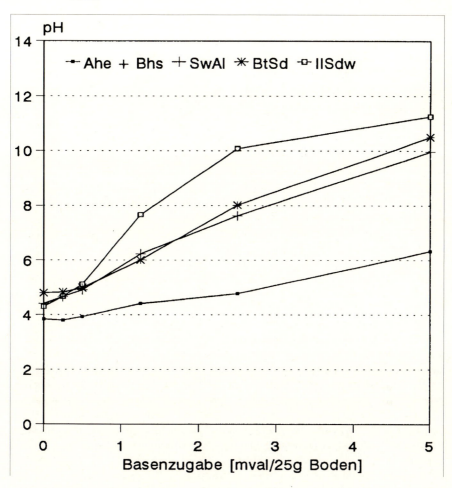

getrockneten Bodenproben noch niedriger. Trotz Basensättigungen von ca. 35% an der sehr hohen KAKp von 66 mval/100 g im nH1 sind aufgrund des geringen Substanzvolumens des Torfkörpers vergleichsweise geringe Basenmengen gespeichert. Das stark eisenhaltige Grundwasser führt zu hohen Fe-Anteilen am Austauscherkomplex bzw. hohen Fe-Elementkonzentrationen in der Bodenfestphase. Mit C/N-Verhältnissen im Torfkörper von ca. 20 wäre bei genügender Durchlüftung die mikrobiologische Humuszersetzung kaum behindert. Immerhin beträgt die NO_3-Konzentration im nH1-Horizont der GBL 41 ppm, so daß die Nitratstickstoffversorgung für Pflanzen gesichert erscheint. Trotz niedriger pH-Werte in der GBL besteht bei geringen Gehalten ionaren Aluminiums (organische Komplexierung) keine Gefährdung der Feinwurzeln durch Al-Toxizität. Die Einstufung in den Nährstoffstatus „gering basenreich" erfolgt trotz extrem niedriger pH-Werte aufgrund einer insgesamt genügenden Versorgung mit Nährstoffbasen. Da im Untersuchungsraum die pH-Werte stark grundnasser Standorte meist höher liegen, erfolgt jedoch die Einstufung solcher Standorttypen in der Regel nach „mittel basenhaltig".

Schwache Grundwasserabsenkungen führen am Beispielstandort 8 zu Veränderungen, denen sich die Vegetation nun anpaßt. Da ein floristisch stabiler Zustand noch nicht erreicht ist, wird hier auf eine Bioindikation verzichtet. Die stärkere Nitrifizierung der organischen Substanz allerdings wird durch ein massenhaftes Auftreten von Himbeeren deutlich erkennbar. Auf die Erstellung einer BNK-Kurve wurde verzichtet, da der Säure-/Basen-Status des Standortes ausschließlich durch Grundwasser stabilisiert wird.

Folgende auf Mikrofilm dokumentierten ökologischen Standortaufnahmen können diesem Nährstoffstatus zugeordnet werden:

MB12, 13, 14 und 15 sind Forststandorte auf Lößlehm, der von drenthestadialem Geschiebelehm unterlagert ist. Wie der Lößlehmstandort Nr. 7 sind die Böden tiefgründig entbast und versauert. Parabraunerden und Pseudogley-Parabraunerden sind die herrschenden Bodentypen. Einlagerungsverdichtung bis zur TRD von 1,8 g/cm³ oder ein hoher Mittelporenanteil im Unterboden führen zur schwachen Staunässe bzw. zur Haftnässe. Die pH-Werte der Böden vom MB12, 13 und 15 liegen im Aluminium- bis Austauscherpufferbereich. Dem entspricht, daß nur etwa 30-50% der potentiellen Austauscherplätze von Sorptionsträgern durch austauschbare Kationen belegt sind (KAKe/KAKp [%]), von diesen sind bis in 1 m Tiefe über 80% säurebildende Kationen (Al + Fe + H). Sehr enge molare Ca^{2+}/Al^{3+}-Verhältnisse von 0,3 bis 0,5 in der GBL sind deutlicher Ausdruck einer potentiell phytotoxischen Wirkung ionaren Aluminiums. Der im Untergrund anstehende Geschiebelehm wirkt aufgrund dichter Lagerung als (zweiter) Staukörper. Er ist zwar tiefgründig entkalkt, doch weist der Austauscherkomplex eine höhere Basensättigung auf. Ökophysiologische Relevanz kommt diesem Nährstoffpool jedoch erst dann zu, wenn Pflanzenwurzeln in diese Tiefe hineinzuwachsen vermögen und dann gleichsam als „Pumpe" die Nährstoffe dem Unterboden entziehen, in Biomasse einbauen und über den Bestandsabfall der Bodenoberfläche wieder zuführen. Am Standort MB12, der nordwärtigen Fortsetzung von der Standortkette (Nr. 1, MB1, MB2, Nr. 3) vom Cenomankamm in die lößbedeckte Cenomanmergel/Flammenmergel-Ausraumzone, steht Geschiebelehm bereits in 70 cm Tiefe an. Obwohl karbonatfrei, steigt die Basensättigung sprunghaft auf über 95% an. Schon der untere Teil des BtSd-Horizontes, der noch im Lößlehm entwickelt ist, besitzt eine Basensättigung, von ca. 45%. Um die Pumpwirkung der Vegetation zur Standortverbesserung auszunutzen, wäre die Pflanzung von tiefer wurzelnden Eichen dem Standort eher angemessen, als die Pflanzung von flachgründig wurzelnden Fichten. Der Oberboden ist ebenso stark versauert wie an den Standorten MB13-15, doch ist hier ein Übergang zum Nährstoffstatus „mittel basenhaltig" gegeben (s.a. Nr. 5). Verbreitet treten an allen Standorten ungünstige Moder- örtlich sogar Rohhumusauflagen auf, die durch C/N-Verhältnisse über 25 gekennzeichnet sind; die mikrobielle Zersetzung ist bereits sehr gehemmt. Die Krautschicht der Forststandorte ist lückig, ja insgesamt nur spärlich ausgebildet.

Zusammenfassend betrachtet regelt die Tiefe der Geschiebelehmoberfläche unter Flur die Nährstoffversorgung im Lößlehmgebiet und damit die Zuordnung in den Nährstoffstatus. Bei einem Tongehalt zwischen 10-20% und einer KAKp des humusfreien Lößlehms von 5 bis 10 mval/100 g Boden (KAKe: 3-6 mval/100 g) kann der Lößlehm wegen geringer Silikatverwitterungsraten zu einer autonomen Entsauerung wenig beitragen. Deutlich wird dies an dem Standort MB16, einem bis 140 cm Tiefe reinem Lößlehmstandort, der ebenso wie Beispiel Nr. 7 sehr geringe Basenvorräte im Mineralboden besitzt und über die gesamte Profiltiefe im Al-Pufferbereich liegt. Hier wird darüber hinaus erkennbar, daß eine noch kein halbes Jahr zurückliegende Kalkung den pH-Wert der L-Auflage rasch anheben kann und die dortigen Vorräte an Ca und Mg auf ein Vielfaches der austauschbaren Vorräte des Mineralbodens erhöht. Die pH-Werte und die Ca/Al-Verhältnisse im Mineralboden sind bislang nicht beeinflußt worden. Allein von den Elementgehalten des Mineralbodens, dem pH-Wert und der Qualität des Auflagehumus nach wäre dieser Standort in den Übergangsbereich zu „sehr gering basenhaltig" einzustufen. Dies erscheint nach der Kompensationskalkung nicht mehr gerechtfertigt.

Tab. 9-13: Standortaufnahme Niedermeyers Loh, Bad Iburg-Glane

Aufn. Nr.: 7   Datum: 2.12.89   Rechtsw.: 3436210   Hochwert: 5780220   Nr. ökol. RE: 62a C2
Geogr. Ortsbeschreibung: südwestl. Niedermeyers Loh, Glane, BAD IBURG
Aktuelle Vegetation od. Nutzung: Lärchenhochwald mit Rubus fruticosus, Rubus idaeus (Str.), Pteridium aquilinum, Dryopteris dilatata, Blechnum spicant

Relief/Mesoklima:
Höhe üb. NN: 112m
Formentyp (evtl. Wölbung): unterer Mittelhang
Neigung/Exposition: 2-3°SW

gelände-/mesoklimatische Verhältnisse: Waldbestandsklima

Besonnungsstufe: normal besonnt (C)

Boden/Auflagehumus:

Lage	Mächtigkeit [cm]	pH (CaCl$_2$)	Gefüge	Durchwurzelung	Humusform: rohhumusartiger Moder
L	2	3,61	locker	schwach	
Of	4	2,83	locker-schichtig	schwach	
Oh	3	2,73	dicht	mittel-stark	

Boden/Mineralboden:

Horizont	Tiefe [cm]	Bodenart	Skelettgeh. [%]	Farbe	Gefüge	Pufferbereich	nFk [mm]	Kf-Stufe	Durchw.-stufe
Ahe	0-2	Us	—	5YR3/2	krü	Al	14,0	4	w4
Bhs	2-4	Us	—	—	krü	Al		4	w4
SwAl	4-33	Ut2	—	10YR6/6	subp	At	72,5	3	w3
BtSd	33-65	Ut3	—	10YR5/6	subp-pol	At	64,0	2	w1
IISdw	65-83	Ut2	—	10YR6/4	subp	At	45,0	2-3	w1
IIISd	83-98	Sl4	4	10YR5/6	subp-pol	Al-At	20,2	2	w0-1
IV Bv	98-111	Us	—	10YR6/6	einz-subp	At	28,6	3	w0-1
V Bv	111-131	fSms	—	10YR6/6	einz	(Si)	18,0	4	w0

Aktueller Bodenbildungsprozeß: Podsoligkeit, Pseudovergleyung
Bodenform: Pseudogley-Parabraunerde auf Lößlehm über Geschiebelehm
Intensivwurzelraum(≥w3) [cm]: 33   Extensivwurzelraum(w1+w2) [cm]: bis 90
Gründigkeit [dm]: 9   Staunässegrad: gering - mittel
Mittl. Grundwasserflurabstand [dm]: —
nFk im eff. Wurzelraum [mm]: 196 (24 mm/dm)   Standörtl. Bodenfeuchte: Hi5
Erosionsgrad/Erosionsgefährdung: —/ unter Wald gering   Basenversorgung: gering (gering - sehr gering)
Feststoffeinträge: —

Beinflussung von/durch Nachbarökotope(n) (NÖ) u. Hydrosphäre (Hy)		Art (u. Maß) d. anthropogenen Beeinflussung
Nährstoffaustrag	Nährstoffeintrag	- Eintrag saurer Deposition
gering - sehr gering (NÖ)	gering: üb. Interflow	- Verschlechterung der Humusform durch ungünstige Baumartenwahl

Art der Stabilisierung   Stabilität der Basenversorgung/Elastizität
endogen - <u>exogen</u> (Säureeintrag)   potentiell (Düngung) mäßig stabil / gering

Fortsetzung von Tab. 9-13 nächste Seite

Fortsetzung von Tab. 9-13

Festphase (Mineralboden)

Horizont	Tiefe [cm]	Kornfraktion [%] S	U	T	TRD [g/cm³]	PV [%]	pH H₂O	pH CaCl₂	CaCO₃ [%]	Corg [%]	C/N	Kalkbedarf [dt/ha] pH 5	pH 5,5	pH 6	pH 6,5
Ahe+	0-4	15,7	78,3	6,0	1,04	58,4	3,76	3,25	0	4,3	26,9	23,7	30,8	37,4	43,7
SwAl	4-33	11,6	76,5	11,9	1,40	47,2	4,43	4,19	0	0,5		44,7	70,6	91,8	121,8
BtSd	33-65	4,1	78,9	17,0	1,63	38,5	4,37	4,04	0			45,6	82,2	114,1	141,5
IISdw	65-83	17,8	73,9	8,3	1,64	38,1	4,38	4,12	0						
IIISd	83-98	61,9	21,5	16,6	1,80	32,1	4,24	3,87	0						
IVBv	98-111	36,1	56,0	7,9	1,66	37,5	4,69	4,10	0						
VBv	111-131	95,8	2,5	1,7	1,56	41,1	5,22	4,35	0						

Festphase (Mineralboden)

Hrzt.	Anteile an der effektiven Kationen-Austauschkapazität (KAKe) [%] Na	K	Ca	Mg	Al	Fe	Mn	H	KAKe [mval/100g]	KAKp	KAKe/KAKp	Pflanzenverfügbare Nährelemente [ppm] K	Mg	PO₄	[g/m²] K₂O	CaO	MgO	P₂O₅
Ahe+	1,9	1,1	3,6	1,0	86,3	6,0	0,1	<0,1	6,23	20,7	0,30	25	11	147	1,3	2,6	0,7	4,6
SwAl	0,3	1,5	0,8	<0,1	96,5	0,2	0,7	<0,1	5,31	7,5	0,71	15	5	85	7,3	4,6	3,6	25,8
BtSd	4,1	4,2	3,2	1,8	85,9	<0,1	0,8	<0,1	4,40	8,1	0,54	35	5	37	22,0	20,5	4,3	14,4
IISdw	3,3	4,6	4,2	1,3	83,7	0,1	0,8	2,1	2,39	5,0	0,48	25	5	72	8,9	8,3	2,5	15,9
IIISd	1,0	3,2	3,0	1,2	82,0	<0,2	0,7	8,9	4,05	6,0	0,67	47	9	22	14,7	8,7	3,7	4,3
IVBv	1,0	4,8	25,0	10,6	49,3	<0,3	1,4	7,9	2,92	4,0	0,73	35	38	11	9,1	44,2	13,6	1,8
VBv	<0,6	2,4	18,8	6,5	71,7	<0,6	0,6	<0,1	1,70	1,9	0,89	17	16	16	6,4	28,0	8,2	3,7

Festphase (Auflagehumus)

Lage	pH H₂O	pH CaCl₂	TS [g/m²]	Elementvorräte [g/m²] K₂O	CaO	MgO	Al₂O₃	FeO	MnO	P₂O₅	Elementkonzentrationen [ppm] K	Ca	Mg	Al	PO₄	Cges. [%]	C/N	C/P
L	4,53	3,61	1197	1,0	5,2	0,7	5,3	1,6	0,6	1,3	706	3108	363	1158	1460	48,0	46,2	1008
Of	3,70	2,83	5462	3,0	15,7	2,4	51,9	24,1	0,9	8,0	455	2050	268	2468	1960	40,0	28,0	625
Oh	3,37	2,73	10750	9,2	4,4	3,9	130,5	82,4	1,2	13,7	708	290	219	3212	1703	13,3	26,7	240

Lösungsphase (Gleichgewichtsbodenlösung)

Horizont	pH	K	Ca	Mg	Al	Mn	Fe	NH₃	NO₃	Cl	SO₄	PO₄ [ppm]	Ca[mol]/ Al[mol]	H₂O[g]/ Botr[g]
Ahe+Bhs	3,39	4,0	3,5	1,1	2,8	0,2	3,7	8,5	8,8	14,0	26,9	<0,1	0,85	0,83
SwAl	4,00	0,6	2,5	0,8	3,6	0,5	0,1	0,4	<0,1	15,2	27,9	<0,1	0,46	0,47
BtSd	3,74	3,1	1,6	0,5	3,8	0,4	<0,1	0,1	5,6	4,3	18,9	<0,1	0,29	0,47
IISwd	3,78	4,1	3,6	0,8	4,6	0,6	<0,1	0,2	22,1	3,5	19,9	<0,1	0,53	0,39
IIISd	3,96	2,1	5,9	1,3	3,1	0,5	0,1	0,2	10,8	4,8	40,3	<0,1	1,30	0,36
IV Bv	3,91	3,0	8,4	2,5	0,9	0,4	<0,1	0,3	16,6	3,7	19,9	<0,1	6,28	0,34
V Bv	4,39	2,2	6,5	1,6	0,5	0,2	0,1	0,2	8,5	1,9	26,2	<0,1	8,10	0,31

Tab. 9-14: Standortaufnahme Im Bruch, Bad Iburg-Visbeck

Aufn. Nr.: 8   **Datum: 21.4.90**   **Rechtsw.: 3435810**   **Hochwert: 5778250**   **Nr. ökol. RE: 46 C1**

Geogr. Ortsbeschreibung: Im Bruch, 250m südöstl. Hof Havermann, Visbeck, BAD IBURG
Aktuelle Vegetation od. Nutzung: Birkenbruch mit Alnus glutinosa und Sorbus aucuparia
Übergang zu Elementen des Erlenbruchs

Relief/Mesoklima:

Höhe üb. NN: 89m
Formentyp (evtl. Wölbung): Ebene
Neigung/Exposition: 1°/-

gelände-/mesoklimatische Verhältnisse:
Waldbestandsklima (Normallage)

Besonnungsstufe: mittel besonnt (C)

Fortsetzung von Tab. 9-14 nächste Seite

Fortsetzung von Tab. 9-14

Boden/Auflagehumus:

Lage	Mächtigkeit [cm]	pH (CaCl$_2$)	Gefüge	Durchwurzelung	Humusform: Feuchtmoder, Torf
Of	2	3,40	locker	sehr schwach	
Oh ohne scharfe Grenze zum nH, daher nicht ausdifferenziert					

Boden/Mineralboden

Horizont	Tiefe [cm]	Bodenart	Skelettgeh. [%]	Farbe	Gefüge	*Pufferbereich	**nFk [mm]	Kf-Stufe	Durchw.-stufe
nH1	0-28	—	—	5YR2,5/1	koh	—	154,0	2-3	w5
nH2	28-49	—	—	10R2,5/1	koh	—		2-3	w3
Grh	49-65	mSfs	—	5YR3/1	einz	—	} 136,9	5-6	w3
Gr	65-90	mSfs	—	10YR4/1	einz	—	22,5	5-6	w1

* Pufferbereich in Torfen und im Grundwasserbereich nicht sinnvoll bestimmbar
** wg. ständiger Wassernachlieferung aus dem Grundwasser ist die Wasserversorgung von der nFk der Bodenmatrix unabhängig

Aktueller Bodenbildungsprozeß: Torfbildung, Vergleyung
Bodenform: Niedermoor auf Sand
Intensivwurzelraum(≥w3) [cm]: 30   **Extensivwurzelraum(w1+w2) [cm]:** bis 55
Gründigkeit [dm]: 3-6   **Staunässegrad:** —
Mittl. Grundwasserflurabstand [dm]: ca. 4
nFk im eff. Wurzelraum [mm]: (>280) (>60 mm/dm)   **Standörtl. Bodenfeuchte:** G2
Erosionsgrad/Erosionsgefährdung: —/unter Wald gering   **Basenversorgung:** gering - mittel
Feststoffeinträge: —

Beeinflussung von/durch Nachbarökotope(n) (NÖ) u. Hydrosphäre (Hy)   **Art (u. Maß) d. anthropogenen Beeinflussung**
Nährstoffaustrag   **Nährstoffeintrag**   - schwache randliche Drainage
gering -mittel (v.a. N: Hy)   gering (Hy)

Art der Stabilisierung   **Stabilität der Basenversorgung/Elastizität**
endogen (stagnierendes Grundwasser)   stabil (bei starker Drainage sehr instabil, hohe Mineralisierung der org. Substanz)/hoch

Festphase (Mineralboden)

Horizont	Tiefe [cm]	Kornfraktion [%]			SV/TRD [g/cm^3]	PV [%]	pH		CaCO$_3$ [%]	Corg [%]	C/N	Kalkbedarf [dt/ha]
		S	U	T			H$_2$O	CaCl$_2$				pH 5 pH 5,5 pH 6 pH 6,5
nH1	0-28	n.b.	n.b.	n.b.	0,26	81,4	3,03	2,66	0	40,7	20,8	Für Torfkörper wird kein
nH2+G	28-65	n.b.	n.b.	n.b.	0,40	82,1	2,86	2,69	0	13,3	14,2	Kalkbedarf berechnet
Gr	65-90	92,5	5,1	2,4	1,00	71,2	2,84	2,68	0	0,2		

Festphase (Mineralboden u. Torfkörper)

Hrzt.	Anteile an der effektiven Kationen-Austauschkapazität (KAKe) [%]								KAKe KAKp [mval/100g]	KAKe/KAKp	Pflanzenverfügbare Nährelemente [ppm]			[g/m^2]			
	Na	K	Ca	Mg	Al	Fe	Mn	H			K	Mg	PO$_4$	K$_2$O	CaO	MgO	P$_2$O$_5$
nH1	1,5	0,8	31,0	2,4	34,7	9,7	0,1	19,8	31,7 66,1	0,48	80	76	12	7,0	200,9	9,1	0,6
nH2+G	2,4	0,3	31,1	2,1	7,2	36,0	0,1	20,8	18,9 53,8	0,35	3	44	3	0,5	19,5	10,8	0,3
Gr	0,6	0,1	6,7	0,8	18,8	58,2	<0,1	14,8	>2,1 2,1	1,00	6	13	49	1,8	40,7	5,4	9,1

Festphase (Auflagehumus und Torfkörper)

Lage	pH		TS	Elementvorräte [g/m^2]						Elementkonzentrationen [ppm]					Cges. C/N		C/P
	H$_2$O	CaCl$_2$	[kg/m^2]	K$_2$O	CaO	MgO	Al$_2$O$_3$	FeO	MnO P$_2$O$_5$	K	Ca	Mg	Fe	PO$_4$	[%]		
Of	4,30	3,40	3,5	3	29	3,3	18,7	14	0,3 7	612	5946	559	3080	2640	49,1	20,3	570
nH1	3,03	2,66	72,8	27	265	25,6	427,4	4063	<2,8 110	308	2606	212	43379	2032	40,7	20,8	614
nH2+G	2,86	2,69	162,9	164	298	61,2	569,9	6224	7,5 93	834	1308	225	29702	762	13,3	14,3	535

Lösungsphase (Gleichgewichtsbodenlösung)

Horizont	pH	K	Ca	Mg	Al	Mn	Fe	NH$_4$	NO$_3$	Cl	SO$_4$	PO$_4$	Ca[mol]/H[mol]	H$_2$O[g]/Botr[g]
					[ppm]									
nH1	3,23	8,9	14,7	2,7	0,6	0,1	3,1	n.b.	40,9	10,5	15,7	<0,1	0,6	3,25
nH2+Grh	3,77	3,3	85,4	6,4	<0,1	<0,1	6,7	n.b.	21,1	22,6	144,4	<0,1	12,5	2,29
Gr	3,95	2,4	91,6	6,5	<0,1	<0,1	3,3	2,4	1,3	27,2	258,0	<0,1	20,4	0,32

9.1.6.5 Nährstoffstatus „sehr gering basenhaltig"

Urberg, Bad Iburg; Auf dem Donnerbrink, Bad Iburg

Beispielstandorte Nr. 9 und Nr. 10 sind Waldstandorte, die sandige, stark entbaste Substrate aufweisen. Sie werden durch Säureeinträge in ihrem Nährstoffstatus exogen stabilisiert. Aufgrund geringer Tongehalte ist die Sorptionskapazität des humusfreien Mineralbodens sehr gering.

Beispielstandort Nr. 9 Urberg repräsentiert exponierte Standorte der Sandsteinschichtkämme. Unter einem Eichen-Birkenwald steht ein Braunerde-Podsol auf lößlehminfiltriertem Unterkreide-Sandstein an. Ein Skelettgehalt von 70-80 Vol.% und eine schluffig-sandige Bodenmatrix kennzeichnen neben einer sehr hohen Wasserdurchlässigkeit und einem sehr geringen Wasserhaltevermögen die grundsätzlichen bodenphysikalischen Eigenschaften. Boden-pH(H_2O)-Werte zwischen 3,7-4,2, 80-90%ige Sättigungen der Austauschkomplexe mit Al^{3+} und H^+ sind angesichts sehr geringer KAKe (2-6 mval/100 g) deutlicher Ausdruck eines starken Basenmangels. Trotzdem liegen in der Bodenlösung - vom Ae-Horizont abgesehen - relativ hohe molare Ca/Al-Verhältnisse in der GBL vor. Überraschend hoch erscheint für extrem versauerte Waldökosysteme die NO_3-Konzentration der GBL, zumal ein C/N-Verhältnis von 34 im Oh-Horizont eine sehr schlechte Humusmineralisierbarkeit anzeigt. Es muß jedoch berücksichtigt werden, daß dieser Kammstandort eine überdurchschnittlich hohe N-Immissionsbelastung aufweist und andererseits die Bodenuntersuchung im zeitigen Frühjahr erfolgte, also zu einem Zeitpunkt starker Waldbodenerwärmung und damit erhöhten Humusumsatzes. Nitratbildung im Boden bei gleichzeitig nahezu fehlender Aufnahme durch Pflanzen führt dazu, daß Nitrat unter Begleitung von Kationen den Boden verläßt. Ohne Zweifel tritt hier z.T. Ca als Begleitkation auf, so daß Nitratexport in die Hydrosphäre auch Nährstoffbasenexport und damit „Versauerung" bedeutet. Die Nährstoffversorgung dieses stark exponierten Waldstandortes kann bereits aufgrund der starken Podsolierungsintensität und dem Auftreten von „Starksäure-" und Rohhumuszeigern (Vaccinium myrtillus, Deschampsia flexuosa, Pteridium aquilium) als „sehr gering basenhaltig" klassifiziert werden (s.a. Pflanzenaufnahme MP4a.2).

Der Beispielstandort Nr. 10, der im südlichen Osningvorland liegt, ist mit einem Lärchenbestand bestockt. Der mittelsandige, skelettfreie Podsol-Boden weist extrem geringe Tongehalte zwischen 0,2-0,7% auf. Aufgrund des verhältnismäßig hohen Anteils löslicher Salze ist der Gehalt austauschbarer Ionen zusammen mit den durch Salzlösung freigesetzten Ionen größer als die KAKp, die nur im Illuvialhorizont mit 15,2 mval/100 g eine beachtliche Größenordnung aufweist. Die Sättigung an Säurekationen beträgt nahezu 99%, so daß die in der GBL in Spuren nachweisbaren Basen humus- oder depositionsbürtig sind. Auffällig ist allerdings der vergleichsweise hohe Kaliumgehalt der GBL des Äoliums; dieser geht vermutlich auf Beimengungen abgewehten, gedüngten Krumenmaterials benachbarter Ackerflächen zurück. Die gegenüber den pH($CaCl_2$)-Werten zum Teil niedrigeren pH-Werte der GBL erklärt ULRICH (1981, S. 303) durch Dissoziation von relativ leicht löslichem Aluminiumsulfat gemäß folgender Gleichung:

$$Al\,OH\,SO_4 + 2\,H_2O \Longleftrightarrow Al\,(OH)_2^+ + SO_4^{2-} + H^+$$

Die äußerst weiten C/N-Verhältnisse in den Auflagehorizonten (40 - 50) gehen auf die extrem stickstoffarme Lärchenstreu zurück. Hier häufte sich ein mächtiger Ektohumus an, der aufgrund der schichtig-brechbaren Struktur als rohhumusartiger Moder klassifiziert wurde. Das hier gespeicherte Basenkapital ist weit größer als die austauschbaren Basenvorräte des Mineralbodens. Im Gegensatz zu Standort MB11 und Nr. 8, die beide eine stärkere Vergleyung bis hin zur Niedermoortorfbildung aufweisen und mit denen dieser Standort in einer Hydrosequenz steht, ist hier der Basengehalt des Grundwassers oberflächlich sehr gering und spielt für die Pflanzenernährung nur eine untergeordnete Rolle. Auch am Standort Nr. 10 konnte der Nährstoffstatus „sehr gering basenhaltig" an der tiefen Podsolierung und dem Auftreten von Starksäurezeigern bereits mit Feldmethoden sicher erkannt werden.

Die Basenneutralisationskapazität (Abb. 9-8 u. 9-9) der Böden beider Standorte zeigt Gemeinsamkeiten. So steigen in den nicht humosen Mineralbodenhorizonten (z.B. Ae, Bv) bei Basenzugabe die pH-Werte sehr schnell bis weit in den alkalischen Bereich an, da hier nur geringe Mengen an säurebildenden Kationen gespeichert sind. Hier würde die Zugabe von $CaCO_3$ durch Kalkung rasch zur Veränderungen des

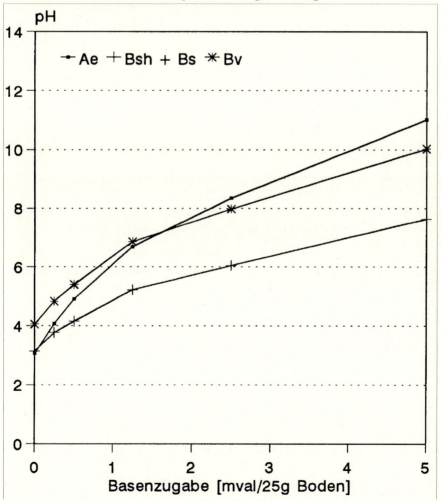

Abb. 9-8: Basenneutralisationskapazität, Urberg, Bad Iburg

Abb. 9-9: Basenneutralisationskapazität, Auf dem Donnerbrink, Bad Iburg

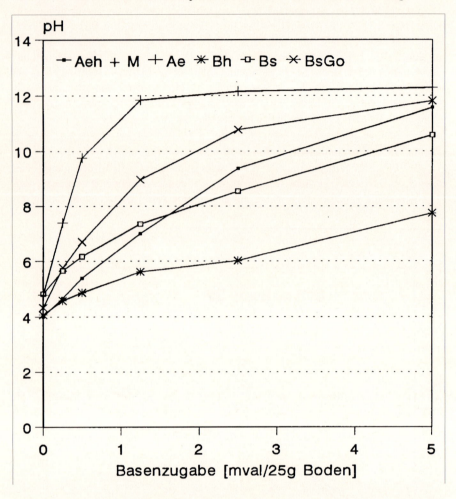

bodenchemischen Zustands führen. Im Gegensatz dazu ist die Fähigkeit der humosen Bsh- und Aeh-Horizonte weitaus größer, zugegebene Basen zu neutralisieren, so daß die Kurve flach ansteigt. Selbst die Zugabe von 2,5 mval Basenäquivalente/25 g Boden (hier: 64 dt $CaCO_3$/ha/dm) ließe den pH-Wert nur auf höchstens 6,0 ansteigen.

Folgende auf Mikrofilm zusammengestellten ökologischen Standortaufnahmen können diesem Nährstoffstatus zugeordnet werden:

Die Standorte Mb17, 18, 19, 20, 21 befinden sich im Iburger Wald. Sie sind mit Fichten- bzw. MB20 mit Buchenwald bestockt. Aufgrund der Höhenlage von 240-320 m erhalten die Standorte regional überdurchschnittliche jährliche Niederschlagsmengen von 850-900 mm (s.a. Kap. 7.1) und der windexponierten Lage wegen erhöhte Einträge atmosphärischer Depositionen (s.a. Kap. 8.1). Die Beispielstandorte liegen im Kuppenbereich (MB17, 18) bzw. an den Hangflanken von Dörenberg, Grafensundern und Barrenbrink. Ihre Böden entwickelten sich aus Sandsteinverwitterungsschutt, in den Löß infiltriert oder im Zuge solifluidaler Umlagerungsprozesse eingemischt wurde. Wesentlichster Bodenentwicklungsprozeß ist wie in Bsp. 9 und 10 die

Podsolierung, die durch die hohe Wasserdurchlässigkeit der grobporenreichen und skelettreichen Bodenmatrix gefördert wird. Mit einem von der Kuppe zu den Unterhängen hin stärker werdenden Lößlehmeinfluß nimmt der Podsolierungsgrad ab und der Braunerdecharakter zu, bis zum Unterhang hin gering bis mittel basenhaltige Löß-Parabraunerden oder -Pseudogleye anstehen (Bsp. MB13). Die sandig-schluffigen Böden der Standorte MB17-21 sind wie die sandigen Beispielprofile tiefgründig sehr stark entbast und versauert, die KAKp wird vom Humusgehalt bestimmt. Auch die Nährstoffvorräte des Standorts sind vorwiegend in der organischen Substanz festgelegt. Nicht nur unter Nadelholzbeständen sondern auch unter Buchen-Eichen-Bestockung stellen sich ungünstige Moder- oder Rohhumusauflagen mit weiten C/N- und C/P-Verhältnissen ein. Daß auch im stark sauren Reaktionsmilieu Prozesse des Humusabbaues ablaufen, die zur Freisetzung von NO_3-N führen (s.a Standort Nr. 9 und Kap. 8.1.2), zeigen die hohen Nitratgehalte in der GBL. Die Standorte MB18 und MB19 wurden im November 1987 mit 30 dt/ha kompensationsgekalkt. Dies hatte 7-11 Monate später allenfalls geringfügige Auswirkungen auf die pH-Werte des Auflagehumus, speziell der L-Auflage. Die Basensättigungen von ca. 26% im Aeh des Standorts MB18 sind möglicherweise nicht unmittelbar mit der Kalkung im Zusammenhang zu sehen, denn auch der nicht gekalkte Standort MB17 weist Basensättigungen in einer ähnlichen Größenordnung auf. Grundsätzlich muß bei geringen Kationenaustauschkapazitäten die Bedeutung der Verhältnisgröße „Basensättigung" relativiert werden. Trotz Kalkung gehören alle Standorte dem Nährstoffstatus „sehr gering basenhaltig" an, nur bei höheren Lößlehmanteilen gibt es Übergänge zum „gering basenhaltigen" Status.

Standort MB22 ist typisch für Dünenstandorte im quartären Vorland des Teutoburger Waldes. In den bodenphysikalischen und bodenchemischen Eigenschaften zeigen sich enge Parallelen zum Standort Nr. 9. Es handelt sich um einen stark entwickelten, extrem sauren Eisen-Humuspodsol, allerdings ohne Grundwasseranschluß. Ein weiterer stoffhaushaltlicher Unterschied gründet sich auf das engere C/N-Verhältnis der Auflage und die ökologisch günstigere Humusform des typischen Moders. Da die Gleichgewichtsbodenlösung sehr geringe Mineralgehalte aufweist, sind bei hohen zeitlichen Schwankungen der Ionenzusammensetzung Ionenverhältnisberechnungen nur von geringer Aussagekraft. Die trophische Einstufung führt wegen sehr starker Acidität und sehr geringen Nährstoffvorräten zu „sehr gering basenhaltig" (MB23).

Der Standort MB24, ein Kiefern-Roteichenforst, ebenfalls im quartären Vorland gelegen, zeigt einen Pseudogley auf Geschiebelehm. Oberflächliche Sauerbleichung im Zusammenspiel mit Naßbleichungsprozessen durch Wassereinstau verursachen vertikale wie laterale Stoffausträge. Aber auch die wasserstauenden Sd-Horizonte weisen Al-Sättigungen am Sorptionskomplex von über 95% bei einer KAKe von 5-8 mval/100 g auf. Sehr weite C/N- bzw. C/P-Verhältnisse im Oh-Horizont des feinhumusarmen Rohhumus schränken sowohl die pflanzliche Versorgung mit Phosphor wie mit Stickstoff ein. Daher wird trotz mittlerer Sorptionskapazität der mineralischen Festsubstanz nach „sehr gering basenhaltig" bis „gering basenhaltig" eingestuft. Dies wird gestützt durch eine mittlere Reaktionszahl des Unterwuchses von <3,0, in dem Frangula alnus als Rohhumuszeiger wechselfeuchter Standorte sowie die Starksäurezeiger Vaccinium myrtillus und Deschampsia flexuosa auftreten (s.a. Pflanzenaufnahme MP4c.24).

Im Gegensatz zu MB22 schritt die Bodenentwicklung der glazifluvialen Sande am Hakentempel (MB23) nur bis zum Braunerde-Stadium vor. Der hier stockende, durchgewachsene ehemalige Buchenniederwald ist stark windexponiert und aufgrund südwärtiger Hangausrichtung überdurchschnittlich besonnt. Der Bodenkörper weist mindestens bis zu dem von Tonbändchen durchzogenen BbtCv-Horizont einen Sandanteil von 91-94%, eine grobe Textur und bei mittlerer Lagerungsdichte eine hohe Wasserdurchlässigkeit auf. Die Basensättigungen der Sorptionsträger liegen im Mineralboden bis zum C-Horizont unter 5%, doch werden auch hier bei einer sehr geringen effektiven Kationenaustauschkapazität die gemessenen Elementgehalte am Sorptionskomplex unsicherer. Auffallend sind die niedrigen C/N-Verhältnisse der Humusauflage, die weder typisch für die Humusform rohhumusartiger Moder noch für extrem niedrige pH-Werte der Oh-Lage (2,67 in $CaCl_2$) sind. Ob hier eine aufgrund sehr hoher Ca-Gehalte der Of-Lage zu vermutende Bestandskalkung allein ursächlich ist, bleibt angesichts der sehr engen C/N-Quotienten fraglich. Im Vergleich zu MB22 ist dieser Standort nährstoffreicher und in den Übergangsbereich zur Nährstoffstufe gering basenhaltig zu stellen. Aufgrund einer spärlichen Ausbildung der Krautschicht kann die Vegetation nur beschränkt die Basenversorgung indizieren. Das Auftreten von Sambucus nigra als Nitratzeiger belegt die hohe Mineralstickstoffverfügbarkeit.

Tab. 9-15: Standortaufnahme Urberg, Bad Iburg

Aufn. Nr.: 9	Datum: 7.3.90	Rechtsw.: 3433200	Hochwert: 5782310	Nr. ökol. RE: 73 A4
Geogr. Ortsbeschreibung:		Urberg (Kamm), BAD IBURG		
Aktuelle Vegetation od. Nutzung:		Eichen-Birkenwald mit Ilex aquifolium, Rubus frutic., Vaccinium myrtillus (Str.), Pteridium aquilinum		

Relief/Mesoklima:

Höhe üb. NN: 210m	**gelände-/mesoklimatische Verhältnisse:**
Formentyp (evtl. Wölbung): Kamm	Waldbestandsklima, stark windexponiert
Neigung/Exposition: 20°S	
	Besonnungsstufe: stark besonnt (E)

Boden/Auflagehumus:

Lage	Mächtig-keit [cm]	pH (CaCl₂)	Gefüge	Durchwur-zelung	Humusform:	feinhumusreicher Rohhumus
L	0,5	3,82	locker	fehlt		
Of	6	3,03	schichtig	schwach		
Oh	6	2,75	dicht	schwach-mittel		

Boden/Mineralboden

Horizont	Tiefe [cm]	Bodenart	Skelettgeh. [%]	Farbe	Gefüge	Puffer-bereich	nFk [mm]	Kf-Stufe	Durchw.-stufe
Ae	0-15	Su3	70	5YR5/2	krü-subp	Al	11,3	4	w4
Bsh	15-22	Slu	70	5YR3/2	subp	Al	} 13,7	4	w3
Bs	22-32	Slu	70	5YR5/8	subp	Al		4	w3
Bv	32-79	Us	80	10YR6/8	subp	Al	20,7	4	w2
BvCv	79-85+	Us	80	10YR5/6	subp	At	2,6	4	w2

Aktueller Bodenbildungsprozeß: Podsolierung
Bodenform: Braunerde-Podsol auf lößlehminfiltriertem Unterkreide-Sandstein

Intensivwurzelraum(≥w3) [cm]: 22	**Extensivwurzelraum(w1+w2) [cm]:** bis >85
Gründigkeit [dm]: ca. 3,5	**Staunässegrad:** —
Mittl. Grundwasserflurabstand [dm]: —	
nFk im eff. Wurzelraum [mm]: 48 (5,6 mm/dm)	**Standörtl. Bodenfeuchte:** H6-7
Erosionsgrad/Erosionsgefährdung: gering/ unter Wald gering	**Basenversorgung:** sehr gering
Feststoffeinträge: —	
Beeinflussung von/durch Nachbarökotope(n) (NÖ) u. Hydrosphäre (Hy)	**Art (u. Maß) d. anthropogenen Beeinflussung**
Nährstoffaustrag — Nährstoffeintrag	- starker Eintrag saurer Deposition (Luvlage)
gering-mittel (N, P, Ca, Mg: — gering Laubdeflation in NÖ; Hy)	
Art der Stabilisierung	**Stabilität der Basenversorgung/Elastizität**
endogen - exogen (Säureeintrag)	potentiell (Düngung) instabil-sehr instabil / gering - sehr gering

Fortsetzung von Tab. 9-15 nächste Seite

Fortsetzung von Tab. 9-15

Festphase (Mineralboden)

Horizont	Tiefe [cm]	Kornfraktion [%]			TRD [g/cm³]	PV [%]	pH		CaCO₃ [%]	Corg [%]	C/N	Kalkbedarf [dt/ha]			
		S	U	T			H₂O	CaCl₂				pH 5	pH 5,5	pH 6	pH 6,5
Ae	0-15	57,1	38,8	4,1	1,0	60	3,71	3,00	0	1,9	48,3	5,4	7,2	9,0	10,8
Bsh+Bs	15-32	40,8	48,7	10,5	1,2	55	3,68	3,19	0	1,8	26,0	13,5	19,6	29,4	39,2
Bv	32-79	36,0	56,9	7,1	1,2	55	4,09	3,98	0	0,7		6,8	12,4	18,1	24,8
BvCv	79-85+	41,2	53,7	5,1	1,2	55	4,23	4,13	0	0,5					

Festphase (Mineralboden)

Hrzt.	Anteile an der effektiven Kationen-Austauschkapazität (KAKe) [%]								KAKe KAKp [mval/100g]		KAKe/ KAKp	Pflanzenverfügbare Nährelemente						
												[ppm]			[g/m²]			
	Na	K	Ca	Mg	Al	Fe	Mn	H				K	Mg	PO₄	K₂O	CaO	MgO	P₂O₅
Ae	1,8	3,4	8,0	1,4	22,0	2,8	<0,5	60,6	2,13	6,8	0,31	27	5	21	1,5	2,1	0,4	0,7
Bsh+	0,8	0,8	6,4	0,6	68,1	5,3	0,2	17,8	6,24	16,3	0,38	17	7	10	1,3	6,9	0,7	0,5
Bv	0,6	1,2	2,3	0,3	76,8	0,9	<0,3	17,9	3,47	7,2	0,48	13	4	22	1,8	2,5	0,8	1,9
BvCv	0,4	1,5	2,1	<0,4	79,9	<0,4	<0,4	16,1	2,73	5,8	0,47	17	4	39	0,3	0,2	0,1	0,4

Festphase (Auflagehumus)

Lage	pH		TS [g/m²]	Elementvorräte [g/m²]						Elementkonzentrationen [ppm]					Cges. C/N [%]	C/P
	H₂O	CaCl₂		K₂O	CaO	MgO	Al₂O₃	FeO	MnO P₂O₅	K	Ca	Mg	Al	PO₄		
L	4,47	3,82	520	0,6	4,6	0,6	2,0	1,6	0,5	1,1	902	6297	715	1041	2806	47,4 21,2	518
Of	3,65	3,03	9053	6,3	44,8	6,4	75,8	70,8	4,0	17,3	582	3539	427	2215	2562	44,2 21,4	528
Oh	3,43	2,75	19391	10,5	27,6	5,3	247,5	192,2	2,1	21,4	449	1018	166	3378	1477	26,2 34,0	543

Lösungsphase (Gleichgewichtsbodenlösung)

Horizont	pH	K	Ca	Mg	Al	Mn	Fe	NH₄	NO₃	Cl	SO₄	PO₄	Ca[mol]/ Al[mol]	H₂O[g]/ Botr[g]
						[ppm]								
Ae	3,15	19,4	6,8	1,2	7,7	0,4	4,3	12,5	48,8	29,5	22,6	2,4	0,59	0,22
Bsh+Bs	3,15	4,5	12,3	1,2	5,6	0,7	11,3	5,2	35,2	17,8	27,0	0,3	1,49	0,48
Bv	3,53	3,2	11,9	1,9	6,6	1,1	0,1	2,8	57,2	20,6	34,8	<0,1	1,22	0,39

Tab. 9-16: Standortaufnahme Auf dem Donnerbrink, Bad Iburg

Aufn. Nr.: 10 **Datum:** 3.2.1990 **Rechtsw.:** 3432480 **Hochwert:** 5776550 **Nr. ökol. RE:** 71 C1
Geogr. Ortsbeschreibung: Nördl. Glandorfer Heide, Auf dem Donnerbrink, BAD IBURG
Aktuelle Vegetation od. Nutzung: Lärchenwald mit Rubus fruticosus (Str.), Deschampsia flexuosa, Dryopteris dilatata

Relief/Mesoklima:

Höhe üb. NN: 77m
Formentyp (evtl. Wölbung): Ebene
Neigung [°]/Exposition: —

gelände-/mesoklimatische Verhältnisse: Waldbestandsklima, Normallage

Besonnungsstufe: normal besonnt (C)

Boden/Auflagehumus:

Lage	Mächtigkeit [cm]	pH (CaCl₂)	Gefüge	Durchwurzelung	Humusform: rohhumusartiger Moder
L	1,0	3,67	locker	fehlt	
Of	1,5	3,02	schichtig	mittel	
Oh	3,5	2,84	schichtig-brechbar	mittel	

Fortsetzung von Tab. 9-16 nächste Seite

Fortsetzung von Tab. 9-16

Boden/Mineralboden

Horizont	Tiefe [cm]	Bodenart	Skelettgeh. [%]	Farbe	Gefüge	Puffer-bereich	nFk [mm]	Kf-Stufe	Durchw.-stufe
Aeh	0-5	mS	—	10YR3/1	einz	At		5-6	w5
M	5-9	mS	—	10YR4/4	einz	At	15,4	5-6	w5
Ahe	9-14	mS	—	10YR2/1	einz	At		5-6	w5
Ae	14-27	mS	—	7,5YR6/2	einz	At	11,7	5-6	w2
Bh	27-36	mS	—	5YR1,7/1	kitt	Al-At	22,1	4	w3
Bhs	36-44	mS	—	2,5YR2/2	kitt	Al-At		4	w3
Bs	44-75	mS	—	5YR4/6	einz-kitt	At	31,1	5-6	w2
BsGo	75-90	mSfs	—	10YR6/6	einz	—	13,5	5-6	w1
Go	90-115	mSfs	—	10YR6/4	einz	—	(40,0)	5-6	w0-1
Gr	115-130+	mSfs	—	10YR7/3	einz	—		5-6	w0

Aktueller Bodenbildungsprozeß: Podsolierung, Vergleyung
Bodenform: Gley-Podsol auf Sand
Intensivwurzelraum(≥w3) [cm]: 44
Gründigkeit [dm]: >10
Mittl. Grundwasserflurabstand [dm]: ca. 10
nFk im eff. Wurzelraum [mm]: (94) (10,4 mm/dm)
Erosionsgrad/Erosionsgefährdung: —/ unter Wald gering
Feststoffeinträge: Krumenmaterial nahegelegener Ackerböden (Äolium)

Extensivwurzelraum(w1+w2) [cm]: bis 90
Staunässegrad: —

Standörtl. Bodenfeuchte: H6 (Hg6)
Basenversorgung: sehr gering

Beeinflussung von/durch Nachbarökotope(n) (NÖ) u. Hydrosphäre (Hy)

Nährstoffaustrag	Nährstoffeintrag
sehr gering (Hy)	Gering: Eintrag von nährstoffangereichertem Krumenmaterial aus benachbarten Agrarökosystemen N-Eintrag aus Agrarökosystem (vorw. NH_4^+)

Art (u. Maß) d. anthropogenen Beeinflussung
- Eintrag saurer Deposititonen
- Eintrag v. Nährstoffen über Deposit. (NH_4, NO_3)
- Verschlechterung d. Humusform durch ungünstige Baumartenwahl

Art der Stabilisierung
endogen - exogen (Säureeintrag)

Stabilität der Basenversorgung/Elastizität
potentiell (Düngung) sehr instabil / sehr gering

Festphase (Mineralboden)

Horizont	Tiefe [cm]	Kornfraktion [%]			TRD [g/cm³]	PV [%]	pH		CaCO₃	Corg [%]	C/N	Kalkbedarf [dt/ha]			
		S	U	T			H_2O	$CaCl_2$	[%]			pH 5	pH 5,5	pH 6	pH 6,5
Ahe+	0-14	99,0	0,8	0,2	1,46	44,2	4,45	3,55	0	1,1	30,0	16,4	22,5	32,7	40,9
Ae	14-27	97,6	2,1	0,3	1,61	39,2	4,61	3,94	0	0,2	n.b.	n.b.	4,2	5,0	7,1
Bh+Bhs	27-44	98,2	1,4	0,4	1,29	50,4	4,24	3,84	0	1,5	23,8	28,5	50,4	109,7	140,4
Bs	44-75	97,7	0,3	2,0	1,58	40,4	4,53	4,19	0	0,4		n.b.	19,6	41,1	68,6
BsGo	75-90	98,7	0,9	0,4	1,60	39,6	4,59	4,40	0	0,2					
Go+Gr	90-130+	97,3	2,0	0,7	1,65	37,7	4,49	4,45	0	0,3					

Festphase (Mineralboden)

Hrzt.	Anteile an der effektiven Kationen-Austauschkapazität (KAKe) [%]								KAKe KAKp [mval/100g]		KAKe/KAKp	Pflanzenverfügbare Nährelemente						
												[ppm]			[g/m²]			
	Na	K	Ca	Mg	Al	Fe	Mn	H				K	Mg	PO_4	K_2O	CaO	MgO	P_2O_5
Ahe+	<0,3	0,4	0,6	<0,3	85,6	1,0	<0,3	12,4	4,85	5,1	0,84	11	4	69	2,7	1,7	1,4	10,5
Ae	1,1	0,5	<0,6	<0,6	83,0	<0,6	<0,6	15,4	>1,36	1,4	1,00	2	<1	53	0,5	<0,6	<0,4	8,3
Bh+Bhs	0,1	0,1	0,1	<0,1	99,6	0,1	<0,1	<0,1	>15,12	15,2	1,00	8	4	118	2,1	1,2	1,5	19,3
Bs	<0,1	<0,1	<0,1	<0,1	98,8	<0,1	<0,1	1,2	>6,86	6,9	1,00	3	3	178	1,7	<1,4	2,3	65,1
BsGo	<0,1	<0,1	<0,1	<0,1	99,9	<0,1	<0,1	<0,1	>3,45	3,5	1,00	5	3	51	1,4	<2,0	1,0	9,1
Go+Gr	<0,3	0,2	<0,2	<0,2	94,1	<0,3	<0,3	5,7	>1,51	1,5	1,00	3	1	11	2,4	<1,9	1,5	5,4

Festphase (Auflagehumus)

Lage	pH		TS	Elementvorräte [g/m²]							Elementkonzentrationen [ppm]					Cges. C/N	C/P
	H_2O	$CaCl_2$	[g/m²]	K_2O	CaO	MgO	Al_2O_3	FeO	MnO	P_2O_5	K	Ca	Mg	Al	PO_4	[%]	
L	4,98	3,67	681	0,5	6,8	0,6	1,9	0,6	0,2	1,1	602	7090	528	747	2230	48,7 40,2	669
Of	4,14	3,02	2770	0,7	3,2	0,6	10,5	4,6	0,1	2,2	199	832	128	1005	1053	21,3 46,3	620
Oh	3,94	2,84	33875	6,8	13,2	3,6	181,1	77,8	1,2	19,9	168	278	64	1415	787	9,5 50,1	371

Fortsetzung von Tab. 9-16 nächste Seite

Fortsetzung von Tab. 9-16

Lösungsphase (Gleichgewichtsbodenlösung)

Horizont	pH	K	Ca	Mg	Al	Mn	Fe	NH_4	NO_3	Cl	SO_4	PO_4	Ca[mol]/ Al[mol]	$H_2O[g]/ Bo_{tr}[g]$
						[ppm]								
Ahe+	3,90	13,9	5,7	0,9	4,4	0,1	1,6	16,6	12,1	6,5	22,0	0,3	0,86	0,34
Ae	3,85	5,0	0,6	0,2	4,5	<0,1	1,2	13,6	11,5	4,3	11,7	0,7	0,09	0,31
Bh+Bhs	3,40	12,0	2,7	1,6	8,0	0,1	0,1	3,9	11,4	9,5	38,3	<0,1	0,23	0,42
Bs	3,13	2,1	2,3	0,9	8,9	<0,1	0,1	2,2	10,4	15,0	33,8	<0,1	0,17	0,33
BsGo	3,53	5,5	1,2	0,5	5,2	<0,1	0,1	1,0	11,4	4,9	16,7	0,2	0,15	0,29
Go+Gr	3,99	4,4	4,6	1,2	12,0	0,1	0,1	1,3	17,6	12,0	21,3	<0,1	0,26	0,29

9.2 ÖKOSYSTEMARER WASSERHAUSHALT UND SEINE KENNGRÖSSEN

Gleich dem Nährstoffangebot ist das Wasserangebot ein direkt auf die Lebewelt am Standort einwirkender Faktor. Bodenwasser steuert den Nährstofftransfer von der mineralischen und organischen Festphase des Bodens zu den Pflanzenwurzeln, aber auch aus dem Wurzelraum in die Hydrosphäre. Der Wasserhaushalt ist daher mit dem Nährstoffhaushalt auf das engste verbunden und zusammen mit dem Wärmehaushalt die wichtigste Regelgröße des biotischen Wuchspotentials.

Im Rahmen einer geoökologischen Raumgliederung sind das standörtliche Wasserdargebot während der Vegetationsperiode (ökologischer Feuchtegrad) im Zusammenhang mit dem Bodenfeuchteregimetyp sowie die Intensität der Bodenwasserversickerung hauptsächliche wasserhaushaltliche Differenzierungskriterien. Drainung und Bewässerung dürfen als wichtige anthropogene Steuerungen jedoch nicht vernachlässigt werden. Die Parametrisierung des standörtlichen Wasserhaushaltes kann unter einem gegebenen Rahmenklima über Feldmethoden der Bodenkunde und der Pflanzenökologie recht sicher erfolgen. Die wesentlichen Kartierungskriterien sind einerseits die Bodenart, der Skelettgehalt, der Humusgehalt und die physiologische Gründigkeit und andererseits die floristische Artenzusammensetzung. Sie sind in Abb. 9-10 in ihrer Verknüfung dargestellt. Bodenfeuchteregimetyp und ökologischer Feuchtegrad werden nachfolgend zusammenfassend „Standörtliche Bodenfeuchte" genannt.

9.2.1 Bodenfeuchteregimetyp

Der Bodenfeuchteregimetyp (nach THOMAS-LAUCKNER u. HAASE 1967) wird in dieser Arbeit sowohl hinsichtlich seines Einflusses auf die Lebewelt definiert als auch im klassischen Sinne zur Beschreibung der Richtung des Wassertransports. Beeinflussungen des Wasserhaushaltes durch Drainagen, wie sie auf stark grund- oder stauwasserbeeinflußten Standorten mit landwirtschaftlicher Bodennutzung verbreitet sind, werden ergänzt.

Folgende Auflistung stellt die im Rahmen der geoökologischen Kartierung verwendeten Einstufungen des Bodenfeuchteregimetyps dar. Die definitorische Ausrichtung auf die Lebewelt führt dazu, daß der sickerwasserbeeinflußte Typ im Sinne von THOMAS-LAUCKNER u. HAASE (1967) hier als haftwasserabhängiger Typ bezeichnet wird. Da der Bodenfeuchteregimetyp Bodenentwicklungsprozesse steuert

Abb. 9-10: Steuerung und Indikation der Standörtlichen Bodenfeuchte

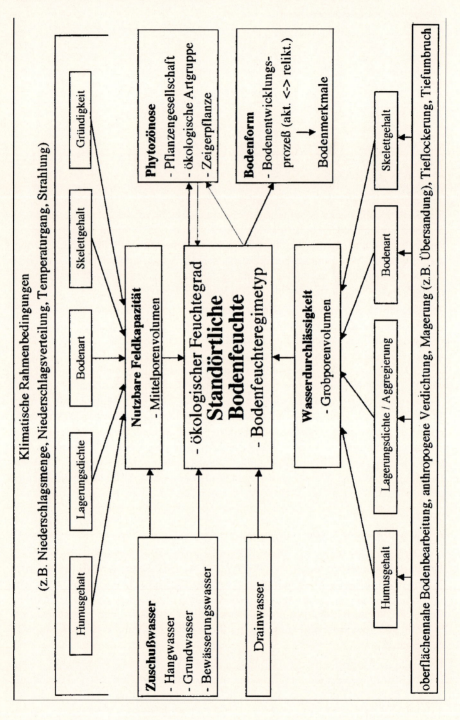

und diese Hauptkriterien der deutschen Bodensystematik sind (ARBEITSKREIS BODENSYSTEMATIK 1985, S. 21f), lassen sich die in Bodenkarten dargestellten Bodeneinheiten zur Ermittlung des Bodenfeuchteregimetyps heranziehen. Das Bodenfeuchteregime kann in vier Typen unterteilt werden:

Übersicht über die Bodenfeuchteregimetypen (Begriff n. THOMAS-LAUCKNER u. HAASE 1967)

H: Bios nur vom Haftwasser abhängig
    h: Bios untergeordnet (zeitweise) vom Haftwasser abhängig

S: Bios vom Stauwasser stark beeinflußt
    s: Bios vom Stauwasser nur schwach beeinflußt

I: Bios stark vom Hangwasser (interflow) beeinflußt
    i: Hangwasserzuschuß (interflow) schwach

G: Bios vom Grundwasser abhängig (stark grundwasserbeeinflußt)
    g: Grundwasserzuschuß (schwach grundwasserbeeinflußt)

Innerhalb eines Bodenkörpers sind Änderungen des Bodenfeuchteregimetyps möglich. So kann der untere Teil grundwasserbeeinflußt sein, während im Oberboden das Sickerwasserregime vorherrscht, der intensiv durchwurzelte Raum folglich durch Auswaschung gekennzeichnet und die Vegetation doch vorwiegend vom Haftwasser abhängig ist.

Ein Podsol aus Sand ist beispielsweise ein haftwasserabhängiger Boden, während ein Gley-Podsol Zuschußwasser über kapillar aufsteigendes Grundwasser empfängt. Gemäß den eingeführten Abkürzungen wäre der Podsol dem Typ H, der Gley-Podsol dem Typ Hg, der Podsol-Gley dem Typ Gh und schließlich der Gley selbst dem Typ G zuzuordnen.

Stauwasser - je nach Tiefenlage „S" oder „s" - läßt sich grundsätzlich an Redoximorphismen im Profil erkennen, Hangwasser durch eben solche Merkmale nur bei stärkerer Beeinflussung. Die Unterscheidung zwischen Stauwasser und Hangwasser ist besonders auf flach geneigten Hängen schwierig. Darüber hinaus können schlechte Zeichnereigenschaften der Bodenmatrix, aber auch reliktische Bodenmerkmale die Typisierung erschweren oder zu Fehldeutungen führen. Tab. 9-17 zeigt die grundsätzlich unterscheidbaren Richtungen des Wassertransportes, wobei die Drainage wegen ihrer großen räumlichen Verbreitung im Untersuchungsraum als eigener Wasserbewegungstyp ausgewiesen wird.

Gerade im Zusammenhang mit den inner- und interökosystemaren Stoffflüssen kommt der Intensität der Bodenwasserverlagerung durch Sickerung oder Interflow große Bedeutung zu. Sie ist unter gegebenem Rahmenklima und Vegetationstyp (s.a. RENGER u. STREBEL 1980, BALAZS 1983) in erster Linie abhängig von der Wasserkapazität und der Wasserdurchlässigkeit. Während die Wasserdurchlässigkeit als Funk-

Tab. 9-17: Richtung des Wassertransportes

Bodenwassertyp		Steuerungsfaktoren
Sickerwasser (Perkolation)		Bodenartenklasse, Lagerungsdichte (Beisp.)
intensiv	↓	VIII, VII (z.B. mS, fS, l'S in Ld1-3) (U,L,T in Ld1-2)
mäßig	↓	VI, V, IV, III (z.B. uS, sL, uL, tU in Ld3) (S in Ld 4-5, T in Ld 2-3 (3))
schwach	⋮	II, I (z.B. sT, lT, stL in Ld 4-5) (U, L in 4-5 (5))
Stauwasser		v.a. Gradient in Wasserdurchlässigkeit
Stagnation	↧	
Hangwasser	↘	Hangneigung, Bodenart
Grundwasser	↑	
Dränwasser	≈	

tion der Bodenart und des Skelettanteils nach LESER u. KLINK (1988, S. 107) abgeschätzt werden kann (s.a. Abb. 9-10), sind zur weitergehenden Berücksichtigung von Lagerungsdichte und Lagerungsart spezifische Felduntersuchungen notwendig.

Die nachfolgende Tabelle zeigt in recht grober Unterteilung drei Stufen der Sickerungsintensität für den Raum Bad Iburg, abgeleitet nach Bodenart und Lagerungsdichtetypen auf Grundlage der Bodenkarte 3814 Bad Iburg (ECKELMANN, NOUR EL DIN u. OELKERS 1978). Anhaltswerte für Durchströmungsraten liefern die Gleichungen bzw. Nomogramme von RENGER u. STREBEL (1980) zur Grundwasserneubildung unter den Vegetationstypen Acker, Grünland und Nadelwald. Basisgröße ist die Jahressumme der Verdunstung nach HAUDE der Wetterstation Münster für einen durchschnittlichen jährlichen Witterungsverlauf (KLIMAATLAS NRW 1989).

Tab. 9-18: Stufung der Sickerungsintensität

Sickerungsintensität	Grundwasserneubildung
hoch	270-<350 mm/a
mittel	200-270 mm/a
gering	<200 mm/a

9.2.2 Sickerungsintensität und Stoffaustrag

Mit der Tiefenversickerung oder dem Interflow werden Nährstoffe und Schadstoffe aus dem Ökosystem ausgetragen. Die Höhe des Austrags ist neben der Perkolationsintensität von der Trophie des Standortes und damit auch von seiner Nutzung abhängig. Basenreiche Standorte weisen hohe Ca-Austräge und bei hohen Nmin-Gehalten auch hohe NO_3-Verluste auf. Dies führt nach sich, daß besonders die düngungsbedingt hohen Gehalte wasserlöslicher Nährstoffe in der Krume von Ackerböden stark auswaschungsgefährdet sind, speziell, wenn längere Schwarzbrachen in die Fruchtfolge eingeschaltet sind oder Düngergaben bzw. Umbruch von Zwischenfrüchten im Herbst stattfinden. Aber auch intensiv gedüngte grundwassernahe Grünlandflächen erleiden empfindliche Nährstoffverluste durch Auswaschung. Aus der Vielzahl der Untersuchungen zu Nährstoffausträgen aus unterschiedlich bewirtschafteten Agroökosystemen in verschiedenen mitteleuropäischen Räumen seien die Literaturauswertung von KRETZSCHMAR et al. (1985) sowie die Studien von FOERSTER (1984), LEUCHS u. EINARS (1987), MAIDEL (1989), OBERMANN (^{2}1982), STREBEL, DUYNISVELD, BÖTTCHER (1986) exemplarisch genannt.

Waldökosysteme gewinnen zunehmend an wasserwirtschaftlicher Bedeutung, da der dortige Nährstoffoutput durch das Sickerwasser gegenüber anderen Nutzökosystemen vergleichsweise gering ist. Bestandesstruktur, Baumartenzusammensetzung und Trophie des Standortes führen dennoch zu erheblichen Differenzierungen, wie KREUTZER (1981) an 24 repräsentativen süddeutschen Waldbeständen nachweisen konnte. Basenspender sind demnach eutrophe Buchen- und Eichen-Buchenwälder auf Carbonatgestein, während bodensaure Wälder mineralarmes Sickerwasser liefern. Da erstgenannte Standorte ein hohes Nitrifikationspotential besitzen, können hohe NO_3-Konzentrationen im Sickerwasser gemessen werden; nach KREUTZER (1981) werden zeitweise sogar die Grenzwerte der TrinkwV (1986) überschritten. Die stärksten Nitratspender allerdings sind Erlenbestände, die wegen ihres symbiontischen Zusammenlebens mit luftstickstoffbindenden Mikroorganismen als „Eutrophierungszellen

Tab. 9-19: Schema zur Einstufung des Nährstoffaustrags aus dem durchwurzelbaren Bodenkörper verschiedener Ökosystemtypen

Nährstoffaustrag	Nutzung *Acker/Nutzgarten*	Nutzung *Grünland (Wiese/Weide)*	Nutzung *Wald/Forst*
sehr hoch - hoch	Intensivnutzung (hohes Düngungsniveau) auf sehr sorptionsschwachen Sandböden oder stark humoser Böden auf grundwassernahen Standorten (Austrag v.a. von N, Ca; auch von P möglich). Meliorationsgedüngte Ackerflächen, die aus Grünlandumbruch oder Waldrodung hervorgegangen sind (v.a. N; vorübergehend). Gärtnerische Nutzung tiefreichend humusreicher bis torfiger Böden mit hoher bis sehr hoher Wasserdurchlässigkeit (grundwassernah bis grundwasserfern).	Selten: nur bei sehr hoher Düngung auf grundwassernahen, sandigen Standorten oder auf grundwassernahen lehmigen bis tonigen Standorten mit hohem Nährstoffvorrat (v.a. N). Auf stark humosen nährstoffreichen Böden mit Grundwasseranschluß sowie regelmäßigem Umbruch und Neueinsaat (v.a. N).	Nicht vorkommend.
hoch bis mittel	Intensivnutzung (hohes Düngungsniveau) von Böden mittlerer Sorptionsfähigkeit und mittlerer bis hoher Wasserkapazität (Bodenartenklassen III, IV, V) (Austrag aller Nährelemente, besonders bei gefügeinstabilen, schluffreichen Böden). Intensivnutzung (s.o.) flach- bis mittelgründiger Böden sehr hoher Sorptionsfähigkeit und ausgeprägter Tendenz zur Bildung von Segregatgefügen (v.a. Ca und N; kaum P). Gärtnerische Nutzung tiefreichend humusreicher bis torfiger Böden mit hoher Wasserkapazität und mittlerer bis geringer Wasserdurchlässigkeit).	Alle Standorte (v.a. flach- bis mittelgründige) mit feinverteiltem Kalk oder Dolomit im Bodenkörper (kaum anthropogen steuerbare, spezifische Nährstoffverluste). Intensive Grünlandnutzung (meist als Wiese) bei hohem Düngungsniveau vor allem sandiger oder grundwassernaher Standorte (alle Makronährelemente, P bedingt).	Vorübergehend hoch: nach Kalkung oder starker Auflichtung in Wald-/Forstökosystemen mit flach- bis mittelgründigen, nährstoffreichen Kalkverwitterungsböden mit hoher Wasserdurchlässigkeit (v.a. Ca und N); ohne Kahlschlag oder Auflichtung nur Ca-Austrag hoch bis mittel. Drainierte, ehemals feuchte bis nasse Waldökosysteme (z.B. Erlen-Eschen-Wald, Erlenbruch, Birkenbruch) und nicht drainierte feuchte Wälder auf grundwassernahen Standorten mit natürlicherweise starken Grundwasserschwankungen (v.a. Ca, N). Vorübergehend hoch: Nährstoffaustrag nach einer Meliorationsdüngung von Kahlschlagsflächen, die aus solchen Waldökosystemen entstanden, die schlechte Moder- oder Rohhumus-Humusformen aufwiesen; nur an Standorten, die eine geringe Wasserkapazität aufweisen und bei denen die nitrophile Schlagflora durch anthropogene Maßnahmen beseitigt wird (v.a. N; untergeordnet Ca, Mg). Vorübergehend hoch - mittel: nach Kahlschlag und Meliorationsdüngung auf Standorten mit mittlerer Wasserkapazität und mittlerer Sorptionsfähigkeit.
mittel	Nutzung tonarmer, humoser Sandböden grundwasserferner bis mäßig grundwassernaher Standorte auf hohem Ertragsniveau bei entzugsorientiertem Düngungsniveau und Applikationszeitraum unter Einsatz humusschonender Bearbeitungsmethoden. Intensive Nutzung (s.o.) tiefgründiger Böden sehr hoher Sorptionsfähigkeit und sehr hoher Wasserkapazität.	Intensive Grünlandnutzung bei hohem Düngungsniveau von Böden mit mittlerer Sorptionsfähigkeit und mittlerer bis hoher Wasserkapazität auf grundwasserfernen Standorten.	Vorübergehend mittel: in Waldökosystemen mit stark sandigen, gut wasserdurchlässigen Böden, die Moder- bis Rohhumusauflagen tragen und bei denen Waldbodenbelichtung überdurchschnittlich gedüngt werden (v.a. N, Ca, Mg). Waldökosysteme mit nährstoffreichen terrestrischen Böden (sofern nicht Kalk oder Dolomit im Feinboden): alle Nährstoffe (v.a. N, Ca, Mg). Waldökosysteme mit nährstoffreichen und mittel nährstoffhaltigen, semiterrestrischen Böden (z.B. Erlen-Eschen-Wälder) ohne starke Grundwasserschwankungen (lateraler Austrag in Nachbarökosysteme).
mittel - gering	Nutzung von Böden mit mittlerer bis hoher Sorptionsfähigkeit bei mittlerer bis hoher Wasserkapazität sowie flach- bis mittelgründiger Böden mit sehr hoher Sorptionsfähigkeit auf einem Düngungsniveau, das dem Pflanzenentzug bei hohem Ertrag ungefähr entspricht unter Anwendung bodenschonender Bearbeitungsmethoden und Minimierung von Zeiten der Bodenentblößung.	Nutzung auf hohem Ertragsniveau auf allen grundwasserfernen Standorten mit mittel- bis tiefgründigen Böden bei bedarfsgerechter Düngerapplikation.	Vorübergehend mittel bis gering: kompensationsgekalkte, bodensaure Waldökosysteme mit ungünstigen Moder- oder Rohhumus-Humusformen (v.a. N).
gering	Extensive Nutzung unter konsequenter Anwendung bodenschonender Bearbeitungsmethoden; ein niedriges Düngungsniveau bewirkt ein suboptimales Pflanzenwachstum.	Weide- und Wiesennutzung bei geringer Düngungsintensität.	Alle bodensauren Waldökosysteme; bei Durchforstung geringe N-Austräge möglich.

in der Landschaft" (a.a.O., S. 275) gelten. Forstliche Maßnahmen der Stammzahlreduktion, des Anbaus von Flachwurzlern nach Tiefwurzlern sowie der Düngung können ebenfalls Nitratschübe auslösen. Weitere Untersuchungsergebnisse zum Nährstoffexport durch Sickerwasser aus Waldökosystemen veröffentlichten z.B. BALAZS u. BRECHTEL (1989), KREUTZER u. HÜSER (1978), MATZNER (1985), REITER et al. (1986).

Mit diesen Untersuchungen aus Wald- und Agrarökosystemen ist die Basis geschaffen, um den Austrag von Nährstoffen auf der räumlichen Bezugsebene von Ökotopen abzuschätzen. Das in Tab. 9-19 dargestellte Rahmenschema, das im Raum des Meßtischblattes Bad Iburg auftretende Beispielfälle berücksichtigt, ist als erster Versuch zu verstehen, zu einer vergleichenden Einstufung des Nährstoffaustrags auf einem ordinalen Skalenniveau zu kommen. Quantifizierungen auf dieser Bezugsfläche sind auf alleiniger Basis von Feldkartiermethoden nach dem heutigen Wissensstand nicht möglich.

9.2.3 Ökologischer Feuchtegrad

Der ökologische Feuchtegrad (ö.F.) gibt die durchschnittlichen Feuchteverhältnisse des Standortes während der Vegetationsperiode wieder und ist damit ökologisch wichtigster Teilbereich des Wasserhaushalts. Er ist entweder aus Auswertungen pflanzensoziologischer Aufnahmen über Zeiger- oder Weiserpflanzen (ELLENBERG 1979) direkt ableitbar oder ersatzweise aus klimatischen und bodenkundlichen Parametern zu bestimmen.

9.2.3.1 Ableitung des ökologischen Feuchtegrades über die Vegetation

Soll der ökologische Feuchtegrad aus pflanzensoziologischen Aufnahmen abgeleitet werden, so sind nach LESER u. KLINK (1988) folgende Anforderungen an die Aufnahmefläche zu stellen:

- Mindestflächengröße für Waldökosysteme 100-200 m^2
- Quasihomogene Physiognomie der Pflanzendecke und quasihomogene Ausprägung abiotischer Wuchsfaktoren
- Keine Störeffekte durch Wege, Fahrspuren, Rückegassen u.ä.

Alle Pflanzenarten, die auf der Aufnahmefläche wachsen, werden nach Schichten geordnet aufgelistet und ihre Deckung (Massenanteil) nach der Klassifikation von BRAUN-BLANQUET (1964) geschätzt.

Tab 9-20: Klassifizierung der Artmächtigkeit

5: >75% deckend, Individuenzahl beliebig	1: <5% deckend bei hoher Individuenzahl
4: >50-75% deckend, Individuenzahl beliebig	+: wenig deckend, wenig Individuen
3: >25-50% deckend, Individuenzahl beliebig	r: sehr wenig deckend, oft nur ein Individuum
2: 5-25% deckend, Individuenzahl beliebig	

(nach BRAUN-BLANQUET 1964; s.a. KREEB 1983, S. 61 und REICHELT u. WILMANNS 1973, S. 67)

Die Zeigerwerte für die Merkmale Feuchte, Reaktion und Mineralstickstoffverfügbarkeit nach ELLENBERG (1979) werden zugeordnet. Diese können durch Mittelwertbildung (arithmetisches Mittel) der Zeigerwerte aller Pflanzen der Aufnahmefläche abgesichert werden. Dabei werden Arten mit der Abundanz „r" als „zufällige Arten" nicht berücksichtigt. Auch ist es möglich, nach der Deckung gewichtete Mittelwerte zu bilden, indem die Deckungsgrade „2, 3, 4, 5" als Gewichtungsfaktoren eingehen. Deckungsgrade der Stufen „+, 1" erhalten den Gewichtungsfaktor 1. Anwendungen beider Verfahren zeigen jedoch, daß die Ergebnisse nur wenig differieren, so daß die ungewichtete Mittelwertbildung ebenso opportun erscheint (BÖCKER, KOWARIK u. BORNKAMM 1983, HÜTTER 1986). KOWARIK u. SEIDLING (1989) und ELLENBERG (1979) weisen außerdem darauf hin, daß die Deckung kein strenger Ausdruck der abiotischen Standortgunst ist, sondern z.T. auch als arteigenes Merkmal betrachtet werden kann.

Grundsätzlich ist zu berücksichtigen, daß eine Bildung arithmetischer Mittelwerte von Zeigerwerten als ordinal skalierte Größen nach mathematisch-statistischen Kriterien eigentlich nicht statthaft ist. Auf diesen Tatbestand ist vielfach hingewiesen worden, doch „ebensooft auf die bestehende Sinnhaftigkeit dieses mathematisch unzulässigen Verfahrens" (KOWARIK u. SEIDLING 1989, S. 136).

Demgemäß werden in dieser Arbeit daher nur die ungewichteten Mittelwerte dokumentiert. In die Mittelwertberechnung gehen, wie dies ELLENBERG (1979) nahelegt, nur die Arten der Strauch- und Krautschicht ein, da der Wurzelraum der Bäume sich in größere Bodentiefen hinein erstrecken kann und damit die Wasserversorgung wie auch die Mineralnährstoffversorgung mit derjenigen niederwüchsiger Pflanzen nicht vergleichbar ist.

In den Pflanzenlisten sind die Einzelarten einer Aufnahmefläche nach der Feuchtezahl geordnet aufgeführt. Dabei sind feuchteindifferente Arten ihrer Vergesellschaftung gemäß eingeordnet, aber nicht zur Mittelwertbildung herangezogen worden. Mit einem Stern (*) gekennzeichnete Mittelwerte sind besonders unsicher: der Mittelwert mußte aus weniger als sechs Zeigerwerten gebildet werden. Der Schwellenwert „sechs" ist als eigene Setzung zu verstehen; allgemein gültige Schwellenwerte gibt es nicht (s.a. KOWARIK u. SEIDLING 1989).

Beispiele zur Einstufung von Waldökosystemen im Raum Bad Iburg

Die unterschiedliche Interpretierbarkeit von pflanzensoziologisch-ökologischen Standortaufnahmen in Waldbeständen zur Ermittlung des ökologischen Feuchtegrades verdeutlichen die Tabellen MP1-4 (s. Mikrofilmbeilage). Es wurden Waldbestände ausgewählt, da es zur Prüfung der grundsätzlichen Eignung des Verfahres im Iburger Raum geboten erschien, Einflüsse intensiver Bewirtschaftung (z.B. Tritt, Beweidung, Düngung) zunächst weitgehend auszuschalten, die bei der Ausbildung quasistabiler Pflanzengesellschaften hinderlich sind.

Auf dem basenreichen Flügel der Melico-Fageten (siehe MP1a) wird der Gradient des ökologischen Feuchtegrades sehr fein wiedergegeben. Die mittleren Feuchtezahlen liegen auf flachgründigen Kuppen, Kämmen und südexponierten Hängen zwischen 4,9 und 5,3. Feuchteanzeigende Pflanzen der Ranunculus ficaria - Gruppe (s.a. ELLENBERG 1986) fehlen nahezu vollkommen, so daß die Böden dieser Standorte als „trocken" oder besser als „sommerlich regelmäßig austrocknend" charakterisiert werden können. Auffällig ist, daß viele dieser trockenen Kalkbuchenwald-Bestände ehemalig einer Niederwaldnutzung unterlagen, die über stärkere Belichtung, Humusverlust oder Bodenverdichtung auch Einfluß auf den standörtlichen Wasserhaushalt nahm (s.a. POTT 1981). Auf nordexponierten, firstnahen Standorten (MP1b.11 u. 12) mit Höhen von >200 m üb. NN und besonders flachgründigen Rendzinen treten neben großen Herden von Mercurialis perennis auch Vertreter der hinsichtlich des Wasserhaushaltes etwas anspruchsvolleren Corydalis cava - Gruppe auf. Die mittlere Feuchtezahl von 5,4 bzw. 5,5 ist zwar gegenüber der erstgenannten Gruppe nur wenig erhöht, doch wird hier deutlich, daß eine sehr geringe Bodenmächtigkeit wohl zum Teil durch einen höheren Niederschlagsgenuß oder eine schatthangbedingt höhere relative Luftfeuchte kompensiert werden kann (s.a. BURRICHTER 1953). Der Kuppenstandort am Nottel (230 m) (MP1a.10) weist eine gleich hohe Feuchtezahl auf, doch muß hier berücksichtigt werden, daß aufgrund einer vorangegangenen Stammzahlreduktion der Wettbewerb um Wasser und belichtungsbedingt die Nitratverfügbarkeit erhöht ist. Im Zusammenhang mit Kalkungen bodensaurer Waldökosysteme ist vereinzelt darauf hingewiesen worden, daß eine Erhöhung des Nitratangebots im Zusammenhang mit einem Humusabbau feuchteholdere Pflanzen auch auf eher trockenen Standorten gedeihen läßt (TRILLMICH u. UEBEL 1983, BEESE 1985). Zwar ist unklar, welcher dieser beiden Faktoren (erhöhtes Wasserangebot oder erhöhtes Nitratangebot) ausschlaggebend ist bzw. ob es letztlich beide gemeinsam sind, doch muß bei der Auswertung von Feuchtezahlen auch die Stickstoffverfügbarkeit ins Kalkül gezogen werden.

Die Standorte MP1b,c.13-20 lassen durch einen höheren Anteil an Arten der Ranunculus ficaria - Gruppe erkennen, daß die Zeit sommerlicher edaphischer Trockenheit abnimmt. Die Böden besitzen eine größere Entwicklungstiefe, sind zum Teil mit Lößlehm vermengt und erhalten fast immer einen Zuschuß durch Hangwasser. Da Redoximorphismen im Bodenkörper hier nur selten auftreten, wird das höhere Wasserangebot am besten über die Vegetation erfaßbar. Die höchsten Feuchtezahlen der Serie von Pflanzenaufnahmen im schwach sauren bis basischen Reaktionsmilieu besitzen die mit nährstoffreichem, humosem Kolluvialmaterial gefüllten, gewässerlosen Rinnen am Kleinen Berg (z.B. Eichendehne) mit Feuchtezahlen knapp unter 6. Nahezu ebenso hohe Feuchtezahlen zeigen trotz sehr flachgründiger Böden die luftfeuchten Nordhangstandorte am Großen Freden (269 m) bzw. am Ellbrink (215 m) (MP1c.22 u. 23). Das relativ geringe Sättigungsdefizit der sonnenabgewandten Hänge führt zu einem üppigen Wachstum von Mercurialis perennis (MP1c.21) und fördert damit die Ausbreitung der frischen, kalkindizierenden Corydalis cava - Gruppe des Kammstandortes (MP1c.12) in hangabwärtiger Richtung. Das Auftreten von Gymnocarpium dryopteris zeigt weiter hangabwärts sogar die Sammlung oder einen Aufstau feucht-kühler Luft in Geländedepressionen an.

Die sehr feine Wiedergabe von standörtlichen Feuchteunterschieden auf nährstoffreichen Standorten läßt die Vegetation zu einer wichtigen Kartiergröße werden. Gleichwohl bleibt zu berücksichtigen, daß ein hoher Anteil an Geophyten, der vielen der bislang beschriebenen Pflanzenaufnahmen zueigen ist, nur als Indikator *frühjährlicher Standortsfrische* zu gelten hat. Dadurch daß die meisten Geophyten ihre Hauptentwicklungsphasen bis zum Frühsommer bereits durchlaufen haben, überstehen sie die für flach- bis mittelgründige Kalksteinböden typischen sommerlichen Trockenphasen im allgemeinen gut.

Die Pflanzenaufnahmen MP2.1-9 entstammen alle grund- oder stauwasserbeeinflußten, mäßig basenreichen bis basenreichen Standorten hoher Mineralstickstoffverfügbarkeit. Die Mittelwerte der Feuchtezahlen dieser Aufnahmen entsprechen allerdings denjenigen der bodenfrischen, stauwasserfreien Kalksteinverwitterungslehm-Standorte.

Auch hier ist die Ranunculus ficaria - Gruppe stark vertreten; nur wenige krautige Pflanzenarten weisen somit streng auf die frühjährlich starke Vernässung hin. Auffällig ist allerdings die untergeordnete Stellung der Buche in der Baumschicht. Stieleiche, Hainbuche und Esche als nässeertragende Baumarten besitzen hier eine höhere Konkurrenzkraft, so daß Fageten durch Carpineten ersetzt werden. Daher ist es wichtig, pflanzenökologische Untersuchungen im Rahmen einer geoökologischen Kartierung nicht auf Mittelwertbildungen von Zeigerwerten zu reduzieren, sondern das Artenspektrum im Detail mit zu berücksichtigen. Die Aufnahmen MP2.5-9 geben durch die große Zahl an Feuchtezeigern zu erkennen, daß auch während des Sommers ein Feuchtezuschuß durch Grundwasser zumindest im unteren Wurzelraum vorhanden ist. Es handelt sich um quellige Standorte mit jahreszeitlich stark schwankenden Grundwasserständen, die zum Teil oberflächennah zusätzlich eine Pseudogleydynamik aufweisen.

In der Pflanzenaufnahmegruppe MP3.3-13 sind Standorte zusammengefaßt, die ganzjährig durch hoch anstehendes Grundwasser beeinflußt sind. Die Standorte 1 und 2 vermitteln hinsichtlich ihres ökologischen Feuchtegrades zur Gruppe MP2. Die mittleren Feuchtezahlen der bachbegleitenden Auenwälder (3-9) liegen zwischen 6,7 und 7,0-7,2. Die meist gut basenversorgten Bestände weisen untergeordnet Vertreter der Carex remota - Gruppe, vor allem aber der Filipendula- und Carex acutiformis - Gruppe auf. An diesen Pflanzenaufnahmen wird deutlich, daß trotz starker Vernässung und ihrer klaren Indikation durch nässeertragende Pflanzen die mittleren Feuchtezahlen nur wenig erhöht sind (vergl. aber LESER u. KLINK 1988). Ausschlaggebend dafür ist, daß auch auf ganzjährig vernäßten Standorten mit stellenweise sogar bis in den Oberboden hineinreichendem Luftmangel (Anmoor- oder Torfbildung) Bodenfrischezeiger gegenüber Nässe „bevorzugenden" Pflanzen noch konkurrenzkräftig genug sind. Das vermindert natürlich die Mittelwerte. Daher ist es sinnvoll, das Auftreten feuchtanspruchsvoller Arten als Indiz der Bodenvernässung stärker zu gewichten als den Mittelwert an sich. Die Erlenwälder und Erlenbrücher der Aufnahmen 10-13 mit mittleren Feuchtezahlen von 7,3-8,1 sind die nassesten der untersuchten Standorte. Hier treten sowohl Arten der Carex acutiformis - Gruppe als auch der noch stärker Nässe anzeigenden Caltha - Gruppe auf. Starke Vernässung bis an die Oberfläche führt zu Torfbildung. Aus den oben dargelegten Gründen überrascht es nicht, daß die Extremwerte der mittleren Feuchtezahl semiterrestrischer Standorte von nahe 10 nicht erreicht werden.

Zusammenfassend bleibt festzustellen, daß auf allen basenreichen und mäßig basenhaltigen Standorten mit voll entwickelten Pflanzengesellschaften die ELLENBERGschen Zeigerwerte und ökologischen Artgruppen mit Erfolg zur Bestimmung des ökologischen Feuchtegrades herangezogen werden können.

Auf dem basenarmen Flügel ist die Abschätzung des ökologischen Feuchtegrades durch Bioindikation mit größeren Schwierigkeiten verbunden, da vor allem Waldgesellschaften durch Artenarmut geprägt sind und demgemäß nur wenige Arten zur Mittelwertbildung herangezogen werden können. Die Probleme verschärfen sich noch, wenn sich unter den vorkommenden Arten hohe Anteile gegenüber dem Feuchtefaktor indifferent verhalten. In den pflanzenökologischen Aufnahmen MP4a-d.1-31 treten diese Fälle recht häufig auf und sind mit einem Stern (*) gekennzeichnet, wenn der Mittelwert aus weniger als 6 Zeigerwerten gebildet werden mußte.

Die Pflanzenaufnahmen MP4a.1-10 kennzeichnen bodensaure Standorte aus Sand oder skelettreichen Solifluktionsschuttdecken. Trotz geringer bis sehr geringer nutzbarer Feldkapazität des Bodenkörpers werden mittlere Feuchtezahlen unter 5 nicht erreicht, was auch als Indiz einer ozeanischen Klimatönung gereichen kann. Durch das Auftreten von Vertretern der Vaccinium myrtillus - und der Deschampsia - Gruppe wird lediglich die Einordnung nach „mäßig trocken bis mäßig feucht" (ELLENBERG 1986, S. 100f) definiert. Auf diesem trockenen Flügel der bodensauren Standorte wird die Dominanz der Buche durch die Birke und die Stieleiche gebrochen (Querco-Betuletum typ.). In den Aufnahmen MP4b.11-16, die auf silikatreicheren, aber ebenfalls stark sauren, z.T. (pseudo)vergleyten Standorten durchgeführt wurden, treten zwar feuchtezeigende Arten wie Athyrium filix-femina oder Gymnocarpium dryopteris hinzu, doch bleiben insgesamt die mittleren Feuchtezahlen unsicher. Die Buche wird zur herrschenden Baumart oder kommt zumindest in größeren Anteilen vor.

Standorte mit versauerten Böden, die eine hohe nutzbare Feldkapazität aufweisen, sind in MP4c.17-23 zusammengestellt. Die mittleren Feuchtezahlen liegen zwischen 5,6 und 5,9 und entsprechen damit auf dem basenreichen Flügel den Zuschußwasser empfangenden, sonnenabgeneigten Unterhängen der gewässerlosen Tiefenlinien bzw. den frühjahrsvernäßten Pseudogley- und Gleystandorten. Vereinzelt treten staunässezeigende Pflanzen (Juncus effusus) auf. Ansonsten bleibt auch hier die Mittelwertbildung mit Unsicherheiten behaftet.

Auf bodensauren Standorten mit sandigem Substrat und deutlichem Grund- oder Staunässeeinfluß (MP4d. 24-27) und lößlehmhaltigen Böden mit Zuschußwasser (MP4d. 28-31) ist die Buchendominanz wieder gebrochen. Auf beiden Standortstypen wird die Feuchtezahl 6 überschritten, wenngleich von den feuchtezeigenden Pflanzen nur Athyrium filix-femina häufig auftritt. So ist selbst auf dem feuchteren Flügel bodensaurer Standorte die Anwendbarkeit von Zeigerwerten oder ökologischen Artgruppen zur Klassifizierung des ökologischen Feuchtegrades nur mit Schwierigkeiten möglich.

Faßt man die Probleme, die bei der Anwendung pflanzensoziologisch-ökologischer Aufnahmen zur Ermittlung des ökologischen Feuchtegrades bestehen, zusammen, so muß als besonders kritisch gelten, daß

- die Zeigerwerte nur für Standorttypen anwendbar sind, an denen die natürlichen zwischenartlichen Konkurrenzbedingungen und Abhängigkeiten realisiert sind. Damit beschränkt sich der räumliche Anwendungsbereich.
- die Zeigerwerte nur Auskunft über die Nährstoff- und Feuchteverhältnisse während der Hauptentwicklungsphasen der Vegetation geben. Bestände, die einen hohen Anteil von Frühjahrsgeophyten aufweisen, indizieren eine gute Wasserversorgung der Pflanzen im Frühjahr, die sich aus dem winterlich aufgefüllten Bodenhaftwasservorrat im Zusammenspiel mit der geringen Wasserkonkurrenz durch noch unbelaubte Bäume ergibt. Der trockene sommerliche Zustand der flachgründigen Kalksteinverwitterungsböden wird demgegenüber nicht adäquat widergespiegelt. Daher muß vor gemittelten Kenngrößen, die die ganze Vegetationsperiode repräsentieren sollen, gewarnt werden.
- die Feuchteverhältnisse auf nährstoffarmen oder stark durch Baumkronen beschatteten Standorten durch Bioindikation nur sehr ungenau abgeleitet werden können, da bei sehr geringen Artenzahlen Mittelwertbildungen wenig aussagekräftig sind.
- infolge der Mittelung von Zeigerwerten standörtliche Extremverhältnisse nur ungenau wiedergegeben werden, da immer auch konkurrenzstarke intermediäre Arten eingemischt sind und die Mittelwerte von Extremwerten weg verschieben. Auch die Anwendung des „Feuchtedreiecks" (LESER u. KLINK 1988) löste dieses Problem nicht, sondern schaffte neue. Demgemäß kämen im Iburger Raum nur frische bis nasse Waldökosysteme vor.

9.2.3.2 Ableitung des ökologischen Feuchtegrades über den Boden

Aufgrund o.g. Schwierigkeiten, die bei der Anwendung von Zeigerwerten auftreten, wird ergänzend, z.T. alternativ, ein Schema zur Abschätzung des ö.F. vorgestellt, das bodenkundliche und klimatische Parameter integriert. Es ist eine auf die Verhältnisse im Iburger Raum abgestimmte Modifikation aus den Kartiervorschriften von LESER u. KLINK (1988), ARBEITSGRUPPE BODENKUNDE (1982) und des ARBEITS-KREISES FORSTLICHE STANDORTSKARTIERUNG (1980).

Tab. 9-21: Bestimmung des ökologischen Feuchtegrads über bodenkundliche (und klimatische) Parameter

TROCKEN (7): In Jahren mit durchschnittlichen Niederschlägen kommt es regelmäßig zu länger anhaltendem Wassermangel (Ausschlußstandort für Fichte, Buche mit geringer Wuchsleistung, mäßiger Wuchs von Eiche und Kiefer)

nFk: < 60 mm im effektiven Wurzelraum (We)

Beispiele: Böden aus Grob- bis Mittelsanden mit > 30% Skelettanteil; Feuchtestufe „trocken" kommt im Iburger Raum nur selten vor.

SCHWACH TROCKEN (6): In Normaljahren wird sich stets vorübergehend deutlicher Wassermangel einstellen. Geringe Wuchsleistung zeigt hier die Fichte, Buche mit mäßigem Wuchs, befriedigender Wuchs bei Kiefer und Eiche.

nFk: 60 - 90 mm im We

Mittlere Feuchtezahl n. ELLENBERG (1979): 4,5 - 5,3

Beispiele aus dem Iburger Raum: Böden aus Schuttdecken aus Sandstein mit nur geringer Lößlehmbeimengung; Böden aus Grob- bis Mittelsanden; tonreiche Kalkstein-Residuallehme und Geschiebelehme mit We < 50 cm

MÄßIG FRISCH (5-6): In Normaljahren gibt es nur kurzfristigen Wassermangel. Die Wuchsleistung von Eiche und Kiefer ist gut, bei Buche und Fichte mittel bis gut.

A) nFk wie (6), Ökotop aber schwach besonnt

B) nFk incl. Zuschußwasser 90 - 160 mm im We

Mittlere Feuchtezahl n. ELLENBERG (1979): 5,2 - 5,5

Beispiele aus dem Iburger Raum: lößlehmbetonte Solifluktionsschuttdecken, tonreiche (>35% Ton) Böden ebener oder überdurchschnittlich besonnter Lagen, Mittel- bis Feinsande - alle ohne Einschränkung der Durchwurzelbarkeit; außerdem Lehme und Schluffe mit Gründigkeiten < 80 cm (z.B. Löß über Tonstein).

FRISCH (5): Wassermangel ist hier selten und während längerer Trockenperioden nur kurzfristig; Wachstumsinhibition für Buche und Fichte selten.

nFk incl. Zuschußwasser: 140 - 160 mm im We, nur schwach besonnt

nFk incl. Zuschußwasser: 160 - >200 mm im We

Mittlere Feuchtezahl n. ELLENBERG (1979): 5,5 - 5,7

Beispiele aus dem Iburger Raum: Schluffe und schluffbetonte Lehme (häufig Löß oder Sandlöß). Sande und lehmige Sande (MGW 8-13 mm) mit Zuschußwasser (häufig Redoximorphismen) im Extensivwurzelraum.

SEHR FRISCH (4-5): Auch während längerer Trockenperioden steht ausreichend Wasser zur Verfügung; häufig schwache Redoximorphismen in Lehmen und schluffbetonten Böden.

A) nFk: 180 - >200 mm im We, Schatthanglagen ohne Zuschußwasser

B) nFK: 180 - >200 mm, Schluff- und Lehmböden in Normallagen mit leichtem Hang- oder Grundwasserzuschuß oder schwach staunaß bzw. haftnaß; drainierte Sande und lehmige Sande mit MGW 6-10 dm

Mittlere Feuchtezahl n. ELLENBERG (1979): 5,6 - 5,8

Fortsetzung von Tab. 9-21 nächste Seite

Fortsetzung von Tab. 9-21

SCHWACH FEUCHT (4):	Kein Wassermangel während der Vegetationsperiode im effektiven Wurzelraum; im Unterboden kommt es im hydrologischen Winterhalbjahr zu Luftmangel.
	Hang- oder Grundwasserzuschuß: mittel staunaß oder schwach bis mittel grundnaß:
	Gruppe 1: Sl4, Tu4, Ls3, Ul4, Ul2, U (III, IV, V) 13-16 dm MGW
	Gruppe 2: fS, Sl2, Tu2, T, Sl3, Su, Ls4,Tu (I,II,VI,VII) 8-13 dm MGW
	Gruppe 3: gS, mS, mSfs (VIII, IX) 4-8 dm MGW
	Mittlere Feuchtezahl n. ELLENBERG (1979): 5,7 - 6,0
FEUCHT (3):	Wasser durch Hang- oder Grundwasserzuschuß stets überreichlich vorhanden; Luftmangel schränkt Tiefdurchwurzelung ein. Humusabbau ist gehemmt. Bodentyp ist ein Gley (seltener ein Pseudogley).
	Hang- oder Grundwasserzuschuß: mittel bis stark grundnaß oder stark bis sehr stak staunaß
	Gruppe 1: 8-13 dm MGW
	Gruppe 2: 4-8 dm MGW
	Gruppe 3: 2-4 dm MGW
	Mittlere Feuchtezahl n. ELLENBERG: 6,0 - 7,0
NAß (2):	Luftmangel schränkt im Oberboden die Durchwurzelung und den Humusabbau stark ein. Torfbildung als verbreiteter Bodenentwicklungsprozeß.
	Grundwasserzuschuß:
	Gruppe 1: 4-8 dm MGW
	Gruppe 2: 2-4 dm MGW
	Gruppe 3: 0-2 dm MGW
	Mittlere Feuchtezahl n. ELLENBERG: 7,0 - 9,0
SEHR NAß (1):	Gesamter Mineralboden ist nahezu das ganze Jahr über wassergesättigt. Verbreiteter Bodentyp ist das Moor (Niedermoor).
	Mittlere Feuchtezahl n. ELLENBERG: > 8,5

Die standörtliche Bodenfeuchte als integrativer Ausdruck von Bodenfeuchteregimetyp und ökologischem Feuchtegrad kennzeichnet den Wasserhaushalt des Ökotops. Folgende Kurzbezeichnung wird gewählt:

Tab. 9-22: Kurzbezeichnung der standörtlichen Bodenfeuchte

Standörtliche Bodenfeuchte	
Bodenfeuchteregimetyp	ökologischer Feuchtegrad
Erster (eventuell zweiter) Buchstabe	Ziffer
Beispiele:	
H5:	haftwasserabhängiger, frischer Standort
Hi4-5:	haftwasserabhängiger, frischer bis schwach feuchter Standort mit Hangwasserzuschuß
Gs4:	grundwasserabhängiger, schwach feuchter Standort mit zeitweisem Auftreten von Stauwasser im oberen Teil des Bodenkörpers.

9.3 KENNGRÖSSEN DES RELIEFS

Das Relief wirkt durch strukturelle wie prozessuale Größen auf den Landschaftshaushalt ein. Sowohl der standörtliche Nährstoff- als auch der Wasser- und Wärmehaushalt werden durch die Oberflächengestalt beeinflußt.

Eine geoökologische Kartierung im Mittelgebirgsraum des Teutoburger Waldes wird im besonderen der Hangneigung und zur Grenzfindung geomorpher wie geoökologischer Einheiten auch der Wölbung Gewicht einräumen. Die Geländeneigung kann flächenhaft aus dem Höhenlinienbild der DGK 5 aufgenommen werden, wobei „kritische" Bereiche durch Messungen im Felde zu kontrollieren sind. Die Hangneigungsklassifikation orientiert sich an den neigungsbedingten Prozessen, die für den ökosystemaren Stoffhaushalt von Bedeutung sind. In erster Linie wären hier die Hangdenudation und Erosion zu nennen. Schon bei Hangneigungen von >2° ist auf Ackerflächen, ab etwa 7° auch unter Waldbestockung, mit Bodenabtrag zu rechnen. Besonders Standorte mit gefügeinstabilen grobschluffreichen oder feinstsandreichen Böden sind schon bei schwacher Neigung erosionsgefährdet (KUGLER 1974). Ab einer Hangneigung von ca. 15° tritt Bodenabtrag auch unter grünlandwirtschaftlicher Nutzung auf, Prozesse der Massenselbstbewegung werden formungswirksam. LESER u. STÄBLEIN (1975) schlagen für die Geomorphologische Kartierung 1:25000 für eine Mittelgebirgslandschaft die unten folgende Hangneigungsklassifizierung vor. Diese wird auch für die Geoökologische Karte Bad Iburg für geeignet gehalten.

Tab. 9-23: Klassifizierung der Hangneigung

Neigungsstufen [°]	0-2
	>2-7
	>7-15
	>15-25
	>25-35

(nach LESER u. STÄBLEIN 1975)

Auch im Südteil des Kartenblattes reicht die Klassenbildung noch aus, um Ebenen von flach geneigten Hängen, die eine erhöhte Erosionsgefährdung aufweisen, zu unterscheiden. Reine Tieflandsräume sollten allerdings im unteren Hangneigungsbereich nach feiner gestuften Hangneigungsklassen kartiert werden.

Neben flächenhaften Reliefelementen gehen auch linienhafte Elemente wie Kanten, Stufen oder Böschungen in die geoökol. Karte ein. Da an ihnen auf engem Raum die standörtlichen Unterschiede meist sehr kraß sind, können sie häufig zur Abgrenzung von Ökotopen herangezogen werden. Unter den aktuellen geomorphologischen Prozessen kommt der Erosion und der Deflation entsprechend dem hohen Anteil landwirtschaftlich genutzter Flächen im Iburger Raum große Bedeutung zu.

9.4 MESOKLIMATISCH-LUFTHYGIENISCHE KENNGRÖSSEN

Hangneigung und Hangexposition sind besonders im bewegten Mittelgebirgsrelief wesentliche Steuergrößen des Mesoklimas und damit des standörtlichen Wärmehaushalts. Neben dem Wasserhaushalt und in Verbindung mit ihm nimmt der Wärmehaushalt direkt Einfluß auf die Lebewelt und wird daher zu einem wichtigen Faktor der Ausweisung von Ökotopen.

Trotz ozeanisch-humiden Rahmenklimas kann auf flachgründigen, südlich exponierten Hangstandorten während der Vegetationsperiode vergleichsweise häufiger oder länger andauernder Trockenstreß an Pflanzen auftreten. Im Vergleich zu kontinentaleren Standorten sind die wärmeklimatischen Unterschiede allerdings abgemildert.

9.4.1 Einstrahlung

Der kurzwellige Einstrahlungsterm der Strahlungsbilanzgleichung als Eingangsgröße des Wärmeumsatzes - die astronomisch mögliche Besonnung - läßt sich flächenhaft mit Hilfe der Besonnungssummenwerte nach MORGEN (1957) erheben. Bezugseinheiten können im einfachen Fall Flächenraster sein. Demgegenüber legte eine auf der Grundlage der DGK 5 vorgeschaltete Kartierung der Hangneigung und der Exposition (8-stufig) die Verwendung von Flächen gleicher Neigungs- und Expositionsklasse als Bezugsflächen nahe. Im stark reliefierten Raum des Iburger Waldes und der Kalkschichtkämme sind Besonnungsabzüge zur Berücksichtigung von sektoralen Horizontbegrenzungen notwendig.

Ausgehend von einer normalen Besonnung auf 52° n.Br. von 120 kcal/cm²/a auf die ebene Fläche errechnet sich für die Hangneigungsklassenmitte bei extremer Hangneigung über unterschiedliche Expositionen eine Spannweite der Besonnung von 160,9 kcal/cm²/a (25° bis 35°= 30° S) bis 61,5 kcal/cm²/a (25° bis 35°= 30° N).

Berechnet man die Besonnungssummenwerte aller Klassenmittelwerte der Hangneigung für die acht möglichen Expositionen, so kann die entstehende Wertemenge wie folgt klassifiziert werden:

Tab. 9-24: Klassifizierung der Besonnung

Besonnungsstufen		kWh/m²/a	kcal/cm²/a
schwach besonnt	(A)	>698-988	>60-85
unterdurchschnittlich besonnt	(B)	>988-1279	>85-110
normal besonnt	(C)	>1279-1512	>110-130
überdurchschnittlich besonnt	(D)	>1512-1744	>130-150
stark besonnt	(E)	>1744-1919	>150-165

Die Klassenbreite der Besonnungsstufen ist leicht unterschiedlich. Dies ergibt sich einerseits daraus, daß das auftretende Besonnungsminimum von der Normalbesonnung weiter entfernt liegt als das Besonnungsmaximum, andererseits die Werteschar der Besonnung so zu ordnen ist, daß an der Klassifizierung der Hangneigung festgehalten werden kann.

Als Ergebnis der Klassifizierung liegen Flächen bis zur Neigung 2-7° unabhängig von der Exposition im Bereich normaler Besonnung, sofern keine Horizontbegrenzung existiert. Ost- und Westhänge liegen im gesamten Hangneigungsbereich (0-35°) durchweg in der Stufe normaler Besonnung. Abweichungen von der normalen Besonnung ergeben sich demgemäß für nördlich bzw. südlich exponierte Hänge mit Neigungen > 7°. Zur Berechnung der mittleren jährlichen tatsächlichen Besonnung müssen die tabellierten Besonnungssummenwerte auf ca. 31% reduziert werden (Mittel der Stationen Münster, Osnabrück, Bad Rothenfelde; nach DEUTSCHER WETTERDIENST, aus LESER u. KLINK 1988).

9.4.2 Kaltluftverteilung

Die Erfassung des steuernden Einflusses der Geländegestalt auf die Temperatur der bodennahen Luftschicht während Strahlungsnächten, an denen sich bodennah Kaltluft bildet und entsprechend der Geländeneigung in Depressionen abfließt und unter Ausbildung einer stabilen Schichtung sich dort sammelt, gehört zu den wichtigsten geländeklimatologischen Untersuchungen im Rahmen einer geoökologischen Kartierung. Wenn auch nicht in jedem Falle statistische Untersuchungen zur Wahrscheinlichkeit des Auftretens von Schadfrösten durchgeführt werden können, so erlaubt eine kurze Meßdauer sehr wohl Angaben zur Kaltluftverteilung und zur vergleichenden Abschätzung der Frostgefährdung. Da Strahlungsfröste auf die Lebewelt (z.B. Nutzpflanzen) direkt und meist schädigend einwirken, sollten kaltluftgefährdete Gebiete in einer geoökologischen Karte dargestellt sein.

Im Raum Bad Iburg war von speziellem Interesse, in welchem Maße Kaltluftsammlung in den Tälern des Teutoburger Waldes eintritt und außerdem, ob es auch im schwach reliefierten südlichen Vorland ausgesprochene Kaltluftsammelgebiete gibt.

Um dies zu erkunden, wurde in den Monaten März bis Mai 1986 ein stationäres Meßnetz mit 3 Wetterhütten an ausgewählten Stationen des Berglandes (Urberg - Holperdorper Tal) und 2 Wetterhütten im Vorland nahe Burg Scheventorf eingerichtet, und im März bis Mai 1989 wurden ebenfalls im Vorland insgesamt 5 Wetterhütten aufgestellt[54].

Tab. 9-25: Geräteausstattung der Wetterhütten

Meßkampagne 1986	
Meßgrößen	Meßgerät
Tmin	Minimumthermometer der Firma Thies
Tmax	Maximumthermometer der Firma Thies
Meßkampagne 1989	
Meßgrößen	Meßgerät
Tmin	Minimumthermometer der Firma Thies
Tmax	Maximumthermometer der Firma Thies
Temperatur u. Luftfeuchtigkeit	Thermohygrograph der Firma Thies

Als Meßhöhe wurde gemäß der RICHTLINIEN FÜR DIE KARTIERUNG DER FROSTGEFÄHRDUNG DURCH DIENSTSTELLEN DES WETTERDIENSTES die 70 cm Marke gewählt (s.a. SCHNELLE 1963, Anhang 1). Als Bezugsstationen dienten die amtlichen Klimastationen Münster und Osnabrück.

Darüber hinaus wurden die Meßergebnisse des stationären Netzes durch Geländeklimameßfahrten im südlichen Vorland des Teutoburger Waldes bzw. im Osnabrücker Berg- und Hügelland ergänzt. Messungen der Temperatur und Luft-

---

[54])Ganz herzlicher Dank gilt für die Betreuung der Wetterhütten im Jahre 1986 den Gymnasiasten Andreas Middelberg (Hagen a.T.W.) und Robert Schwersmann (Bad Iburg) sowie 1989 Benno Schlüter (Bad Iburg). Nicht weniger zu danken bleibt Herrn K.-H. Theissig (Bad Iburg) und G. Knapheide (Kattenvenne), beide Lehrer am Gymnasium Bad Iburg, für die Koordination, die Betreuung der Schüler und den hohen persönlichen Einsatz.

feuchtigkeit erfolgten auch hier in einer Meßhöhe von 70 cm mit dem Meßinstrument „Hygrotest" der Firma Testotherm. Die gemessenen Temperaturen wurden entsprechend dem Abkühlungsbetrag korrigiert, der sich für die Zeitdauer der mobilen Meßkampagnen von einem Thermohygrographen (stationär in Wetterhütte) ermitteln ließ.

Kaltluftverteilung im Bergland nördlich der Kalksteinschichtkämme

Aufschluß über die Kaltluftverteilung und Frostgefährdung im Berglandbereich nördlich der Kalksteinschichtkämme geben die Ergebnisse der geländeklimatischen Messungen, die bereits im Jahre 1986 durchgeführt wurden (HÜTTER 1986).

Am südexponierten Hang vom Urberg (207 m ü. NN) zum Talgrund des Holperdorper Tals wurden vom März bis zum Juni 1986 3 (4) mesoklimatische Meßstationen betrieben. Die höchstgelegene Station (Urberg) lag in südlicher Exposition knapp unterhalb der Firstlinie des gleichnamigen Höhenzuges, die zweite Station (Mäscher) befand sich in Mittelhangposition und die dritte und vierte Station (Hunecke I, II) wurden am Talgrund aufgebaut (s.a. Karte MK3b). Die Ergebnisse dieser Meßkampagne sind in Tabelle MK3a dargestellt.

Es fällt auf, daß die Minimumtemperaturen der Station Urberg im Durchschnitt der 23 Strahlungsnächte um 3,9 K über denen von Hunecke I lagen, wobei im Untersuchungszeitraum maximale Differenzen von 6,6 K auftraten. Erniedrigungen der Temperaturminima gingen einher mit häufigeren Frostereignissen. So wies die Talstation 13, die Station Urberg nur 5 Strahlungsfröste auf. Trat am Urberg Frost auf, so verschärfte er sich zum Talgrund um durchschnittlich 2,5 K.

Im Vergleich der Mittelhangstation Mäscher zu Hunecke I war zunächst die Tendenz ähnlich, aber die Tmin-Differenz abgeschwächt. Die durchschnittliche Verminderung der Minimumtemperatur während Strahlungsnächten betrug immerhin noch 3,1 K, wobei die maximale Differenz 6,5 K erreichte. Mit 6 Strahlungsfrösten im Untersuchungszeitraum wies die Station Mäscher jedoch Parallelen zur Kammstation Urberg auf. Im Durchschnitt lagen die Tmin-Werte nur 0,8 K unter denen vom Urbergkamm. Dies bestätigt hier die Existenz einer sog. warmen Hangzone.

Die Talstationen Hunecke I und II maßen in unterschiedlicher Höhenlage, Hunecke I in 70 cm und Hunecke II in 200 cm üb. Grund. Der Vergleich ihrer Minimumtemperaturen erlaubt Rückschlüsse auf den bodennahen vertikalen Temperaturgradienten. Im Durchschnitt nimmt die Minimumtemperatur von 70 cm auf 200 cm um 1,2 K zu. Dies kann u.U. die Frostgefährdung von hochwüchsigen Baumobstkulturen im Holperdorper Tal abschwächen. Trotz der nur 17 Meßwerte von Hunecke II darf doch mit einiger Sicherheit eine höhere Frostgefährdung des Holperdorper Talgrundes prognostiziert werden als für die Bezugsstationen Osnabrück oder Münster. Dies deuten die hohen mittleren Tmin-Differenzen von 3,8 K gegenüber Münster bzw. von 3,7 K gegenüber Osnabrück an.

Die Geländeklimameßfahrt (s.a. Karte MK4) vom 1.12. zum 2.12.1989 vom Holperdorper Tal bis zum Karlsplatz (Grafensundern) bestätigte die starke Geländeabhängigkeit der Temperaturverteilung. Mit -7,2°C wurde die tiefste Temperatur des gesamten Itinerars am Talgrund des Holperdorper Tals (132 m üb. NN) gemessen. Schon 30 Höhenmeter hangaufwärts stieg die Temperatur um 5,8 K auf -1,4°C, und sie erreichte nahe dem Urbergkamm auf 190 m (Meßpkt. 4) +2,8°C. Die höchste

Karte 9-1: Mesoklimatische Meßstationen - März bis Mai 1989

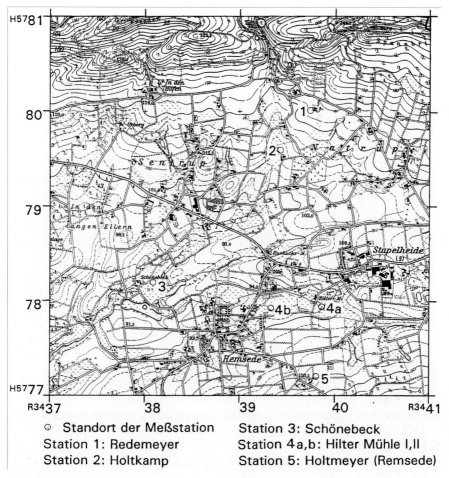

○   Standort der Meßstation   Station 3: Schönebeck
Station 1: Redemeyer   Station 4a,b: Hilter Mühle I,II
Station 2: Holtkamp   Station 5: Holtmeyer (Remsede)

Temperatur wurde in 280 m üb. NN unterhalb des Karlsplatzes mit +3,7°C gemessen[55]. Auch in Längsrichtung des Holperdorper Tales konnte ein ausgeprägter Temperaturgradient vom oberen Talabschnitt (Meßpkt. 15) mit -3,3°C bis zum Hof Hunecke (Meßpkt. 2, 16) mit -7,2°C festgestellt werden. Hier staut sich die zähfließende Kaltluft am Damm der Straße nach Hagen a.T.W. auf. Am Meßpunkt 18, der nördlich des Ortskernes Bad Iburg und des Dammes der B 51 lag, ließ sich der Stau von Norden her zufließender Kaltluft nachweisen. Mit -6,2°C wurde hier die zweitniedrigste Temperatur der Meßfahrt erreicht. Zur Beeinflussung des Mesoklimas durch die Baukörperstruktur und den Hausbrand im Stadtgebiet von Bad Iburg können auf der Basis dieser Meßfahrt keine abgesicherten Angaben gemacht werden.

---

[55] Es kann nicht ausgeschlossen werden, daß die starke Temperaturerhöhung mit zunehmender Höhe während dieser Klimameßfahrt wenigstens zum Teil auf eine schwache advektive Warmluftzufuhr in der Höhe zurückzuführen ist. Dies stützen zum Beispiel Meßpunkte 6, 10, die im schwach durchlüfteten Waldbestand gelegen mehr als 7 Stunden nach Sonnenuntergang noch eine tiefere Temperatur zeigten als der in derselben Höhe gelegene, aber exponierte Meßpunkt 4. Andererseits kann die höhere Temperatur am Urberg auch Folge eines Nachströmprozesses warmer Luft an den Ort abgeflossener Kaltluft sein.

Tab. 9-26: Temperaturminima und -maxima während austauscharmer Strahlungswetterlagen im östlichen Münsterland

Temperaturminima und -maxima während austauscharmer Strahlungswetterlagen im östlichen Münsterland

Datum	Station 1 Redemeyer 127m üb.NN Mittelhang 2-3° Süd 70cm üb.Gr.		Station 2 Holtkamp 105m üb.NN Tiefenlinie 1-2° Süd 70cm üb.Gr.		Station 3 Schönebeck 88m üb.NN Talaue 0-1° 70cm üb.Gr.		Station 4 Hiller Mühle I,II 97m üb.NN Talaue 0-1° 70cm üb.Gr.		Station 5 Holtmeyer (Remsede) 112m üb.NN Mittelhang 2° Nord 70cm üb.Gr.		Bezugsstation 1 Osnabrück 95m üb.NN 200cm üb.Gr.		Bezugsstation 2 Münster 63m üb.NN 200cm üb.Gr.	
	Tmin [°C]	Tmax [°C]	Tmin [°C]	Tmax [°C]	Tmin [°C]	Tmax [°C]	Tmin [°C]	Tmax [°C]	Tmin [°C]	Tmax [°C]	Tmin [°C]	Tmax [°C]	Tmin [°C]	Tmax [°C]
16.3.	1,3	6,2	0,0	6,5	-1,0	7,0	0,0	7,0	0,0	7,1	1,8	5,7	1,2	6,2
18.3.	-2,7	9,7	-3,7	9,8	-4,2	10,4	-4,0	10,5	-3,2	10,6	-0,9	6,8	-2,0	6,5
19.3.	0,1	14,6	-1,0	14,1	-0,6	14,6	-0,8	14,5	-0,2	14,5	3,0	10,4	1,6	11,0
26.3.	0,2	19,2	-1,4	19,5	-2,4	20,2	-2,0	20,0	-0,5	19,8	2,7	13,8	2,2	15,3
27.3.	5,8	14,2	3,0	14,3	2,8	15,0	3,0	14,8	5,5	14,3	3,7		4,3	21,5
30.3.	6,0	18,3	4,0		3,0		3,5		4,3		5,0	15,3		15,2
31.3.	4,3	12,2	1,5	12,2	0,2	11,7	1,0	12,0	2,0	11,7	5,0	18,0	2,9	18,2
8.4.	3,6	13,5	0,5	13,0	1,2	13,7	2,0	13,8	4,0	13,0	5,9	12,6	4,3	12,0
9.4.	0,5	11,4	-1,3	11,4	-2,2	12,2	-1,0	11,1	-0,6	11,0	3,6	13,5	0,7	14,2
16.4.	4,9		4,2		3,3		4,4		3,5		5,9		6,3	12,0
18.4.	0,3		-1,6	9,8	-2,8	10,0	-2,5	10,1	-1,5	10,0	-0,8		-0,8	9,5
20.4.	0,3	10,1	-0,5	10,1	-0,8	10,4	-0,1	10,5	-0,2	10,8	2,9	10,5	0,3	9,4
28.4.	0,9	9,2	0,4	8,9	-0,5	9,7	-0,2	9,3	-0,8	9,3	1,0	9,8	1,3	10,0
29.4.	0,3	11,5	-0,6	11,6	-2,2	11,9	-1,5	12,2	-1,0	12,1	0,9	11,8	-1,1	12,0
30.4.	2,0	13,8	-0,4	13,8	-0,8	15,0	-0,6	14,5	0,1	14,3	1,5	14,1	0,7	15,2
1.5.	4,0	16,8	0,0	16,8	-0,6	17,1	-0,5	17,2	-0,7	17,2	1,9	17,4	1,6	17,2
2.5.	8,2	18,9	5,1	19,3	4,6	19,2	5,2	18,8	5,8	18,7	8,5	19,1	7,2	19,3
3.5.	9,7	18,9	7,8	18,4	5,9	18,5	7,2	18,3	8,4	18,3	9,8	18,4	8,2	18,9
4.5.	7,0	21,3	5,5	20,2	4,3	21,1	4,9	20,7	5,9	20,8	6,7	20,5	6,0	21,4
5.5.	8,8	21,1	6,9	20,4	5,4	20,7	5,7	20,3	6,9	20,3	8,7	19,7	7,5	21,0
8.5.	2,5	18,0	0,2	17,4	-0,5	17,5	0,0	17,3	0,6	17,7	5,3	18,8	2,6	18,7
9.5.	7,0	21,9	4,8	22,3	3,6	22,4	4,6	22,3	5,0	22,7	8,0	22,2	7,5	22,6
11.5.	7,2	14,0	3,6	14,4	3,2	14,3	3,1	14,5	3,7	14,9	5,0	14,8	6,4	14,5
14.5.	5,0	16,6	2,2	17,2	1,2	17,4	2,4	17,1	2,7	17,1	4,5	16,6	5,0	17,2
15.5.	5,6	19,8	3,2	20,1	2,2	20,4	4,0	20,7	3,4	20,6	5,0	19,9	4,7	20,7
16.5.	7,7	22,2	5,0	22,4	5,8	23,2	6,3	22,6	7,6	22,6	7,8	22,6	8,4	22,4
17.5.	11,0	22,1	9,8	21,2	8,0	23,1	9,0	21,6	8,9	21,8	9,5	21,7	7,7	21,4
18.5.	11,0	24,5	11,1	23,6	8,9	26,1	10,7	25,3	10,5		9,9	23,8	11,4	24,8
Frosttage	1		10		12		12		10		2		3	

136

Kaltluftverteilung im Flachland des Meßtischblattes Bad Iburg

Bereits im Jahre 1986 wurden zur vergleichenden Einordnung der Meßergebnisse des Berglandes (Urberg - Holperdorper Tal) im schwach reliefierten Flachland südlich der Kalkschichtkämme zwei Geländeklimastationen betrieben (HÜTTER 1986). Die erste Station, nach dem nahegelegenen Gehöft Schwersmann benannt, lag am Südrand eines konvex gewölbten, glacifluvialen Sedimentkörpers etwa 20 Höhenmeter oberhalb Station Scheventorf, die in der Talaue des Glaner Bachs nahe Burg Scheventorf errichtet wurde. Kaltluft, die auf dem Sedimentkörper entsteht, sollte, so war die Annahme, der allgemeinen Geländeneigung folgend in die Talaue des Glaner Bachs einfließen.

Im Vergleich der täglichen Tiefsttemperaturen (s. Tab. MK3a) beider Stationen wird deutlich, daß die Station Scheventorf während austauscharmer Strahlungswetterlagen regelmäßig die tieferen Temperaturminima aufweist. So liegen die durchschnittlichen Tmin-Differenzen bei 1,4 K, maximale Differenzen bei 2,5 bis 3 K. Dem entspricht, daß auch die Zahl der Frosttage mit 7 gegenüber 3 deutlich erhöht ist.

Damit kristallisiert sich die Station Schwersmann als frostärmste der fünf im Jahre 1986 aufgebauten mesoklimatischen Meßstationen heraus. Sie ist mit einer durchschnittlich positiven Abweichung der Tmin-Werte von 0,3 K der Urbergstation sehr ähnlich. Da beide Standorte stark sandige Böden mit einem hohen luftgefüllten Grobporenanteil aufweisen, ist die edaphische Temperaturleitfähigkeit hoch, so daß beide Standorte als effektive Kaltluftproduzenten angesehen werden können. Aufgrund einer Geländeneigung von 3° (Schwersmann) bzw. 12° (Urberg) und geringer Geländerauhigkeit fließt die Kaltluft jedoch ab.

Vergleicht man die Kaltluftsammelgebiete Scheventorf und Hunecke I, so zeigt sich, daß Kaltluftsammlung in den engen Tälchen des Berglands zu deutlich tieferen Minima der Temperatur führt als in den flachen und breiten Auen des Vorlands. Die durchschnittlichen Temperaturerniedrigungen lagen hier bei 2,8 K, das Verhältnis der Frosttage während des Untersuchungszeitraums bei 7 zu 13.

Im Jahre 1989 wurden die Untersuchungen zur Kaltluftverteilung im Flachland südlich des Teutoburger Waldes auf eine breitere Basis gestellt. Fünf mesoklimatische Meßstationen wurden in einer Catena von Natrup-Hilter bis zum Kleinen Berg südöstlich von Remsede über einen Zeitraum von März bis Mai betreut. Einen Überblick über die Lage der Klimastationen vermittelt Karte 9-1.

Die Stationen 1 und 5 waren Mittelhangstationen am Südhang des Spannbrink bzw. am Nordhang des Kleinen Berges. Sie lagen 127 m bzw. 112 m üb. NN und sollten Temperaturdaten des Standorttyps „Landwirtschaftliche Nutzfläche mit Kaltluftbildung und Kaltluftabfluß" liefern. Die Station 2 (105 m üb. NN) wurde hangabwärts von Station 1 im Sentruper Graben 100 m oberhalb des Hofes Holtkamp aufgebaut. Sie repräsentierte den Standorttyp „Kaltluftabflußbahn". Die Stationen 4a und 4b nahe der Hilter-Mühle (97 m bzw. 95 m üb. NN) wurden in einem flachen Muldental des Südbachs errichtet. Sie sollten die Extremtemperaturen in einem Kaltluftsammelgebiet erfassen[56]. In einer nordostwärts durch einen Damm abgeriegelten geschlossen Hohlform lag die Station Schönebeck in 88 m üb. NN. Da Kaltluft hier nur bedingt zufließen kann, repräsentierte diese Station den Typ „Autochthone Kaltluftbildung".

---

[56] Die Verlegung der Station 4a nach 4b war notwendig geworden, da die Betreuer der Wetterhütten von einem angriffigen Schwan mehrfach böse attackiert wurden und ein ungestörtes Ablesen der Extremthermometer nicht mehr möglich war.

Die Extremwerte der Temperatur während austauscharmer Strahlungswetterlagen sind in Tabelle 9-26 zusammengestellt.

Die höchsten Minimumtemperaturen aller Geländeklimastationen wurden regelmäßig an der Station Redemeyer gemessen. Das bestätigt ihre Position an der sog. warmen Hangzone. Im gesamten Meßzeitraum wurde die Frostgrenze nur einmal unterschritten. Demgegenüber stehen 10 Frosttage an der Nordhangstation Holtmeyer. Im Durchschnitt der 28 austauscharmen Strahlungsnächte war die Temperatur um 1,5 K gegenüber der Station Redemeyer erniedrigt. Die Station Holtkamp im Sentruper Graben zeichnet sich gegenüber beiden Hangstationen mit Kaltluftabfluß durch geringere Temperaturminima aus, wobei während Strahlungsnächten gegenüber der Station Redemeyer im Mittel eine Tmin-Absenkung um 1,9 K bzw. gegenüber der Station Holtmeyer um 0,4 K festzustellen war. Die Zahl der Frosttage entsprach mit 10 derjenigen der Station Holtmeyer, wobei allerdings der Frost im Mittel um 0,3 K „strenger" ausfiel. Im Vergleich der beiden Kaltluftsammelstätten Hilter I, II und Schönebeck kann deutlich die stärkere Frostgefährdung der geschlossenen, anthropogen übertieften Hohlform am Hof Schönebeck erkannt werden. Zwar traten von Mitte März bis Mitte Mai gleich viele, nämlich 12 Frosttage auf - also 2 mehr als an der Station Holtkamp - doch ist der Frost um durchschnittlich 0,5 K, max. 1,2 K, verschärft. Im Mittel aller Strahlungsnächte des Untersuchungszeitraums sind die Minimumtemperaturen an der Station Schönebeck um 0,7 K erniedrigt, wobei maximale Abweichungen von 1,8 K (15.5.89) auftraten.

Betrachtet man die Station Redemeyer mit den durchschnittlich höchsten Minimumtemperaturen im Vergleich zur Station Schönebeck, ergeben sich an letzterer 11 Frosttage mehr, eine durchschnittliche Tmin-Erniedrigung während Strahlungsnächten von 2,8 K und eine maximale Abweichung von 4,6 K (1.5.89).

Die Ergebnisse der stationären Messung im schwach reliefierten südlichen Vorland des Teutoburger Waldes verdeutlichen, daß im landwirtschaftlich genutzten Hangfuß des Teutoburger Waldes entstehende Kaltluft in reliefbedingten Abflußbahnen mit lokalem Kaltluftstau abfließt und sich in Geländedepressionen sammelt. Dort erhöht sich die Wahrscheinlichkeit des Auftretens von Frost und verschärft sich die Frostintensität. Da die Senken in der Regel die höchsten Maximumtemperaturen aufweisen, setzen die phänologischen Phasen der Vegetation früher ein, so daß sich die Wahrscheinlichkeit von Schadfrösten erhöht.

Die Geländeklimameßfahrt in der Nacht vom 29.4. zum 30.4.1989 (s.a. Karte MK1) verdeutlichte an 18 Temperaturmeßpunkten die kleinräumigen geländeabhängigen Temperaturunterschiede zwischen Spannbrink und Kleinem Berg. Die höchsten aktuellen Temperaturen werden am Fuß des Spannbrink (Meßpkt. 4, 5 u. 6), des Kleinen Berges (Meßpkt. 12, 13) sowie in den Ortsteilen Stapelheide und Remsede erreicht. Dem gegenüber stehen Tiefenlinien, in denen sich Kaltluft, z.B. an Straßendämmen (Meßpkt. 1, 2 u. 3), aufstaut. Die Temperaturdifferenzen gegenüber den thermischen Gunstflächen betrugen zum Zeitpunkt der Messung ca. 2 K. Für die Siedlungsflächen kann die erhöhte Temperatur als Ausdruck anthropogener Wärmeproduktion oder als Folge verdichteter Baukörperstruktur und Versiegelung betrachtet werden.

Die Geländeklimameßfahrt vom 18.11. zum 19.11.1989 (s.a. Karte MK2) sollte im schwach bis mäßig reliefierten, weithin landwirtschaftlich genutzten Lößgebiet zwischen Wellendorf und Musen-Berg - also nördlich der Schichtkämme des Teutoburger Waldes - die geländemodifizierte Temperaturverteilung erhellen. Die gemessenen

Temperaturdifferenzen waren mit max. 2 K sehr gering. Die höchste Temperatur mit +0,2°C wurde im Siedlungsgebiet von Hilter-Wellendorf gemessen. Die Temperaturen aller anderen Stationen überschritten den Gefrierpunkt nicht. Zwischen der landwirtschaftlich genutzten Hochfläche „Im Sutarb" (Meßpkt. 12, 13 u. 14) und den anthropogen verbreiterten Talauen von Düte und Schlochterbach (Meßpkt. 7, 11 u. 16) bestand ein Temperaturgefälle von 1 K, so daß davon auszugehen ist, daß diese Täler Kaltluftsammelstätten bzw. bei gestrecktem Talverlauf und Bestockung mit niederwüchsigen Vegetationsformationen auch Kaltluftdurchflußgebiete sind. Tiefe Temperaturen wurden auch in den Hangeinschnitten des Musen-Berg-Unterhanges (Meßpkt. 8, 9) gemessen. Sie stellen offenbar Kaltluftabflußbahnen dar. Die überdurchschnittliche Temperatur im Gemeindeteil Wellendorf kann als siedlungstypische Temperaturbeeinflussung angesehen werden.

Zusammenfassung

Durch stationäre Messungen und Meßfahrten konnten im Untersuchungsgebiet Kaltluftquellgebiete, Kaltluftabflußbahnen und Kaltluftsammelstätten sowohl im Bergland als auch im schwach reliefierten Flachland des Ostmünsterlandes nachgewiesen werden. Obwohl die geländeklimatischen Differenzierungen im Flachland sich erwartungsgemäß weniger kraß ausprägten als im Bergland, konnten dennoch während austauscharmer Strahlungswetterlagen zwischen Kaltluftabflußgebieten und -sammelstätten Temperaturerniedrigungen um 1,5-2 K mit maximalen Differenzen um 4,5 K regelmäßig gefunden werden. Sehr deutlich zeigen sich diese Unterschiede während des klimatologischen Frühjahrs auch in der Anzahl der Frosttage. Im Bergland betrug die mittlere Erniedrigung der Minimumtemperatur während austauscharmer Wetterlagen an der Beispielcatena demgegenüber ca. 3 K, mit maximalen Differenzen von über 6 K. Im Vergleich mit den T_{min}-Werten der DWD-Stationen Münster und Osnabrück ergibt sich damit eine deutlich höhere Frostgefährdung für die Kaltluftsammelstätten des Berglandes. Für vergleichende statistische Betrachtungen der Frostgefährdung reichen die erhobenen Daten leider nicht aus.

Die hier vorgestellten mesoklimatischen Untersuchungen beschränkten sich auf Freilandökosysteme. Wälder als Produzenten „kühler Luft" sowie Siedlungen wurden mesoklimatisch nicht systematisch erfaßt. Dennoch legen es die in letztgenannten Ökosystemtypen gewonnenen Einzelergebnisse nahe, Depressionen in Waldgebieten als „Sammelstätten kühler Luft" und die baukörper- und versiegelungsbedingte Veränderung des Klimas in Siedlungskörpern als „siedlungsspezifisches Mesoklima" zu klassifizieren. Da es jedoch ausgesprochene „urbane Verdichtungsräume" auf dem Meßtischblatt Bad Iburg nicht gibt, können nur abgeschwächte Ausprägungen städtischer Klimate in Sinne ERIKSONs (1975) und KRATZERs (1956) erwartet werden.

Kaltluftabfluß und Kaltluftsammlung werden stark von der natürlichen oder künstlichen Rauhigkeit der Geländeoberfläche gesteuert. Es ergibt sich z.T. eine enge Bindung dieser Prozesse an auszuweisende Ökotope.

9.4.3 Windexposition und Deposition

Die Exposition gegenüber dem Windfeld wirkt auf wasser- wie nährstoffhaushaltliche Faktoren des Standorts. Einerseits kann die starke Bewindung exponierter Rücken- oder Kuppenstandorte dazu führen, daß als Folge erhöhter potentieller

Evapotranspiration die pflanzliche Wuchsleistung nachläßt, vor allem wenn die nutzbare Feldkapazität des Bodens nur gering ist, andererseits können windoffene Bestände empfindliche Nährstoffverluste durch Deflation von Humus erleiden. Auf exponierten basenarmen Standorten empfangen hochwüchsige immergrüne Vegetationsbestände (z.B. Fichtenforste) z.T. so hohe atmosphärische Einträge an Nährstoffen, daß eine Minimalversorgung gewährleistet ist. Begleitende Schadstoffinputs behindern zusammen mit starken Säurebelastungen eine zügige Rückführung im Ektohumus gespeicherter Nährelemente in den ökosystemaren Bioelementkreislauf.

Da die geländemodifizierte Immissionssituation eine zeitlich sehr variable Größe ist und davon ausgegangen werden kann, daß die Luftqualität sich in Zukunft weiter verbessern wird, werden in der geoökol. Karte nur die windexponierten Gebiete mit vegetationstypbedingt überdurchschnittlicher Deposition gekennzeichnet. Da die Abgrenzung naturgemäß recht unscharf ist, ergeben sich meist allerdings keine unmittelbaren Ökotopbegrenzungen.

10 ABLEITUNG VON KENNGRÖSSEN FÜR EINE ÖKOTOPAUSSCHEIDUNG IM SIEDLUNGSRAUM

Obwohl es keine urbanen Verdichtungsräume auf dem Meßtischblatt Bad Iburg gibt, machen geschlossene Siedlungen unterschiedlicher Größe eine Änderung der Kartiermethodik notwendig. Die Veränderungen des ökosystemaren Wasser- und Wärmehaushaltes (s.a. Kap. 4.6) legen es nahe, den Flächenversiegelungsgrad zu einem Hauptgliederungskriterium zu erheben. Impermeabel versiegelte Oberflächen leiten das Wasser schnell in die Kanalisation ab, so daß die reale Evapotranspiration gegenüber unversiegelten Flächen vermindert und damit die Wärmebilanzgleichung zu Gunsten des Termes „fühlbare Wärme" verschoben ist; dies ist eine Ursache für die Ausbildung des sog. Stadtklimas. Permeabel versiegelte Flächen demgegenüber leiten Niederschlagswasser schnell in die Tiefe ab und erzeugen bei schlechter Wasserfilterung hohe Grundwasserneubildungsraten (RENGER et al. 1987).

Versiegelungsgrade sind über Luftbilder, Satelliten- und Radaraufnahmen (QUIEL 1986, GEILE 1986) und ergänzende Geländebegehungen recht sicher kartierbar und weisen häufig enge Korrelationen zu Nutzungstypen auf (BLUME 1990, S. 131). Während für den Maßstabsbereich <1:10000 die Abschätzung von Versiegelungsgraden in 10%-Stufen zwar aufwendig, aber zumindest möglich erscheint (s.a. BERLEKAMP u. PRANZAS 1986), muß für den Maßstab 1:25000 eine gröbere Stufung Anwendung finden. Der Bindung des Versiegelungsgrades an bestimmte Bebauungs-/Nutzungstypen gemäß wurde die in Tab. 10-1 dargestellte Abstufung des Versiegelungsgrades für den Untersuchungsraum gewählt.

Die verwendeten Klassengrenzen zeigen eine gute Übereinstimmung mit denjenigen, die CORDSEN et al. (1988) im Rahmen einer Bodenformenaufnahme für das Stadtgebiet von Kiel im Maßstab 1:20000 vorlegten. Die dort vorgenommenen Klassenüberlappungen wurden weitgehend vermieden. Da die Bebauung der Städte und Gemeinden im Untersuchungsraum selten mehr als zwei- bis dreigeschossig ist, braucht der Aufrißtyp nicht weiter betrachtet zu werden. Die Bebauungs- und Nutzungstypen zeigen Bindungen zu wichtigen ökosystemaren Haushaltsgrößen. Auf Flächen, die durch Wohnbebauung gekennzeichnet sind, tritt neben den versiegelten

Tab. 10 -1: Klassifizierung des Versiegelungsgrades

Versiegelung [%]	Beispiele
0-15	Grünanlage, Park, Friedhof
> 15-30	Einzelhausbebauung, Doppelhausbebauung (locker-mäßig dicht) mit Gärten
> 30-50 (-60)	Reihenhausbebauung mit Gärten, Gebäudekomplexe und Zeilenbebauung mit umgebenden Grünanlagen, gemischte Baufläche mit Wohnbebauung und Gewerbe
> 50-75	Reihenhausbebauung mit Gärten, Gebäudekomplexe (z.B. Sonderbaufläche) oft mit großen Parkplätzen, Industrie- und Gewerbeflächen
> 75-100	dicht bebaute Ortskerne, mit gemischter Bebauung, Industrie- und Gewerbeflächen

Flächenanteil derjenige, der unter zier- oder nutzgärtnerischer Nutzung steht. Auf letzterem findet mineralische und organische Düngung, regelmäßige Lockerung, zum Teil auch Pestizidausbringung statt. Aufgrund tiefer und starker Humosität und einer Nährstoffzufuhr, die häufig weit über dem Entzug liegt, ist die Fruchtbarkeit höher als die der entsprechenden Ackerprofile. Der originäre Aufbau des Bodenprofils ist durch Auftrag oder Abtrag oder das Einmischen technogenen oder natürlichen Substrats oft stark verändert. So entscheidet der Versiegelungsgrad hier letztlich über den Flächenanteil dermaßen eutrophierter Standorte. Er schwankt in reinen Wohngebieten zwischen 25 und 75%. Industrie- und Gewerbegebiete weisen hohe bis sehr hohe Versiegelungsgrade auf. Neben den großflächigen Betriebsgebäuden tragen Park- und Lagerplätze sowie Verkehrsflächen dazu bei. Unversiegelte Flächen sind hier häufig Ruderalflächen als Nischen für Spontanvegetation oder aber parkartig gestaltetes Abstandsgrün mit Zierrasen. Aufgeschüttete Böden dominieren. Ihr Nährstoffniveau ist infolge kleinräumig stark wechselnden Substrates sehr heterogen. Betriebsbedingte und -spezifische Bodenkontamination können auftreten.

Gemischte Bauflächen, die Wohnbauflächen, Industrie- und Gewerbeflächen sowie Gebäude des Handels und der Dienstleistungen zusammenfassen, sind durch hohe Anteile versiegelter Fläche (50->75%) gekennzeichnet. Im Untersuchungsraum dominiert auf den als gemischte Bauflächen ausgewiesenen Flächen die Wohnbaunutzung mit Gartennutzung.

Dicht bebaute Ortskerne mit einer nahezu regelmäßigen mit impermeablen Vollversiegelung lassen eine naturhaushaltliche Charakterisierung unsinnig erscheinen.

Auf Sonderbauflächen, im Untersuchungsgebiet funktional meist im Zusammenhang mit dem Kurbetrieb stehend, treten neben mehrgeschossige Gebäudekomplexe und deren vollversiegelte Parkplätze gepflegte Parkanlagen mit Zierrasen, Blumenbeeten und kleineren Gehölzgruppen. Die Pflegemaßnahmen umfassen regelmäßige Grasmahd, Düngergabe und Unkrautvernichtung.

Obwohl über die landschaftshaushaltlichen Konsequenzen der Versiegelung bislang erst lückenhafte Kenntnisse vorhanden sind (RENGER et al. 1987, SIEKER 1986), soll die trophisch-hydrische Einstufung, wie sie für den nicht geschlossen besiedelten

Bereich bereits vorgestellt wurde, nur bis zu Versiegelungsgraden von 50% vorgenommen werden. Sie richtet sich nach der überwiegenden Nutzung der nicht versiegelten Flächen. Ab 50% Versiegelung werden Ökotope ausschließlich flächennutzungsbezogen charakterisiert. Hier dominiert das „Anthropogen-Technische" über das „Anthropogen-Biologische Ökosystem" (HABER 1991). Weder Nährstoff- noch Wasserhaushalt sind aufgrund starker Substratheterogenität im Maßstab 1:25000 kartierbar.

- Siedlungen - mensch-organisierte Ökosysteme im Iburger Raum

Das Meßtischblatt Bad Iburg umfaßt ganz oder in Teilen die Städte Georgsmarienhütte und Bad Iburg sowie die Gemeinden Hagen am T.W., Bad Laer, Bad Rothenfelde und Glandorf.

Einer der wichtigsten Industrieorte des Landkreises Osnabrück ist **Georgsmarienhütte**. Seit dem Zusammenschluß von sechs Gemeinden im Jahr 1970 besitzt der Ort Stadtrecht. Das Regionalraumordnungsprogramm für den Landkreis Osnabrück (RROP 1982) weist Georgsmarienhütte als Mittelzentrum aus. Durch den Ausbau neuer Industrie- und Gewerbegebiete wird die Bedeutung der Klöckner-Werke immer stärker relativiert.

Mit einer Stadtfläche von 55,4 km^2 zählte die Stadt 1984 30800 Einwohner. Dies entspricht einer Einwohnerdichte von 556 Ew/km^2. Der Anteil der Siedlungs- und Verkehrsfläche an der Gesamtfläche betrug 1988/89 30 %. Das ist etwa dreimal soviel wie der Landkreisdurchschnitt (11,6%) (LANDKREIS OSNABRÜCK 1985, NIEDERSÄCHSISCHES LANDESVERWALTUNGSAMT 1991). Auf dem Meßtischblatt 3814 Bad Iburg liegen nur die südlichen Ortsteile von Georgsmarienhütte (-Oesede): Schöpper-Siedlung, Siedlung Dörenberg, Kiffenbrink und Dröper. Allesamt sind nahezu reine Wohnsiedlungen. Die Siedlungsstruktur ist geschlossen, die Baukörperdichte mäßig dicht bis dicht. Zeilen-, Reihen- und Einzelhausbebauung sind die vorherrschenden Wohnbautypen; sie weisen eine meist starke Durchgrünung mit Zier- und Nutzgärten auf. Die Versiegelungsgrade liegen in der Größenordnung von 40-70%. Östlich der B51 liegt eine Sandgrube, die heute als Inertstoffdeponie genutzt wird.

Naturräumlich am nördlichen Rand der Dörenberggruppe gelegen, sind die Siedlungsgebiete stark reliefiert. Anstehendes Gestein im Untergrund ist der Osningsandstein, oft überlagert von einer unterschiedlich mächtigen Lößlehmdecke. Der ursprüngliche Bodenaufbau mit den Bodentypen Braunerde, Parabraunerde und Plaggenesch ist als Folge der Bautätigkeit durch teilweisen Abtrag oder Auftrag natürlicher (z.B. Kompost, Torf) oder künstl. Substrate (z.B. Bauschutt) weithin gestört. Unter kleingärtnerischer Nutzung stehende Böden sind in der Regel durch Basenreichtum und tiefe Humosität gekennzeichnet. Hauptvorfluter im Siedlungsraum sind Breenbach, Kiffenbrinkbach und Sunderbach, die alle nach Norden entwässernd der Düte tributär sind. Emissionen gehen besonders von der Stahlhütte aus. Sie werden bei nördlichen Winden in das Untersuchungsgebiet transportiert. Die Dörenberggruppe - speziell Lamersbrink und Rerem-Berg - ist das bevorzugte Immissionsgebiet (TÜV HANNOVER 1978/79 zitiert nach STADT GEORGSMARIENHÜTTE 1987).

Das Stadtgebiet des Kneippkurbades **Bad Iburg** liegt vollständig auf dem Meßtischblatt. Es umfaßt neben dem städtischen Siedlungskern Bad Iburgs die eingemeindeten Ortsteile Glane-Visbeck („geschlossenes Haufendorf") und die Streusiedlungen Ostenfelde und Sentrup (WARNECKE 1971, S. 185-189). Das RROP (1982) weist Bad Iburg als Grundzentrum aus. Mit einer Einwohnerzahl von 9500 und einer Fläche von 36,4 km^2 besitzt die Stadt eine Einwohnerdichte von 262 Ew/km^2. Zwischen 1971 und 1989 vergrößerte sich der Anteil der Siedlungsfläche an der gesamten Stadtfläche von 10,9% auf 14,4%. Infolgedessen sind zu einem erheblichen Teil landwirtschaftliche Nutzflächen zu Wohnbauflächen umgewandelt worden.

Der dichtbebaute Ortskern Bad Iburgs, die ehemalige Kloster-Burg-Siedlung, zieht sich am Osthang des Burgbergs hinab. Er weist bei gemischter Bebauung geschlossene Hausfronten meist zweistöckiger Giebelhäuser auf. Der Versiegelungsgrad erreicht mehr als 75%. Eine ähnlich starke Versiegelung besitzt nur das Industrie- und Gewerbegebiet (Drahtseilwerke, Machinenfabrikation, Holzverarbeitung) im Süden zwischen B51, der Bäderstraße Iburg-Laer und der Eisenbahnlinie, die Fläche des Schulzentrums und die kleine Fläche des Ortskernes Glane. Die größten Anteile der Siedungsfläche entfallen auf locker bebaute Wohnbauflächen mit Ein- und Zweifamilien-Einzelhäusern und starker Durchgrünung mit Ziergärten. Nichtsdestoweniger erreichen die versiegelten Flächenanteile auch hier 40-50%, wobei sich gerade die jüngeren Erweiterungsflächen durch einen unverhältnismäßig großzügig bemessenen Verkehrsflächenanteil auszeichnen.

Der Paßlage Bad Iburgs an den Kreidekalkketten des Teutoburger Waldes entsprechend, greift die Siedlungserweiterung einerseits in das südl. Paßvorland auf die sandig-kiesigen mit ihren landwirtschaftlich nur beschränkt nutzbaren Braunerden über, andererseits in die lößbedeckte, nordwärts zur Laeregge ansteigende Flammenmergel-Ausraumzone mit agrarisch wertvollen Braunerden und Parabraunerden. Ausgesprochen stark emittierende Industrien besitzt Bad Iburg nicht. Unter lufthygienischen Aspekten wirkt sich die Paßlage der Stadt, durch die Südwinde düsenartig verstärkt werden, günstig aus.

Das geschlossen besiedelte Stadtgebiet wird über den Glaner Bach nach Süden hin entwässert, der auch die geklärten Abwässer der Stadt aufnimmt.

Die Gemeinde **Hilter** am Teutoburger Wald, ein geschlossenes Haufendorf am Hangfuß des Teutoburger Waldes gelegen, ist im RROP (1982) als Grundzentrum ausgewiesen. Die Gemeindefläche umfaßt incl. der heutigen Gemeindeteile Borgloh und Wellendorf 52,6 km^2; der größte Teil liegt auf dem Meßtischblatt 3814 Bad Iburg, nicht jedoch die Siedlungsfläche von Borgloh. Im Jahre 1984 besaß Hilter a.T.W. 8300 Einwohner und eine Einwohnerdichte von 158 Ew/km^2 (STRUKTURATLAS LANDKREIS OSNABRÜCK 1985, NIEDERSÄCHSISCHES LANDESVERWALTUNGSAMT 1991).

Die Wohnbauflächen Hilters, ebenfalls größtenteils in flächenintensiver Einzel- und Doppelhausbauweise (örtl. auch Reihenhäuser) bebaut, erstrecken sich vom dichtbebauten Ortskern vorwiegend westl. der B68 nach Süden zum Südbach und nach Norden Richtung Heidbrink. Trotz aufgelockerter Bauweise mit Zier- und Nutzgärten ergeben sich durch den großzügigen Ausbau mit Verkehrsflächen verbreitet Versiegelungsgrade von 40-50%. In starkem Maße sind agrarisch gut nutzbare Parabraunerden aus Löß, aber auch Plaggenesche aus Sand, durch Bebauung überformt worden.

Im Gemeindeteil Stapelheide, im Westen von Hilter an der Straße nach Bad Iburg-Glane gelegen, befindet sich ein Industrie- und Gewerbegebiet, dessen Grundfläche nahezu vollständig (>80%) versiegelt ist. Das Lebensmittelwerk Walter Rau als der größte dort niedergelassene Betrieb besitzt eine eigene Kläranlage, deren Abwässer dem Südbach zugeleitet werden. Auch die Gemeinde Hilter führt ihre in zwei Kläranlagen gereinigten Siedlungsabwässer dem Südbach zu.

Den flächenmäßig größten Anteil am Gemeindeteil Wellendorf, der im nur schwach reliefierten Lößgebiet (Oeseder Kreidemulde[57]) nördlich des Teutoburger Waldes liegt, nehmen Wohnbauflächen ein, die im Westen von der Eisenbahnstrecke Bielefeld-Osnabrück und im Osten von der A33 umschlossen sind. Die Bodenversiegelung bemißt sich auf 30-50% (60%). Die Abwässer Wellendorfs werden nach Reinigung in einer ausbaubedürftigen Kläranlage der Düte zugeleitet.

Die Gemeinden **Bad Laer** und **Bad Rothenfelde** weisen in vielerlei Hinsicht gemeinsame Strukturmerkmale auf. Beide Gemeinden sind funktional betrachtet Solebäder. Sie liegen am Fuße des Kleinen Berges und sind im RROP (1982) als Grundzentren eingestuft. Von der Gemeindefläche Bad Laers (Bad Rothenfeldes) mit 46,9 km^2 (18,2 km^2) entfallen 11% (18,8%) auf Siedlungs- und Verkehrsflächen. Bei Einwohnerzahlen von ca. 6000 (6500) beträgt die Bevölkerungsdichte 129 Ew/km^2 (356 Ew/km^2) (LANDKREIS OSNABRÜCK 1985, NIEDERSÄCHSISCHES LANDESVERWALTUNGSAMT 1991).

Die Ortskerne beider Gemeinden weisen nahezu geschlossene Straßenfronten auf und sind dicht bebaut, so daß der Versiegelungsgrad >75% ist. Die ausgedehnten Grünflächen des Kurparks (Zierrasenflächen) liegen dem Ortskern unmittelbar benachbart (Bad Laer) oder greifen in ihn hinein (Bad Rothenfelde). Die in Bad Rothenfelde noch vorhandenen ehem. zur Salzgewinnung genutzten Gradierwerke, sind in den Kurbetrieb mit einbezogen. Die Wohngebiete beider Gemeinden sind in starkem Maße durchgrünt, 1-2 stöckige Einzel- und Doppelhäuser sowie größere Pensionshäuser sind charakteristisch. Die Versiegelungsgrade liegen bei 30-60%.

Weite Teile des Siedlungsgebietes liegen auf porösem Kalkstein (Kalktuff), der aus oberflächennahem Grundwasser ausfiel und sich verfestigte, oder auf drenthestadialem Geschiebelehm. Gley-Rendzinen, Gleye und Pseudogleye, die natürlichen Bodentypen, treten im Siedlungsraum nahezu ausschließlich in ihren anthropogen modifizierten Varianten z.T. unter kleingärtnerischer Nutzung oder in den Grünanlagen der Kurparks auf. Zu ihrem petrogen bedingt hohen Basengehalt wird das Nährstoffangebot durch Einträge von organischer Substanz oder mineralischen Düngestoffen stabilisiert. Im Kurpark von Bad Rothenfelde ist im Nahbereich der Gradierwerke mit einer boden(gefüge)schädigenden Wirkung des kochsalzhaltigen Solesprays besonders in Verbindung mit Trittbelastung auf den Rasenflächen zu rechnen. Zu diesem Problem sind keine eigenen Untersuchungen durchgeführt worden, da die beeinflußten Flächen zu klein sind, um im Maßstab 1:25000 dargestellt werden zu können.

Hauptvorfluter der natürlichen Entwässerung von Bad Laer ist der Salzbach, von Bad Rothenfelde der Palsterkamper Bach. In diese Bäche werden - nach Klärung - auch die kommunalen Abwässer eingeleitet. Im Westen des Gemeindegebietes von Bad Laer befindet sich eine ausgedehnte Abgrabung von Kiesen und Sanden, deren Abbau noch im Gange ist.

---

[57])Der Bergbau auf Wealdenkohle, der bis zum Ende des 19. Jh. im Raum Hankenberge-Wellendorf-Borgloh ca. 400 Jahre umging und in der Nachkriegszeit kurz wiederbelebt wurde (GRAUPNER 1971), hat bleibende Spuren in der Kulturlandschaft hinterlassen.

11 ABLEITUNG VON KENNGRÖSSEN FÜR EINE GEO-ÖKOLOGISCHE FLIESSGEWÄSSERTYPISIERUNG

Oberflächengewässer und Fließgewässer im besonderen besitzen eine große Bedeutung für den gesamten Stoffhaushalt der Landschaft (LESER u. KLINK 1988).

Sie können hinsichtlich ihrer Breite und Tiefe, der Intensität und dem Gang der Wasserführung, der Uferausbildung sowie nach biologischen, chemischen oder physikalischen Kenngrößen des Wassers differenziert werden. Mehr als in den meisten anderen Ökosystemen spielen Witterungsdaten zur Beurteilung eines aktuellen Gewässerzustands eine Rolle.

LESER u. KLINK (1988, S. 126f) schlagen für die geoökologische Kartierung von Fließgewässern unter Hinweis auf die funktionale Beziehung des Gewässers mit seiner Aue sowie aufgrund des maßstabsbedingten Zwanges zur Generalisierung und Abstraktion vor, lediglich die Lage des Fließgewässers in seiner Aue zu kennzeichnen, sowie eine Unterscheidung nach „natürlichen oder künstlichen Gewässern" bzw. „ständig oder periodisch fließenden Gewässern" vorzunehmen. Dies kann aus geoökologischer Sicht wenig befriedigen, da Informationen über den ökologischen Gewässerzustand verborgen bleiben. Auf der anderen Seite bleibt die hydrobiologische Gewässerzustandsbestimmung wohl eine Domäne der Bioökologie[58].

11.1 STRUKTURANALYSE DES GEWÄSSERBETTES UND DER BACHBEGLEITENDEN VEGETATION

Grundlage der geoökologischen Erfassung von Fließgewässern bildet die physiognomische Strukturanalyse zu verschiedenen Abflußregimen im Jahreslauf. Zu ihr gehören die geomorphen Merkmale der Einbindung des Fließgewässers in seine Aue sowie Angaben zum Gewässerbett, zur Uferbefestigung und zur bachbegleitenden Vegetation. In Tab. 11-1 ist das Aufnahmeblatt, das zur Kartierung der Hauptvorfluter des Meßtischblattes benutzt wurde, dokumentiert.

Die Kartierung der bachbegleitenden Vegetation gestattet nicht nur die Abschätzung, in welchem Maße das Fließgewässer sich während sommerlicher Strahlungstage erwärmen kann, sondern auch relative Aussagen über den Lichtgenuß im Wasser lebender photoautotropher Pflanzen. Einerseits ist die Löslichkeit ökophysiologisch bedeutender Gase (z.B. O_2, CO_2) im Wasser temperaturabhängig, andererseits wird die Intensität organismischer Stoffumsätze stark von der Temperatur und den Lichtverhältnissen gesteuert. Die bachbegleitende Vegetation ist Puffer gegenüber angrenzenden Nutzungen, indem sie das Fließgewässer gegenüber Dünger- und Pestizideintrag sowie gegenüber Bodeneinschwemmung abschirmt, erfüllt darüber hinaus sowohl im Hinblick auf den floristischen und faunistischen Artenreichtum der Landschaft als auch als gliedernder und belebender Landschafts(bild)bestandteil wichtige Funktionen.

Aus diesem Grund wurde die bachbegleitende Vegetation hinsichtlich ihrer physiognomischen und ihrer floristisch-ökologischen Ausbildung unterschieden und in die

---

[58])Dies bedeutet jedoch keinesfalls, daß die Verfügbarkeit vorhandener bioökologischer Gewässergütebeurteilungen für die ökologische Landschaftsanalyse irrelevant wäre, sondern nur, daß hier Methoden angewandt werden, die nicht zum klassischen Rüstzeug von Geoökologen gehören.

Karte S2 aufgenommen. Tab. 11-2 zeigt die vorgenommene Typisierung.

Tab. 11-1: Gewässerkundlicher Aufnahmebogen

```
Gewässername:            Abschnittsnr.:    Datum:           Nutzung(Ufer r/l):
Gewässerprofil
Breite           Tiefe            Fließgeschwindigkeit  Uferneigung          Gewässerlauf
☐ < 1m(dm)       O < 0,2 m        O < 0,2 m/s           O flach (<1:3)       O geradlinig
☐ 1-2m(dm)       O 0,2-0,4 m      O 0,2-0,4 m/s         O mittel(1:1-1:3)    O schw. mäandrierend
☐ 2-5m(m)        O 0,4-0,8 m      O 0,4-0,8 m/s         O steil (>1:1)       O stark mäandrierend
☐ > 5m(m)        O > 0,8 m        O > 0,8 m/s

Wasserführung    Trübung          Verschmutzung         Bachbett    Uferbefestigung        Besonderheiten
                                                                    und Bauwerke
O geringer       O keine          O Geruch              O steinig   O Faschinen            O Ockerbildung
O normal         O schwach        O Abwasser            O kiesig    O Betonschale          O Schaumbildung
O erhöht         O stark          O Chemikalien         O sandig    O Steinschüttg.        O H₂S-Austritt
                                  O org. Abfall         O lehmig    O Mauer                O auff. Färbung
Strömung                          O anorg. Abfall       O tonig     O Wehr                 O Einleitung
O keine   O turbulent             O n. erkennbar        O humos     O Schwelle             O Drainage (Rohr)
O laminar O s. turbulent                                O ........  O ........             O Grabendrainage
                                                                                           O Anschwemmungen
Vegetation
Aquatischer Bereich     Amphibischer Bereich       Terrestrischer Bereich
Art ...................  .......................    O Ufergehölz (Art) ...................
                                                      (Beschattung)
........................  .......................   O Laubbäume (bodenst./n.bodenst.)
........................  .......................   O Nadelbäume
                                                     O Sträucher (bodenst./n.bodenst.) ....

                                                     O weitständig   O lückig   O geschlossen

  O Hochstauden   O Wiesen     O Rasen (künstl.)
Art ............  ...........  .................   ................  ............ Naturnähe
    ............  ...........  .................   ................  ............ Pflanzenges.
    ............  ...........  .................   ................  ............ Sap.-Index
```

11.2 PHYSIKO-CHEMISCHE BACHWASSERUNTERSUCHUNGEN

Messungen der Qualität und der Quantität von Wasserinhaltsstoffen eines Fließgewässers können Auskunft geben über Substrateigenschaften von Grundwasserleitern, aus denen das Grundwasser dem Fließgewässer zuströmt, als auch über stoffliche Einträge aus Nachbarökosystemen. Einleitungen von Drainwasser aus landwirtschaftlich genutzten Flächen oder von Abwässern aus Siedlungsökosystemen seien hier für stoffliche Einträge exemplarisch genannt (s.a. Kap. 8.2.3).

Das grundsätzliche Ausmaß der anthropogenen Beeinflussung der natürlichen Gewässerqualität kann durch physikalisch-hydrochemische Detailuntersuchungen dargelegt werden. Im Rahmen einer geoökologischen Kartierung, die hauptsächlich auf Feldmethoden beruht, sind solche Untersuchungen jedoch nur in Ansätzen möglich. Das in Tab. 11-3 und Kap. 11.2.1 dokumentierte Untersuchungsprogramm diente in dieser Studie zur Charakterisierung der physiko-chemischen Fließgewässereigenschaften. Es wurde im Zeitraum von August 1990 bis April 1991 an acht Probenahmeterminen mit z.T. stark unterschiedlichen Abflußregimen durchgeführt, so daß sicherlich ein Gutteil der im Jahreslauf auftretenden Schwankungsbreite der gemessenen Eigenschaften erfaßt werden konnte. Es umfaßte Feldmethoden und Labormethoden, die Aussagen über folgende Parameter ermöglichten (s. Tab. 11-3 u. Kap. 11.2.1):

- die Wasserführung im Jahreslauf (ständig fließend - zeitweise fließend),
- den wahrnehmbaren Verschmutzungsgrad (Geruch, Trübung),
- die allgemeine chemische Charakteristik hinsichtlich pH-Wert, Leitfähigkeit und allgemeiner Ionenverhältnisse,
- die Konzentration von Verschmutzungsindikatoren (Cl, NO_2, NO_3, PO_4, NH_4),
- den O_2-Gehalt und die Sauerstoffzehrung

Tab. 11-2: Schema zur Kennzeichnung der bachbegleitenden Vegetation

1. Ufersäume ohne Gehölze

1.1 Grasbetonter Typ

(Arrhenatherion elatioris)   Beschattung:
incl. magerer Variante

           1.1.0   keine seitliche Be-/Überschattung
           1.1.1   geringe/mäßige seitliche Be-/Überschattung
           1.1.2   starke seitliche Be-/Überschattung

1.2 Durchdringung von grasbetontem Typ mit nitrophilen Krautgesellschaften

           Beschattung: siehe oben

1.3 Nitrophilkräuter(-stauden) -typ

1.31. Schleiergesellschaft   Beschattung: siehe oben
      (z.B. Urtico-Calystegietum)
1.32. Pestwurz-Uferflur
      (Petasitetum hybridi)
1.33. Brennessel-Giersch-Saum
      (Urtico-Aegopodietum)
1.34. Mädesüß-Uferflur
      (Filipendulion ulmariae)   ⎤
                            ⎬ = Molinietalia
1.35. Calthion   ⎦
1.36. Epilobietum hirsuti
1.3x. feuchteholde, nitrophile Kräutergesellschaft allgemein

1.4 andere Kräuter- und Gräserfluren

2. Ufergehölz (einseitig) -> Angabe des Vegetationstyps der gegenüberliegenden Seite

2.1	Uferwald	2.2	Baumreihe (bis 5m Breite)	2.3	Gebüsch (Strauchgehölze incl. Jungbäume bis 5m)	2.4	junge Gehölz-anpflanzungen
2.11	Quercion robori-petraeae u. Luzulo-Fagion	2.21	Eichen-Birken, Eichen-Buchen	2.31	Erlen (u. Eschen)	2.41	Erlen (rein)
2.12	Eu-Fagion	2.22	Buche dominant	2.32	Erlen-Weiden	2.42	Erlen-Weiden
2.13	Carpinion	2.23	Eichen-Hainbuchen	2.33	nicht erlendominierte Gebüsche u. Jungbäume	2.43	nicht erlen-dominierte Gebüsche

Fortsetzung von Tab. 11-2 nächste Seite

Fortsetzung von Tab. 11-2

2.14 Alno-Ulmion u. Alnion glutinosae	2.24 Erlen-Eschen (-Weiden) (Pappeln) Birken u. Erlen	2.34 Obstbäume u.a. Gartenbäume	2.44 Standortfremde Gehölzan- pflanzungen z.B. Nadelgehölze
2.15 standortfremdes Gehölz (z.B. Nadelwald)	2.25 Pappeln	2.35 Nadelbäume u.a. Gartenbäume	
	2.26 Laubbaummischung		
	2.27 Gartenbäume (z.B. Obstbäume)		
	2.28 Nadelbäume		

2.xx0 ohne Sträucher
2.xx1 mit Sträuchern

Bestandsdichte der Gehölze/Beschattung

lückig .22 mäßig beschattend .23 stark beschattend	weitständig .11 gering beschattend .12 mäßig beschattend	weitständig .11 gering beschattend .12 mäßig beschattend	weitständig .11 gering beschattend .12 mäßig beschattend
geschlossen .32 mäßig beschattend .33 stark beschattend	lückig .22 mäßig beschattend .23 stark beschattend	lückig .22 mäßig beschattend .23 stark beschattend	lückig .21 gering beschattend .22 mäßig beschattend
	geschlossen .32 mäßig beschattend .33 stark beschattend	geschlossen .32 mäßig beschattend .33 stark beschattend	geschlossen .31 gering beschattend .32 mäßig beschattend

3. Ufergehölz (beidseitig)

->Angabe der Kombination mit gegenüberliegendem Gehölztyp, wenn nicht gleicher Ufergehölztyp

3.1 Uferwald   **3.2 Baumreihe**   **3.3 Gebüsch**   **3.4 junge Gehölz- anpflanzungen**

3.11 Quercion robori-petraeae Luzulo-Fagion
3.12 Eu-Fagion
3.13 Carpinion
3.14 Alno-Ulmion u. Alnion glutinosae
3.15 standortfremdes Gehölz

Weitere Differenzierung von 3.2, 3.3, 3.4 gemäß derjenigen von 2.2, 2.3, 2.4

Bestandsdichte der Gehölze/Beschattung
lückig
.22 mäßig beschattend

.23 stark beschattend

geschlossen
.33 stark beschattend

Weitere Differenzierungen von 3.2, 3.3, 3.4 gemäß derjenigen von 2.2, 2.3, 2.4

Fortsetzung von Tab. 11-2 nächste Seite

Fortsetzung von Tab. 11-2

4. Vegetationsarme bis -freie anthropogene Uferbefestigung

4.1 Mauer

.0 nicht beschattend
.1 gering - mäßig beschattend
.2 stark beschattend

Tab. 11-3: Gewässerkundliche Feldmethoden

Makrosk. Feldansprache:	Parameter	Verfahren	Stufung
	Wasserführung	Schätzung gegenüber normalem Niveau	
	Fließgeschwindigkeit	Einschätzung; 4-stufig	1: ruhig fließend 2: fließend-turbulent 3: turbulent 4: sehr turbulent
	Trübung	Einschätzung; 5-stufig	0: keine 1: schwach 2: mittel 3: stark 4: sehr stark
Feldanalytik	Parameter aktuelle Wasser- temperatur	Verfahren T-Meßfühler des Oximeters	Skalierung [°C]
	O_2-Gehalt und O_2-Sättigung	Oximeter (elektrometrisch)	[mg/l; %]

11.2.1 Methoden der Wasseranalytik

Probenentnahme und -lagerung

    Entnahme: mit PE-Flaschen
    Lagerung: max. 1 Tag (Kühlschrank, 3°C)

Probenaufarbeitung im Labor:

    Bestimmung der ZS_5 (Sauerstoffzehrung in fünf Tagen): augenscheinlich verschmutztes Wasser wird mit Sauerstoff bis max. 25 mg/l aufgesättigt. Nach HÜTTER (1984, S. 203) ist durch reinen Sauerstoff bis 25 mg/l keine Schädigung von Bakterien zu befürchten.
    Keine Zugabe von Allylthioharnstoff zur Nitrifikationshemmung (vgl. DIN 38409);
    Kat- und Anionenbestimmung: Filtration durch Membranfilter (Porengröße: 0,45 µm)

Laboranalytik:

    Bestimmung der ZS_5: O_2-Bestimmung mit bzw. ohne O_2-Aufsättigung elektrometrisch (O_2-Elektrode) als Ausgangswert in einer Winkler-Flasche; 2 Parallelen pro Probe werden 5 Tage bei 20°C dunkel gelagert;

O$_2$-Bestimmung nach 5 Tagen (elektrometrisch)

Die Sauerstoffzehrung (ZS$_5$) wird durch chemische und biochemische Prozesse in Gewässern hervorgerufen. Sie kann als Maß für das Sauerstoffdefizit betrachtet werden, das sich einstellt, wenn kein Sauerstoffeintrag erfolgt. Ihr Betrag ist vom Nährstoffpotential, der Bioverfügbarkeit von Nährelementen, der Dichte und Zusammensetzung der Mikroorganismengemeinschaften und vom Vorhandensein hemmender Stoffe abhängig. Die Bestimmung der ZS$_5$ erlaubt nicht von vornherein die Ausweisung des Faktors, der den Zehrungsvorgang begrenzt, es sei denn, es ist der Sauerstoff selbst (DIN 38409, Teil 52). In vielen Fällen sind allerdings die Gehalte an organischen Inhaltsstoffen limitierend. Eine neben der oxidativen Destruktion des C-Gerüstes bedeutende O$_2$-zehrende Reaktion ist die Nitrifikation, wobei für die Umwandlung von Ammonium in Nitrat pro mg NH$_4$-N etwa 4,6 mg O$_2$/l benötigt werden (HÜTTER 1984). Für bestimmte Fließgewässer entspricht der ZS$_5$-Wert dem BSB$_5$ (DIN 38409, Teil 51).

Bestimmung des Abdampfrückstands:
Bestimmung durch Trocknung einer durch einen Membranfilter (0,45 µm) filtrierten Probe bei 105°C. Ermittlung des Rückstands der im Wasser gelösten Stoffe.

Bestimmung der elektrischen Leitfähigkeit bei 25°C:
Bestimmung durch Leitfähigkeitsmeßgerät; erlaubt Rückschlüsse auf den Gesamtmineralstoffgehalt.

Bestimmung: pH-Wert; elektrometrisch
Na, K, Ca, Mg; mit AAS
Fe, Mn; mit AAS
NH$_4$; kolorimetrisch
Cl, F, NO$_3$, PO$_4$; ionenchromatographisch
NO$_2$; kolorimetrisch

Für eine genaue Einstufung des Gewässers nach bioökologischen Gesichtspunkten sind ergänzende Untersuchungen zur bakteriologischen und saprobiellen Charakterisierung (s.a. MEYER 1983) notwendig. Sie wurden im Rahmen dieser Arbeit nicht durchgeführt. Bioökologische Zustandsbeurteilungen bieten den Vorteil, daß die durchschnittliche Beschaffenheit eines Gewässers schnell, recht sicher und integrativ erfaßt werden kann. Der Nachweis, welche Stoffe ein Gewässer enthält, die auf Organismen selektiv schädigend einwirken, ist nicht zu führen.

11.2.2 Witterungsverlauf im Zeitraum der Wasserprobenentnahme

Die physiko-chemischen Gewässereigenschaften sind in starkem Maße von der Wasserführung des Gewässers und damit von der Witterung abhängig. Zur Interpretation der Ergebnisse ist es daher zweckmäßig, den Witterungsverlauf im Beprobungszeitraum (13.7.1990 - 26.4.1991) vorab kurz zu skizzieren. Die monatlichen Niederschlagssummen im Zeitraum von Juni 1990 bis April 1991 sind in Abb. 11-1 dargestellt.

Abb. 11-1 läßt jedoch keine Aussagen darüber zu, wie ergiebig einzelne Niederschlagsereignisse waren und in welchem zeitlichen Bezug sie zum Beprobungstermin standen. Dazu war eine genauere Witterungsanalyse notwendig. Sie erfolgte auf der Basis der BERLINER WETTERKARTE 1990/1991.

Abb. 11-1: Monatliche Niederschlagssummen von Juni 1990 bis April 1991 von Münster und Osnabrück

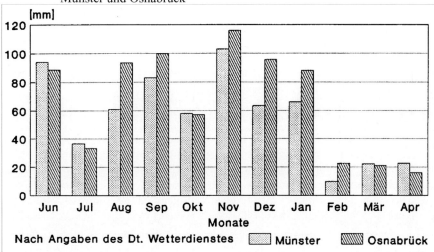

Nach Angaben des Dt. Wetterdienstes — Münster — Osnabrück

13. Juli 1990 (1. Probenahme)

Zur Probenahme am 13.7.90 lag das letzte Regenereignis drei Tage (10.7.) zurück; es fielen in Münster 6 mm, in Osnabrück 5 mm Niederschlag. In den letzten 10 Tagen vor der Probenahme regnete es an 5 Regentagen insgesamt 13 mm in Münster und 15 mm in Osnabrück. Die letzten ergiebigen Niederschläge (10-13 mm) gab es am 2.7.1990. Die Höchstwerte der Temperatur lagen seit Anfang Juli bei 18-20°C und erreichten mit zunehmender Tendenz zum Probenahmetermin hin am 12.7.90 25°C. Der Vormonat Juni war mit ca. 85 mm Niederschlag ein überdurchschnittlich regenreicher Monat. Die Wasserführung der Bäche war dennoch unterdurchschnittlich.

7. August 1990 (2. Probenahme)

In der Zeit vom ersten zum zweiten Probenahmetag gab es bei sommerlich warmer bis heißer Witterung (Tmax bis 35°C) nur drei nennenswerte Niederschlagsereignisse, wobei ein besonders ergiebiger Regen (Mü: 11 mm, Os: 18 mm) einen Tag vor der Probenahme niederging. Die Wasserführung der Bäche war jedoch noch geringer als am 13.7.1990. An der Düte fielen Teilstücke des Bachbettes trocken.

28. August 1990 (3. Probenahme)

In der dreiwöchigen Periode von der zweiten zur dritten Meßkampagne kam es nur zu zwei bedeutenden Regenereignissen 11 bzw. 10 Tage vor der Probenahme mit insgesamt ca. 30 mm Niederschlag. Anschließend setzte sich antizyklonales, warmes bis heißes Wetter mit Höchsttemperaturen um 30°C durch. Die Wasserführung der Bäche ging noch weiter zurück, die Düte fiel bis zur Kläranlage Wellendorf trocken. Nur Abwassereinleitungen füllten streckenweise das Bachbett.

20. September 1990 (4. Probenahme)

Von Ende August bis zum Probenahmetermin am 20.9. waren zyklonale Nordwestwetterlagen stark dominierend und führten zum Einströmen von maritimer Polarluft, in der eingelagerte Frontenzüge wiederholt Niederschläge brachten (allein während der letzten drei Tage vor der Probenahme ca.15 mm). Die Maxima der Temperatur erreichten nur noch 15-18°C. Über 80 mm Niederschlag ließen die Wasserführung spürbar ansteigen, so daß trockengefallene Bachbetten nicht mehr zu beobachten waren. Auf Standorten geringer Feldkapazität setzte Perkolation ein, die die Quellschüttung erhöhte. Darüber hinaus nahmen Bachläufe verstärkt oberflächlich abfließendes Wasser und aus Ackerflächen mit leichten Böden auch Drainagewasser auf. Abwassereinleitungen wurden stark verdünnt.

18. Oktober 1990 (5. Probenahme)

In den 4 Wochen vom 20.9. bis zum 18.10.90 kam es nur noch bis zum Ausklang des Septembers zu nennenswerten Niederschlägen. Anschließend fielen vom 1.10.-18.10. in Münster nur 3,5 mm, in Osnabrück knapp 12 mm Regen; die letzten 10 Tage waren niederschlagsfrei. Der verspätete Altweibersommer mit Tageshöchsttemperaturen zwischen 17 u. 24°C war das Ergebnis einer kräftigen Süd- bis Südwestströmung auf der Westseite eines langgestreckten Hochdruckgebietes von Finnland bis zum Balkan.

Die Bachläufe führten deutlich weniger Wasser als beim letzten Beprobungstermin (die Beprobungsstelle Schlochterbach 8 konnte wie am 28.8. nicht gehalten werden, da dem oberhalb abzweigenden Zulauf zu den Fischteichen nahezu die gesamte Wasserfracht zugeleitet wurde).

19. November 1990 (6. Probenahme)

Der Oktober fiel mit einer Mitteltemperatur von 11,5°C (Münster) bzw. 11,8°C (Osnabrück) nahezu 2K zu warm aus. Die Niederschlagsmenge blieb leicht unterdurchschnittlich. Ergiebige Niederschläge fielen erst am Monatsende. Anfang November stellte sich eine kühle Witterung ein, nennenswerte Niederschläge wurden nicht verzeichnet. Erst eine Woche vor dem Probenahmetermin am 19.11.90 gab es starke Niederschläge, die ihr tägliches Maximum am 17.11.90 mit fast 40 mm erreichten. Alle Bäche führten zum Probenahmetermin Hochwasser; das Regenrückhaltebecken am Remseder Bach nahe dem Hof Schönebeck füllte sich. Da auf landwirtschaftlichen Nutzflächen erstmals nach dem Sommer intensive Sickerung einsetzte, leiteten Drainrohre deutlich erkennbar den Oberflächengewässern Drainagewasser zu.

7. Januar 1991 (7. Probenahme)

Der November war mit mehr als 100 mm Niederschlag überdurchschnittlich regenreich, so daß alle Bäche kräftig anschwollen. Einleitungen aus Haushalt, Industrie und Gewerbe wurden stark verdünnt. Da auch im Dezember die Niederschläge über dem Durchschnitt lagen (zumindest im Osnabrücker Raum), kann eine hohe Wasserführung der Bäche auch für diesen Zeitraum angenommen werden. Der Perkolationsstrom in Böden und die korrelaten Stoffausträge (z.B. über Drainagen) waren vermutlich intensiv. Die Maxima der Lufttemperatur erreichten im Dezember nur noch 3-5°C, so daß auch die Wassertemperaturen der Bäche mit 5-6°C recht niedrig waren. Erhöhte Fließgeschwindigkeit bei turbulentem Abfluß führte in allen so temperierten Bächen zu sehr hohen Sauerstoffgehalten. Dieser Zustand änderte sich bis zur Probenahme am 7.1.91 nicht. Die letzten ergiebigen Niederschläge gingen 5 Tage vor der Meßkampagne nieder (2.1.91: 24 mm Münster; 27 mm Osnabrück). Mithin war die Verdünnung der Einleitungen nicht so stark wie am 19.11.1990.

26. April 1991 (8. Probenahme)

Ab der Wasserprobennahme am 7.1.1991 nahm die Wasserführung der Bäche langsam bis zum Ende des Monats ab, der Sauerstoffgehalt blieb im kalten Wasser auf einem hohen Niveau. Es endete in diesem Monat die Zeit der hauptsächlichen Grundwasserneubildung dieses hydrologischen Winterhalbjahres.

Der Februar 1991 war überdurchschnittlich kalt. Es herrschte an den Stationen Münster und Osnabrück Dauerfrost bis in die dritte Februardekade hinein. Niederschläge fielen durchweg als Schnee. Mehr als die Hälfte des Monatsniederschlags von nur 9,7 mm (Münster) bzw. 22,8 mm (Osnabrück) fiel am 15.2.91 mit 4,9 mm bzw. 12,0 mm, so daß die Schneehöhen 11 bzw. 15 cm erreichten. Mit einer bis zum 24.2. anhaltenden, stetigen Erwärmung taute der Schnee langsam ab, und es setzte Bodenwassersickerung v.a. auf Standorten mit leichten Böden ein. Bis etwa Mitte März gab es bei ansteigenden Temperaturen (Tmax 14-18°C) keine ergiebigen Niederschläge; die Nitrifizierung der organischen Substanz forcierte sich. Eine nennenswerte Nitratverlagerung ins Grund- bzw. Oberflächenwasser konnte in Anlehnung an die Niederschlagsereignisse zwischen dem 19.3. und 23.3.91 erwartet werden, als mehr als 80% der insgesamt geringen Niederschlagsmenge von ca. 22 mm (Mü,Os) niedergingen. Erst einen Monat später - am 21. und 22.4.91 - konnten wieder beachtenswerte Niederschläge von 18 bzw. 6 mm (Mü;Os) registriert werden. Vorausgegangen war auch hier eine trockene Witterung mit Temperaturmaxima von 15-20°C.

Die Beprobung am 26.4.1991 verdeutlichte, daß die Quellschüttungen und die Sickerwassermengen insgesamt gering waren. Die Bachläufe wiesen eine unterdurchschnittliche Wasserführung auf, die zu beprobenden Rohrdrainagen führten nur sehr wenig, z.T. kein Wasser ab. Aufgrund der weit unterdurchschnittlichen Niederschlagsmenge auch im April (23 mm Münster, 16,1 mm Osnabrück) muß davon ausgegangen werden, daß im späten Winter 1990/91 und im zeitigen Frühjahr 1991 geringere Frachten an NO_3-N aus agrarischen und forstlichen Ökosystemen ausgewaschen wurden als dies bei durchschnittlichem Witterungsverlauf der Fall gewesen wäre.

Insgesamt ist festzuhalten, daß die Wasserbeprobungen der acht Kampagnen zu sehr unterschiedlichen Abflußregimen durchgeführt wurden. Sommerliche Niedrigwasserereignisse (z.B. 28.8.1990) konnten ebenso erfaßt werden wie winterliche Abflußspitzen. Insgesamt wäre jedoch eine häufigere und regelmäßigere Beprobung der Bachwässer wünschenswert gewesen. Vergleicht man den Witterungsverlauf, im speziellen den Niederschlagsgang, während des Untersuchungszeitraums mit den langjährigen Mitteln (s.a. Abb. 7-2, S. 40), so fällt auf, daß der November und der Dezember 1990 zu naß und die Monate Februar bis April 1991 deutlich zu trocken ausfielen.

Trotz des stichprobenhaften Charakters sind sehr wahrscheinlich die Konzentrationsschwankungen an Wasserinhaltsstoffen im Jahreslauf recht treffend ermittelt worden. Auch die arithmetischen Mittelwerte der Ionenkonzentrationen erscheinen bei acht Probenahmen zumindest hinsichtlich der Größenordnung als abgesichert.

11.2.3 Physiko-chemische Charakteristika ausgewählter Bachwässer

Im folgenden werden zunächst die Untersuchungsergebnisse der Bäche, die den Nordteil des Kartenblattes entwässern (Schlochterbach, Düte, Goldbach) besprochen, anschließend die südwärts direktionierten Tieflandbäche des Münsterländer Kreidebeckens (Remseder Bach, Glaner Bach). Die Diskussion der Ergebnisse erfolgt entsprechend der Fließrichtung von der Quelle in Richtung Unterlauf. Die Ergebnisse sind einerseits in Form von Abbildungen dargestellt (Abb. 11-2 bis 11-17), andererseits vollständig in den Tabellen MG1 bis MG29 auf Mikrofilm dokumentiert.

Der Schlochterbach (Sch):

Der das Meßtischblattgebiet zusammen mit der Düte nach Norden hin entwässernde Schlochterbach erhält in seinem vielverzweigten Quellgebiet Zuflüsse von den Osningsandsteinhöhen und dem Wealdengebiet. Bis zur **P**robe**N**ahmestelle **1** (Sch-**PN1**: R 3438070; H 5782660 / südl. Musen-Berg, Georgsmarienhütte) durchfließt der Bach Fichtenbestände und Erlen-Auenwälder. Das Bachbett ist meist stark beschattet, so daß auch die sommerlichen Wassertemperaturen kaum über 14°C ansteigen. Bei über 90%iger O_2-Sättigung des Wassers und einer durchschnittlichen O_2-Zehrung von 2 mg/l (1,1-3,2) tritt Sauerstoffmangel nicht ein. Organische Substanz wird schnell mineralisiert. Der pH-Wert des Bachwassers liegt mit 7,2-7,9 stets im neutralen-alkalischen Bereich. Das Wasser ist mit Leitfähigkeiten während des Sommerhalbjahres von 500-600 µS/cm gut mineralisiert (Einstufung nach HÜTTER 1984, S. 52). Calcium und Magnesium sind mit 78 mval% bzw. 15 mval% die dominanten Kationen, Sulfat mit 40-70 mval% und Hydrogencarbonat die vorherrschenden Anionen. Die hohen Sulfatkonzentrationen können mit den geogenen Schwefelgehalten von Wealden-Gesteinen in Zusammenhang gebracht werden (s.a. Kap. 7.2). In grundwassernahen Auenböden wirkt der hohe Gehalt an Makronährelementen auf die Vegetation wuchsfördernd. Auf der anderen Seite führt die Mineralisierung in Auenböden zu nicht anthropogen bedingten, herbstlichen Nitratschüben im Perkolationswasser, die dann über den Grundwasserstrom den Vorfluter erreichen. Daher erklärt sich der Anstieg der NO_3-Konzentration trotz stark überdurchschnittlicher Wasserführung am 19.11.1990. Die Chlorid- und Phosphatgehalte sind niedrig bis sehr niedrig.

Zu der Sch-PN2 (R 3439680; H 5782610 / nahe Karlsstollen, Georgsmarienhütte) durchfließt der Bach weiterhin Auenwald und erhält einen Zufluß aus den Forellenteichen am Karlsstollen. Die sommerliche Wassererwärmung gegenüber Sch-PN1 ist sehr gering. Trotz Verminderung des O_2-Gehaltes und leichter Erhöhung der ZS_5 bleibt die Sauerstoffsättigung bei meist über 80%. Der Einfluß des Fischzuchtbetriebes auf die Gewässergüte war zum Zeitpunkt der Stichproben eher gering. Die Kat- und Anionengehalte veränderten sich kaum.

Zur Sch-PN3 (R 3439590; H 5783590 / Kreisstraße 331, Georgsmarienhütte) durchfließt der Schlochterbach nahezu auf der gesamten Länge Wald oder erlenbegleitet Grünland. 100 m oberhalb von Sch-PN3 wird Wasser von Fischteichen zugeleitet. Die Sauerstoffgehalte bleiben bei O_2-Sättigungen zwischen 80-100% hoch, die O_2-Zehrung bleibt mit <3 mg/l nahezu unverändert gering. Weder der pH-Wert noch die Leitfähigkeit des Wassers ändern sich deutlich. Hinsichtlich der Konzentration an Calcium und Sulfat ist ein leichter Rückgang festzustellen; dies gilt bei den mval%-Gehalten jedoch nur für das Sulfat. Trotz bachbegleitender Grünlandnutzung der Auengleye auf kolluvialem Lößlehm sind gegenüber dem Nitrateintrag aus Erlen-Auenwaldböden keine signifikanten Konzentrationserhöhungen gemessen worden.

Auch zur Sch-PN4 (R 3439110; H 5784780 / Fischteiche Kloster Oesede, Georgsmarienhütte) hin durchfließt der Schlochterbach grünlandwirtschaftlich ge-

Abb. 11-2: Schlochterbach Nr. 3 (Sch-PN3) - Extremgehalte und ungewichtete arithmetische Mittelwerte ausgewählter Ionen (1990/91)

Abb. 11-3: Schlochterbach PN3: südl. Wellend. Str.- Ammonium- und Nitratgehalt, Sauerstoffgehalt und Sauerstoffzehrung

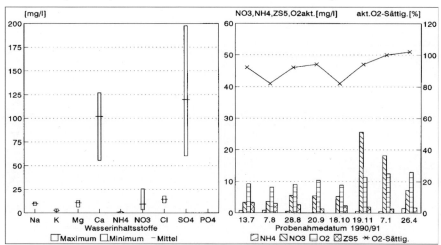

nutzte Flächen. Sein Ufer ist allerdings erlenbestanden, so daß der Bach stark bis mäßig beschattet wird. Während sommerlicher Trockenperioden kann der Bachlauf hier stellenweise trockenfallen, da Wasser für Fischteiche im großen Umfang abgezweigt wird. Das nach Durchfließen der Teiche wieder eingeleitete Wasser kann sommerlich stark erwärmt sein (28.8.1990). Aufgrund recht starker Beschattung reicht die organismische O_2-Produktion im Bachwasser nicht aus, um die O_2-Sättigung stets über 70% zu halten, doch bleibt der sauerstoffreiche Charakter auch bei leicht erhöhter ZS_5 (2,0-3,5 mg/l) erhalten. Außer einer weiteren schwachen Abnahme des Mineralisierungsgrades verändern sich die hydrochemischen Kennwerte nicht auffällig, so daß der Schlochterbach im Untersuchungsgebiet abschließend als ein sauerstoffreicher, gering verschmutzter Bach mit hohen Calcium-, Magnesium- und Sulfatgehalten charakterisiert werden kann.

Die Düte (Dü)

Gleich dem Schlochterbach entwässert die Düte die Oeseder Kreidemulde nach Norden hin. Da sie im Osning-Sandstein entspringt, ist ihr Wasser im Gegensatz zum Schlochterbach quellnah nur schwach mineralisiert. Bis zur Dü-PN1 (R 3440020; H 5781720 / StF Palsterkamp, Abt. 84) durchfließt die Düte v.a. Fichtenbestände. Während sommerlicher Trockenperioden führt ein von Süden kommender, kleiner Seitenbach, der bei Höhenkote 155,1 m einmündet (s. Topogr. Karte 3814 Bad Iburg), mehr Wasser als die Düte.

Aufgrund des insgesamt geringen Lösungsinhalts können zeitlich variable Beiträge verschiedener Quellzuläufe zur Abflußmenge des Hauptbaches starke Unterschiede der mval%-Anteile einzelner Ionen hervorrufen. Bei stets sehr hohen Gehalten und Sättigungsprozenten an Sauerstoff (>80%) und geringen ZS_5-Werten (<1-3 mg/l) sind unter den Kationen Calcium mit 75-85 mval% und Magnesium mit 10-12 mval% die bedeutendsten, Hydrogencarbonat mit 50-70 mval% und Sulfat mit 20-40 mval%

Abb. 11-4: Düte Nr. 1 (Dü-PN1) - Extremgehalte und ungewichtete arithmetische Mittelwerte ausgewählter Ionen (1990/91)

Abb. 11-5: Düte PN1: Staatsforst Palsterkamp Abt. 84 - Ammonium- und Nitratgehalt, Sauerstoffgehalt und Sauerstoffzehrung

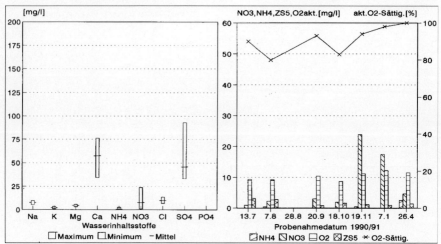

unter den Anionen. Da sich die Düte und ihre Quellbäche tief in den Lößlehm eingeschnitten haben, erhalten die uferständigen Bäume kaum einen Basenzuschuß über kapillar aufsteigendes Grundwasser. Die Gehalte des Wassers an mineralischem Stickstoff sind im Sommer gering und erhöhen sich im Spätherbst, wenn das im Waldökosystem nicht biotisch gebundene Nitrat mit dem Sickerwasserstrom in das Grundwasser gelangt und letzthin den Oberflächengewässern zugeführt wird. Verschmutzung anzeigende Stoffe treten nicht auf; der NH_4-Gehalt von 2,5 mg/l am 26.4.91 kann als Einzelwert vernachlässigt werden.

Zur Dü-PN2 (R 3441060; H 5782680 / Hilter-Hankenberge) ändert sich der physikochemische Gewässerzustand schlagartig. Der Grund liegt in der Einleitung ungeklärten Siedlungsabwassers oberhalb PN2. Ein sprunghafter Abfall der O_2-Sättigung, z.T. bis zum vollständigen Fehlen gelösten Sauerstoffs, ZS_5-Werte von >20-30 mg/l, NH_4-Konzentrationen bis nahe 50 mg/l sowie sehr hohe Gehalte gelöster Phosphate sind neben einer vergleichsweise gering einzuschätzenden thermischen Belastung deutliche Indikatoren einer sehr starken Gewässerverschmutzung. Schon im Gelände fiel der faulige Geruch und eine milchig graublaue Färbung auf. Während im Sommer das Bachbett oberhalb Dü-PN2 austrocknen kann und die eingeleiteten Abwässer die einzige Flüssigkeitsfracht sind, senken periodisch starke Wasserführungen die Konzentrationen an verschmutzenden Substanzen und erhöhen die aktuelle O_2-Sättigung auf >90%.

Bis zur Dü-PN3 (R 3441170; H 5783320 / Hilter-Wellendorf) durchfließt die Düte erlenumsäumt Grünland sowie auf einem kurzen Teilstück einen Erlen-Auenwald. Das sehr verschmutzte Bachwasser, das an Dü-PN2 registriert wurde, versickerte während sommerlicher Trockenperioden im Bachbett, so daß es Dü-PN3 nicht erreichte. Das am 28.8.90 beprobte „Wasser" war ein im allgemein ausgetrockneten Bachbett pfützenhaft sich verteilendes Siedlungsabwasser einer benachbart liegenden Einleitungsstelle. Die hohe Leitfähigkeit von 1362 µS/cm im Verbund mit hoher

Alkalität und Alkalinität sowie hohen Chlorid- und Phosphatgehalten machen ebenso wie die minimalen aktuellen O_2-Gehalte die extreme Verschmutzungsintensität deutlich. Die ZS_5 von >75 mg O_2/l ist ein in einer (leider nicht ausreichenden) Verdünnungsreihe gefundener Wertebereich. Charakteristisch für das Bachwasser der Düte an Dü-PN3 ist die außerordentlich große Schwankung der Gehalte von Wasserinhaltsstoffen, die auf die variierenden Anteile von Abwasser sowie auf unterschiedlich starke Zuflüsse von Nebenbächen zurückgeht. Gegenüber Dü-PN2 erscheint die Wasserqualität im Durchschnitt verbessert, doch erfolgt die Einstufung nach „stark verschmutzt".

Unterhalb der Einleitungsstelle von der kommunalen Kläranlage Hilter-Wellendorf liegt Dü-PN4 (R 3441060; H 5782680). In sommerlichen Trockenzeiten füllen die eingeleiteten Abwässer nahezu allein das Bachbett. Nur bei starker Wasserführung werden die Abwässer so stark verdünnt, daß die O_2-Sättigung hoch und die ZS_5-Werte niedrig sind. Ansonsten werden bei hoher O_2-Zehrung allgemein niedrige Gehalte von gelöstem O_2 (1-5 mg/l) gemessen. Mineralischer Stickstoff tritt hauptsächlich in der NH_4-Form auf. Die Mineralisierung von organischer Substanz ist begrenzt, Faulschlamm bildet sich. Die höchsten Gehalte der oxidierten Nmin-Form, des Nitrats, wurden im Spätherbst gemessen und stehen vermutlich mit landwirtschaftlicher Düngung und bodeninternen N-Umsätzen im Zusammenhang. Neben der alkalischen Reaktion und hohen Leitfähigkeit sind hohe Natrium- und Kalium-Konzentrationen mit Ionenäquivalentanteilen von zusammen bis zu 45 mval% Charakteristika der Dütewasserqualität an Dü-PN4. Damit verschlechtert sich die Gewässerqualität gegenüber Dü-PN3 und erreicht fast den Zustand wie an Dü-PN2. Sie wird als sehr stark verschmutzt klassifiziert.

Abb. 11-6: Düte Nr. 4 (Dü-PN4) - Extremgehalte und ungewichtete arithmetische Mittelwerte ausgewählter Ionen (1990/91)

Abb. 11-7: Düte PN4: unterh. Kläranlage Wellendorf - Ammonium- und Nitratgehalt, Sauerstoffgehalt und Sauerstoffzehrung

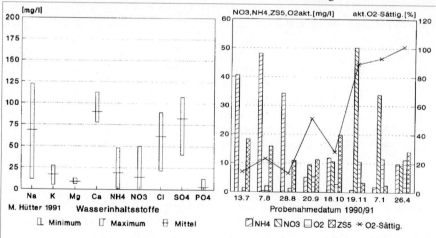

Von Dü-PN4 nach Dü-PN5 durchfließt die Düte teils Auenlaubwälder, die je nach Eintiefung der Düte erlen-/eschen- oder buchen-/eichenbetont sind, teilweise auch gehölzbegleitet grünlandwirtschaftlich genutzte Flächen im Lößgebiet von Kloster

Oesede. Im Bach war ein starkes Algenvorkommen sowie am Bachufer Faulschlamm sichtbar. An Dü-PN5 (R 3440190; H 5784020 / Georgsmarienhütte) ist zwar sommerlich - zumindest während der hellen Tageszeit - ein vollständiger O_2-Aufbrauch im Wasser nie gemessen worden, doch lagen die Sättigungen auf einem niedrigen Niveau und die ZS_5 war mit >15 mg O_2/l noch immer sehr hoch; ein bedeutender Teil der Sauerstoffzehrung geht wohl auf die Oxidation des Verschmutzungszeigers NH_4 zu NO_3 zurück. Die Einleitung phosphathaltigen Abwassers oberhalb Dü-PN4 ließ sich auch an Dü-PN5 noch nachweisen. Zum Winter hin verminderte sich der Verschmutzungsgrad, und bei zeitweilig stark erhöhtem Abfluß wurde der Faulschlamm erodiert. Zwar verbesserte sich gegenüber Dü-PN4 die Gewässergüte, doch war der Verschmutzungsgrad noch immer stark.

Die Hinzunahme von Dü-PN6 (R 3439800; H 5785310 / Kloster Oesede-Georgsmarienhütte), die eine Beurteilung der Selbstreinigungskraft der Düte gestatten sollte, brachte keine neuen Ergebnisse, da sie zu spät erfolgte. Außerdem bewirkten Zuflüsse und Zuleitungen von einem Fischteich, die der Düte bis zu diesem Probenahmepunkt weniger belastetes Wasser zuführten, von einer Selbstreinigung u.U. schwer trennbare Verdünnungsprozesse.

Der Goldbach (Go)

Der Goldbach, der in der Ausraumzone zwischen Urberg und Dörenberg in stark beschattenden Wäldern und erlenumsäumt durch grünlandwirtschaftlich genutzte Flächen nach Westen fließt, ist nur an einer Stelle beprobt worden (R 3432240; H 5783380 / Hagen a.T.W.). Das Wasser weist über das ganze Jahr hinweg einen sehr hohen Sauerstoffgehalt mit O_2-Sättigungen >90% auf. Die O_2-Zehrung ist mit <3 mg/l sehr gering. Vom NO_3 abgesehen, ist die ionare Zusammensetzung des mittel mineralisierten (Einstufung sinngemäß nach HÜTTER 1984, S. 52), alkalischen Bachwassers sehr einheitlich. Die wichtigsten gelösten Kationen sind mit 64-68 mval% Calcium und mit 16-20 mval% Magnesium, die wichtigsten Anionen Hydrogencarbonat und mit 20-33 mval% Sulfat. Aus physiko-chemischer Sicht kann der Goldbach an Go-PN1 als gering verunreinigt angesprochen werden.

Das Glaner Bach-System (G)

Der Kolbach / Sunder-Bach (KoG)

Das Kolbach-System, das die Jura-Ausraumzone südl. des Dörenbergs entwässert, ist ca. 100 m nach dem Zusammenfluß von Kolbach und Sunder-Bach beprobt worden. Bis zum KoG-PN1 (R 3434650; H 5781900 / Jugendherberge Bad Iburg) fließen alle Quellbäche durch Laub- und Nadelwälder, so daß die Beschattung des Baches stark ist. Der Mineralisierungsgrad und der alkalische pH-Wert entsprechen den Befunden am Goldbach. Ebenso ist das Wasser stets nahezu sauerstoffgesättigt, die ZS_5-Werte sind gering. Die Magnesium- und Sulfat-Äquivalentanteile sind gegenüber dem Goldbach jedoch mit 20-25 mval% bzw. 30-50 mval% erhöht. Grundwasserbeeinflußte Auenwälder weisen damit eine gute Basen- (speziell Magnesium-) Versorgung auf. Die hohen Magnesium- und Schwefelgehalte gehen auf die mineralogische Zusammensetzung der Wealden- und Juragesteine zurück. Eine Gewässerverschmutzung wurde nicht erkannt.

Der Kolbach durchfließt bis KoG-PN2 (R 3435120; H 5780380) das Stadtgebiet von Bad Iburg. Gegenüber KoG-PN1 verringerten sich der Sauerstoffgehalt und die O_2-Sättigung während der sommerlichen Beprobungstermine. Dies ging einher mit einer

Erhöhung der ZS_5-Werte auf 2,6-5,0 mg O_2/l. In der Ionenzusammensetzung gab es Erhöhungen im Calcium-Magnesium-Verhältnis aufgrund einer starken Verminderung des Magnesiumgehaltes. Parallel dazu nahm auch der SO_4-Gehalt ab. Insgesamt läßt sich der Bachlauf an KoG-PN2 als gering bis mäßig verschmutzt charakterisieren.

Der Fredenbach (FrG)

Der Fredenbach, der im Flammenmergelausraum zwischen Lim-Berg und Kleinem Freden bzw. Großem Freden westwärts fließt, erhält Zuflüsse von Norden her, die aus Grundwasserleitern des Wealden und des Jura gespeist werden. Bis zur FrG-PN1 (R 3435880; H 5780970) durchfließt der Fredenbach nahezu ausschließlich Laubwälder. Nur sein von Norden (Kusendehne) kommender Tributär hat ein kurzes Laufstück durch grünlandwirtschaftliche Nutzfläche. Das alkalische Bachwasser ist hoch mineralisiert, das ganze Jahr über nahezu sauerstoffgesättigt und besitzt mit einer ZS_5 von 0,7-2,5 mg O_2/l eine sehr geringe Zehrung. Mit 82 mval% Ladungsanteil ist Calcium das vorherrschende Kation und Sulfat mit 20-50 mval% neben Hydrogencarbonat das vorherrschende Anion. Der spätherbstliche Anstieg der Nitratkonzentration ist auch hier als Grundbelastung durch Nitrifizierung in bachnahen Wäldern unter Einbeziehung der auf die Nitratbildung förderlich wirkenden Erlen zu sehen.

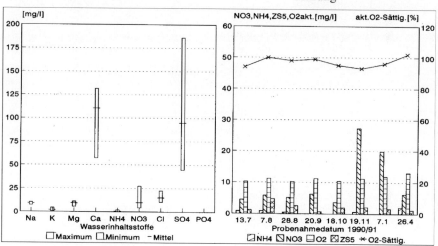

Abb. 11-8: Fredenbach (FrG-PN1) - Extremgehalte und ungewichtete arithmetische Mittelwerte ausgewählter Ionen (1990/91)

Abb. 11-9: Fredenbach PN1: 150 m o. Wassertretstelle - Ammonium- und Nitratgehalt, Sauerstoffgehalt und Sauerstoffzehrung

Der Glaner Bach (G)

An G-PN1 (R 3435220; H 5780190 / Fußgängerbrücke Bad Iburg), nur 170 m unterhalb der Konfluenz von Kolbach und Fredenbach, war zu beobachten, daß neben der physiko-chemischen Veränderung durch Mischung beider Bachwässer auch Einträge von Verunreinigungen eine Rolle spielen. Hinweise darauf geben verminderte O_2-Gehalte im Zusammenhang mit hohen ZS_5-Werten und das regelmäßige

Auftreten von Ammonium. Die Bewertung der hohen Natrium- und Chloridwerte am 7.8.91 ist schwierig. Sie gehen möglicherweise auf Einleitungen häuslicher Abwässer zurück. Der Glaner Bach kann an PN1 zusammenfassend als mäßig verschmutzt klassifiziert werden.

An der G-PN2 (R 3435180; H 5779430 / Schule Bad Iburg-Glane) im Stadtteil Glane zeigen die wasseranalytischen Kennwerte kaum Veränderungen gegenüber G-PN1. Während bei durchschnittlichem Abfluß die Calciumgehalte gleichmäßig hoch sind, gibt es erhebliche Schwankungen der Natrium- und parallel dazu der Chloridgehalte, die mit den Analyseergebnissen von G-PN1 zeitlich nicht in Zusammenhang zu bringen sind. Die generelle Einstufung der Gewässergüte ist der von G-PN1 gleich.

Ungefähr 850 m bachaufwärts von G-PN3 (R 3434085; H 5778580 / Scheventorf-Bad Iburg) befindet sich eine moderne mechanisch-biologische Kläranlage (Kapazität 22000 EGW), die das Abwasser von Bad Iburg reinigt. Das gereinigte, nunmehr mineralreiche Wasser wird in den Glaner Bach eingeleitet, wo es mit hoher Fließgeschwindigkeit turbulent abfließt. Die Leitfähigkeit ist mit 700-950 µS/cm als Folge der Abwassereinleitung hoch. Die aktuelle O_2-Sättigung lag zum Meßzeitpunkt zwar niemals unter 60%, doch bemaß sich der ZS_5-Wert häufig auf 6-7 mg O_2/l und war damit überdurchschnittlich hoch. Die hohe Zehrung beruht auf Restmengen oxidierbarer organischer Substanz, sowie auf Ammonium, das bei geringer Wasserführung hohe Konzentrationen (28.8.90: 60 mg/l) aufweisen kann. Die Verunreinigung des Glaner Baches durch die Kläranlage wird darüber hinaus durch erhöhte Na-, K-, NO_3-, Cl- und PO_4-Gehalte angezeigt. Das Bachwasser von G-PN3 wird zusammenfassend als stark verschmutzt eingestuft.

Abb. 11-10: Glaner Bach Nr. 3(G-PN3) - Extremgehalte und ungewichtete arithmetische Mittelwerte ausgewählter Ionen (1990/91)

Abb. 11-11: Glaner Bach PN3: unterhalb Kläranlage Iburg - Ammonium- und Nitratgehalt, Sauerstoffgehalt und Sauerstoffzehrung

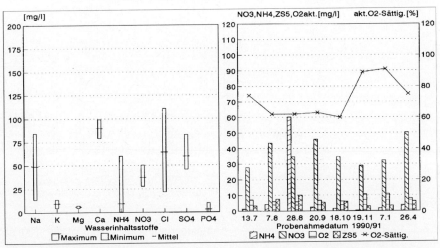

Der Glaner Bach durchfließt von der Burg Scheventorf zu G-PN4 (R 3433750; H 5776720 / Auf dem Donnerbrink, Bad Iburg) forstwirtschaftlich und grünlandwirtschaftlich genutztes Gebiet. Abwärts der Glaner Mühle nimmt auch die Bachbeschattung zu. Sie ist örtlich vollkommen. Tiefgreifende Veränderungen erfährt die Wasserqualität seit der Einleitung aus der Kläranlage nicht, doch liegt der O_2-Gehalt allgemein höher und der ZS_5-Wert niedriger. Während des Sommers kann nicht ausgeschlossen werden, daß im Bachwasser zeitweise Sauerstoffmangel, hervorgerufen durch hohe Ammoniumkonzentrationen oder Gehalte organischer Substanzen, herrscht. Das meist das Biomassenwachstum begrenzende Phosphat tritt neben Nitrat wie schon an G-PN3 in hohen Konzentrationen auf. Auch hier erfolgt die Einstufung in die Kategorie mäßig bis stark verschmutzt. Die G-PN5 am Glaner Bach befindet sich unterhalb der Konfluenz mit dem Remseder Bach, so daß es sinnvoll ist, zunächst die Daten des Remseder Bachs auszuwerten.

Das Remseder Bach-System (R)

Der Rankenbach (RaR)

Der Rankenbach, der nördliche Quellbach des Remseder Baches, durchfließt von Osten aus Hilter kommend landwirtschaftlich genutzte Flächen und ist der Vorfluter des Lößgebietes von Sentrup und Natrup. Die Beschattung ist bis zur RaR-PN1 dem offenen Landschaftscharakter gemäß gering bis mäßig. Im Bachbett wächst sehr üppig Berula erecta. RaR-PN1 (R 3439220; H 5778470) liegt am Rankenbach unterhalb der Kuckucksmühle. Das mittel mineralisierte Wasser zeigt eine alkalische Reaktion. Charakteristisch und spezifisch für das Wasser des Rankenbachs sind Calcium-Äquivalentanteile von über 85 mval% bei geringen Magnesium-Äquivalentanteilen von 4,0-4,7 mval%. Unter den Anionen herrscht das Hydrogencarbonation vor. Dies weist auf die Herkunft des speisenden Grundwassers aus Karstgrundwasserleitern reiner Kalkgesteine hin. Als typisch für den Rankenbach als Vorfluter in einem intensiv landwirtschaftlich genutzten Raum kann das hohe Niveau der NO_3-Konzentration bei sehr unterschiedlich hohen Abflußmengen angesehen werden. Im Einzugsgebiet des Rankenbaches gelegene landwirtschaftlich genutzte Böden sind Braunerden, Parabraunerden und Plaggenesche auf Sand oder lehmigem Schluff. Die Nitratkonzentrationen im Drainwasser des Lößlehmgebietes von Natrup-Hilter lagen bei stichprobenhaften Untersuchungen am 7.1.91 bei 130-140 mg NO_3/l (s.a. Tab. MDr2). Dieses wird über Drainagegräben dem Rankenbach zugeführt.

Die Sauerstoffsättigung des Rankenbachs schwankt erheblich, doch ist bei geringer bis mäßiger ZS_5 längerfristiger O_2-Mangel nicht zu erwarten. Die Einstufung der Gewässergüte erfolgt vor allem wegen hoher Nitratgehalte nach mäßig bis stark verschmutzt.

Der Südbach (SüR)

Der Südbach, der südliche Quellbach des Remseder Bachs, entspringt am Nottel und nimmt in seinem Lauf geklärte Haushaltsabwässer aus Hilter sowie Abwasser der Lebensmittelfabrik Rau auf. Er fließt durch landwirtschaftlich genutztes Gebiet, wird am Teich der Hilter-Mühle aufgestaut und erreicht von dort nach 500 m SüR-PN1 (R 3439310; H 5778080 / Südbachstraße, Bad Laer-Remsede). Der Südbach unterscheidet sich in hydrochemischer Hinsicht sehr deutlich vom Rankenbach. Zwar liegen die Calciumgehalte in derselben Größenordnung, doch ist er salzhaltig und hat dementsprechend eine sehr hohe elektrische Leitfähigkeit (Meßwerte bis 1452 µS/cm). Die Salzfracht geht auf Abwassereinleitungen der kommunalen Kläranlagen und vor allem der Kläranlage der Firma Rau zurück. Die Ionen-Äquivalentanteile von Natrium erreichen bei Gehalten von z.T. über 200 mg/l etwa 56 mval%. Auf der Anionenseite werden Chloridgehalte bis zu 240 mg/l gemessen. Die Einleitungen der Firma Rau mit durchschnittlichen CSB-Werten von 25 mg/l und BSB_5-Werten von <5 mg/l[59] sowie diejenigen der Kläranlagen von Hilter führen zusammen zu hohen ZS_5-Werten an SüR-PN1. Aufgrund hoher O_2-Gehalte des vergleichsweise warmen Bachwassers tritt O_2-Mangel höchstens kurzfristig ein. Der Südbach muß an PN1 auch in Anbetracht hoher NO_3- und PO_4-Gehalte als stark verschmutzt gelten.

Abb. 11-12: Südbach (SüR-PN1) - Extremgehalte und ungewichtete arithmetische Mittelwerte ausgewählter Ionen (1990/91)

Abb. 11-13: Südbach PN1: Südbachstraße Remsede - Ammonium- und Nitratgehalt, Sauerstoffgehalt und Sauerstoffzehrung

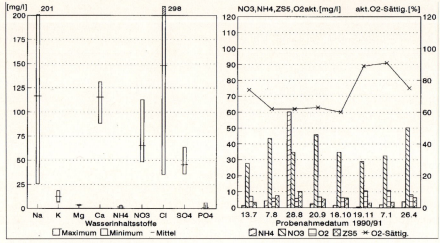

Der Remseder Bach (R)

Durch die Konfluenz von Südbach und Rankenbach im Regenrückhaltebecken nahe Hof Schönebeck entsteht der Remseder Bach, der 300 m vom Auslauf des Regenrückhaltebeckens entfernt beprobt wurde (R 3437510; H 5777770 / Im Wechel, Bad Laer). Der Remseder Bach fließt bis R-PN1 durch Grünland. An seinem Bachufer sind Erlen gepflanzt. Entsprechend dem Mischungsverhältnis von Südbach- und Rankenbachwasser (nahezu 1:1) besitzt der Remseder Bach ein stark mineralisiertes, calcium- und natriumreiches Wasser in einem Ionen-Äquivalentverhältnis von Na:Ca wie 35:60, das sich bei Hochwasser wegen einer starken Verdünnung der Einleitungen auf 12:80 verschiebt und damit witterungsabhängig labil ist. Mitunter kommt auch aus dem Südbach stammendes Phosphat noch in höheren Konzentrationen vor. Der Nitratgehalt des Remseder Baches entspricht den hohen Gehalten seiner Quellbäche. Stichprobenhafte Untersuchungen von Drainwasser aus landwirtschaftlichen Nutzflächen im Auenbereich des Südbaches bzw. des Rankenbaches ergaben, daß die Nitratkonzentrationen des Drainwassers bis nahe 300 mg/l betragen können. Unter Wiesennutzung wurden jedoch erheblich geringere NO_3-Konzentrationen gefunden (s.a. Tab. MDr1 u. 2, Maisschlag Wechselbrede, Bad Laer-Remsede und im Vergleich dazu Wiese an der Leimbrede, Bad Laer-Remsede oder Wiese Eichholzfeld, Bad Laer-Westerwiede).

---

[59] freundliche briefliche Mitteilung der Firma Rau vom 12.7.1991

Die O$_2$-Gehalte und -Sättigungen zur Zeit der Beprobung lagen sehr hoch, während die ZS$_5$-Werte zumindest gegenüber dem Südbach verringert waren. Der Verschmutzungsgrad des Remseder Bachs an R-PN1 wird zusammenfassend als mäßig bis stark klassifiziert.

Von R-PN1 nach R-PN2 (R 3436630; H 5776830) fließt der Remseder Bach hauptsächlich durch Grünland und nimmt dabei Wasser aus Drainagen auf. Knapp unterhalb der R-PN2 gibt es eine häusliche Abwassereinleitung. Die hier erhobenen Daten sind mit denen der R-PN3 identisch und brauchen nicht näher erläutert zu werden.

Auf der Strecke zu R-PN3 wird der Bach in kleinen Teichen aufgestaut, fließt eine Kaskade hinab und wurde in einem feuchten und sauren Eichen-Buchenwald, der das Bachbett stark beschattet, beprobt (R 3436150; H5776540). Gegenüber R-PN1 hat sich das Na/Ca-Äquivalentverhältnis kaum verschoben, da Natrium nicht für alle Organismen ein Nährelement ist, kaum durch chemische Fällung eliminiert wird und Calcium ohnehin überreichlich vorhanden ist. Die Leitfähigkeit nahm zwar leicht ab, doch ist das Wasser noch immer sehr elektrolytreich. Auch die Nitratkonzentration blieb auf hohem Niveau stabil. Trotz nur geringfügig niedrigerer Sauerstoffgehalte gegenüber R-PN1 verringerte sich die O$_2$-Sättigung aufgrund tieferer Temperaturen auf 80-90%. Die häusliche Einleitung nahe R-PN2 trat sommerlich nicht regelmäßig auf und führte zu stark schwankenden ZS$_5$-Werten in dieser Jahreszeit. Tendenziell gingen die ZS$_5$-Werte gegenüber R-PN1 zurück. Sauerstoffmangel im Bachwasser dürfte hier nur kurzfristig auftreten. Die Güteklassifizierung strebt nun schon eher nach mäßig verschmutzt.

Abb. 11-14: Remseder Bach Nr. 3 (R-PN3) - Extremgehalte und ungewichtete arithmetische Mittelwerte ausgewählter Ionen (1990/91)

Abb. 11-15: Remseder Bach PN3: Krummenteichswiesen - Ammonium- und Nitratgehalt, Sauerstoffgehalt und Sauerstoffzehrung

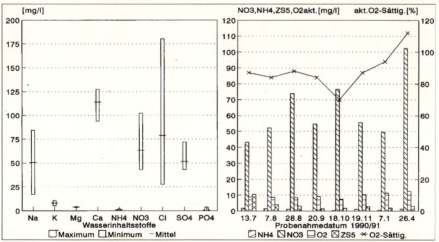

Bis zu R-PN4 (R 3434340; H 5775430 / Laerheide, Bad Laer) durchfließt der Remseder Bach die Krummenteichs Wiesen, ein früher hauptsächlich grünlandwirtschaftlich genutztes Gebiet. Nördlich der ehemaligen Mühle fließt er an einem Erlenbruchwald vorbei. Die hydrochemischen Kennwerte ändern sich gegenüber R-PN3 kaum. Die elektrische Leitfähigkeit und der Nitratgehalt waren unverändert hoch und das Na/Ca-Äquivalentverhältnis verschmutzungsbedingt weit. Lediglich die Sauerstoffzehrung verringerte sich weiter, so daß O_2-Mangel wohl das ganze Jahr über nicht auftritt. Der Bach wird an R-PN4 wegen geringer Sauerstoffzehrung als mäßig verunreinigt eingestuft.

Zur R-PN5 (R 3433270; H 5775300 / nahe Hof Lohmeyer, Bad Laer) fließt der Remseder Bach durch eine Talsandebene, die vorwiegend landwirtschaftlich genutzt wird. Fast auf der gesamten Laufstrecke ist zum Gewässer hin ein schmaler bachbegleitender Gehölzstreifen angelegt, der das Bachbett beschattet. Kurz oberhalb der R-PN5 mündet der Siebenbach ein, der die Visbecker Bruchgebiete drainiert. Im Gewässerbett des Remseder Baches zeigt sich starker Algenbewuchs. Bei abnehmenden Na-Konzentrationen verengen sich die Na:Ca-Äquivalentverhältnisse auf 30:62 unter normaler Wasserführung. Die Nitratkonzentration verringert sich zwar, bleibt aber mit 40-80 mg/l auf einem hohen Niveau. Im sehr sauerstoffreichen Wasser tritt bei geringer Zehrung Sauerstoffmangel nicht ein. Das eintragsbedingt nährstoffreiche Wasser wird auch hier als mäßig verunreinigt eingestuft.

Glaner Bach (mit Remseder Bach) (G)

Ca. 300 m südlich der Konfluenz der zwei größten Vorfluter im südlichen Blattbereich, dem Glaner Bach und dem Remseder Bach, liegt G-PN5. Ein Teil des Remseder Bachs wird kurz oberhalb abgezweigt und mit dem Mühlenbach vereinigt, so daß zwei parallel südwärts entwässernde Vorfluter entstehen. Von G-PN4 nach G-PN5 wird der Glaner Bach auf weiter Strecke ein- oder beidseitig durch Grünland- oder Maisflächen begleitet und nimmt Drainwasser sowie Abwasser einer Kläranlage auf. Die Analyseergebnisse von G-PN5 (R 3432730; H 5774530 / Brockweg, In weißen Sande, Glandorf) verdeutlichen die weiterhin starke Belastung des Bachwassers mit den Nährstoffen Phosphat und Nitrat, wobei auffällig ist, daß trotz überdurchschnittlicher Wasserführung während der Probenahmen vom 19.11.90 und 7.1.91 die

Abb. 11-16: Glaner Bach Nr. 5 (G-PN5) - Extremgehalte und ungewichtete arithmetische Mittelwerte ausgewählter Ionen (1990/91)

Abb. 11-17: Glaner Bach PN5: A. d. Bruche, Glandorf - Ammonium- und Nitratgehalt, Sauerstoffgehalt und Sauerstoffzehrung

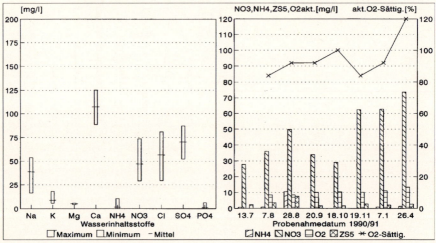

Nitratkonzentration nicht durch Verdünnung verringert, sondern aufgrund verstärkter Perkolation auf den umgebenden Ackerflächen und der lateralen Zuführung über Grund- oder Drainwasser sogar erhöht ist. Eine Bestätigung lieferten Untersuchungen von Drainwasser aus einem Auenkolluvium mit Grundwasseranschluß, das mit Wintergetreide und Mais bestellt war (s.a. Tab. MDr1). Die Nitratkonzentrationen an drei Beprobungsterminen lagen zwischen 180-260 mg/l. Auch die hohe Kalium-Konzentration am 19.11.90 kann mit der intensiven landwirtschaftlichen Bodennutzung der sorptionsarmen Sandstandorte in Zusammenhang gebracht werden. Die Natrium- und Chlorid-Konzentrationen erreichten nicht mehr das Niveau von G-PN4 bzw. R-PN5; vermutlich bewirkten analytisch nicht erfaßte Zuleitungen Verdünnungen. Die Wasserqualität an G-PN5 wird als mäßig bis stark verschmutzt klassifiziert.

Zusammenfassung

Die Ergebnisse der hydrochemischen Untersuchungen an Fließgewässern des Iburger Raumes - während unterschiedlicher Abflußverhältnisse im Jahreslauf gewonnen - belegen einerseits die Abhängigkeit der Mengen der im Wasser gelösten Ionen von der chemischen Beschaffenheit des Grundwasserleiters, andererseits den stofflichen Einfluß der Flächennutzung im Einzugsgebiet und der direkten Einleitungen auf die Wasserqualität.

In bewaldeten Einzugsgebieten spiegelt sich quellnah sehr deutlich die chemisch-mineralogische Beschaffenheit des Grundwasserleiters wider (Düte, Fredenbach, Schlochterbach). Bei unterschiedlichen Mineralisierungsgraden treten hier auf der Kationenseite Calcium und Magnesium mit hohen mval-Prozentanteilen, auf der Anionenseite besonders Hydrogencarbonat und Sulfat auf. Das jahreszeitlich bedingt variierende Zusammenspiel aus Mineralisierungsintensität der organischen Substanz mit der Perkolationsintensität des Bodenwassers läßt herbstliche oder frühjährliche Nitratspitzen auch in naturnah bewirtschafteten Waldeinzugsgebieten erkennen, so daß die Äquivalentanteile der Anionen durchaus deutlich schwanken können. Ein Einfluß der verbreitet tiefgründig versauerten Böden unter Waldbestockung auf den Fließgewässerchemismus konnte nicht nachgewiesen werden.

Einzugsgebiete mit hohen Flächenanteilen an landwirtschaftlicher Nutzung bewirken, besonders wenn die Böden sorptionsschwach und gut perkolierbar sind, hohe Gewässerbelastungen durch Nitrat (Beispiel: Remseder Bach). Bachnaher Grünlandumbruch und intensive Düngung im Verbund mit dem Betrieb von Systemdrainagen verstärken den Stofftransfer vom Agrarökosystem zum Fließgewässer. Über eventuelle Inputs von Phosphat und Pflanzenschutzmitteln entweder über die genannten Pfade, durch Einschwemmung von Bodenmaterial oder durch direkten Eintrag bei der Applikation kann auf der Basis der in dieser Arbeit verwandten Methoden keine Aussage gemacht werden.

Sehr deutlich wird die Beeinflussung der Qualität des Bachwassers durch direkte Einleitungen geklärten (Düte, Glaner Bach, Südbach) oder ungeklärten Abwassers (Düte). Als Verschmutzungsindikatoren treten Chloride, Phosphate und Ammonium auf. Geringe Sauerstoffsättigung bei hoher Sauerstoffzehrung führen zu einer unvollständigen Zersetzung von organischer Substanz und damit zur Sapropelbildung (Düte), die schon makroskopisch erkannt werden konnte.

Aquatische Ökosysteme können spezifische stoffliche Austräge aus benachbarten Ökosystemtypen anzeigen. Die Messung dieser Austräge liefert einen wesentlichen

Beitrag zur Erstellung von Einzugsgebietsbilanzen (Landschaftsbilanzen). In der hier durchgeführten Untersuchung ging es zunächst nur darum, die grundsätzlichen Ökosystemtyp-Interaktionen festzustellen. Zur Bemessung der durch die Fließgewässer ausgetragenen Frachten hätte es zusätzlicher Abflußmessungen bedurft. Solche werden im Rahmen allgemeiner geoökolgischer Karierungen wohl nur ausnahmsweise möglich sein.

Im folgenden - und damit abschließend - soll verdeutlicht werden, wie die Ergebnisse der geoökologischen Aufnahme in unterschiedlichen Ökosystemtypen zu einer umfassenden Geoökologischen Karte zusammengefaßt werden können.

12   METHODIK DER ÖKOTOPAUSWEISUNG

Der Nährstoff- und Wasserhaushalt, die hochintegrierenden und auf den biotische Komplex direkt Einfluß nehmenden Teilbereiche des Landschaftshaushaltes, gehen durch ihre konstituierenden Größen, den Nährstoff- oder Basenstatus und die Standörtliche Bodenfeuchte, als zentrale Ausscheidungskriterien der Ökotopbildung in nicht überwiegend (<50%) versiegelten Arealen ein. Wie in Abb. 9-1 und 9-10 beschrieben, sind in diesen Komplexgrößen wesentliche edaphische Merkmale, wie z.B. Bodenart (s. Karte MA1), Lagerungsdichte, Humusgehalt, pH-Wert u.a. in den angegebenen Stufungen integriert. Die Stufungen entsprechen in den meisten Fällen denjenigen, die LESER u. KLINK (1988) aufführen. Abweichungen werden explizit erwähnt.

Durch Verschneiden der Flächen gleicher Standörtlicher Bodenfeuchte (s. Karte MA2) und gleichem Nährstoffstatus ergeben sich trophisch-hydrische Einheiten, die über kausal-analytische Betrachtungen zur Art der Stabilisierung und zur Instabilisierbarkeit weiter differenziert werden können. Da in der Karte Flächengrößen unter 0,5 cm^2 (ca. 3 ha) nicht dargestellt werden sollen, ist der Zwang zur Generalisierung aber bereits bei diesem Schritt gegeben. So muß im Einzelfall entschieden werden, welche Merkmalsausprägung zur Charakterisierung des Ökotophaushaltes eine größere Bedeutung hat. Vielfach bietet die vegetationskundliche Standortanalyse eine wichtige Hilfestellung. Die enge Bindung des Nährstoffhaushaltes an die Art der Stabilisierung, die ihrerseits vielfach mit Ökotoptypen korreliert, läßt auch Vegetationsformationen und Nutzungen zu ökotopkonstituierenden und ökotopbegrenzenden Merkmalen werden. Dies ist besonders dort der Fall, wo durch Düngung eutrophierte, landwirtschaftlich genutzte Ökotope bodensauren, forstlich genutzten Ökotopen räumlich benachbart liegen.

Als eine weitere direkt auf die Lebewelt einwirkende Haushaltsgröße geht die Besonnung in die Ökotopausweisung in der Stufung ein, wie sie in Kap. 9.4.1 und der Karte MA4 beschrieben worden ist. Aufgrund des atlantischen Rahmenklimas (s. Kap. 7.1) erscheint es jedoch statthaft, die Besonnungsgrenzen, soweit dies aufgrund der gesetzten Mindestgrößenregel notwendig ist, den bereits bestehenden Grenzen anzupassen, und den trophisch-hydrischen Raumeinheiten eine flächenrepräsentative Besonnungsstufe zuzuordnen. Während die Geländewölbung besonders im Berglandbereich zur Abgrenzung von Einheiten gleicher standörtlicher Bodenfeuchte herangezogen wird, geht die Hangneigung (s. Karte MA3) in der Stufung, wie sie in Kap. 9.3 dargelegt wurde, flächenhaft in die geoökologische Karte ein. Im Hangneigungsbereich

>7° gibt es vielfach Grenzlinienkongruenzen mit Besonnungsgrenzen, die ihrerseits ja bereits auf Grundlage der Hangneigungsstufen erhoben wurden. Besonders in schwach reliefierten Räumen kommen zu den bestehenden Grenzen hangneigungsbestimmte Ökotopgrenzen hinzu. Insgesamt gilt, daß der Einfluß der Hangneigung auf den Landschaftshaushalt in agrarisch genutzten Ökotopen größer ist als in forstlich genutzten oder bebauten Ökotopen. Bezüglich der eventuell maßstabsbedingt notwendigen Grenzanpassung wird wie bei der Integration der Besonnung verfahren.

Anthropogene Veränderungen des Standorthaushaltes im Siedlungsraum führen zur Modifikation oder einer völligen Neuorientierung des Verfahrens zur Ökotopausweisung. Bei einer Bodenversiegelung von 15-50 % wird der siedlungsspezifische Flächennutzungstyp zusätzlich zur Ökotopkennzeichnung herangezogen und erlangt zur Abgrenzung von Ökotopen, dort, wo der Maßstab eine Entscheidung erzwingt, gegenüber der nichtsiedlungstypischen Ausweisung (s.o.) mit ihren spezifischen Grenzen ein höheres Gewicht. Nur wenn zwei ähnliche Nutzungstypen (z.B. reine Wohnbauflächen und gemischte Bauflächen mit einem hohen Anteil an Wohnbauflächen) aneinandergrenzen, kann die Ökotopbegrenzung nach dem trophisch-hydrischen Ausweisungsverfahren vorgenommen werden.

Bei Versiegelungsgraden von >50 % erscheint es im Kartenmaßstab 1:25000 wenig sinnvoll, im Siedlungsraum Ökotope nach trophisch-hydrischen Merkmalen auszuweisen. Das Maß der anthropogenen Beeinflussung der standörtlichen Bedingungen ist dafür zu hoch. Die Differenzierung erfolgt hier ausschließlich nach der Flächennutzung. Das Kartierkonzept muß weiterhin für Sonderstandorte, z.B. für Steinbrüche und Abgrabungen, modifiziert werden.

Die örtlich darüber hinaus zu berücksichtigenden Merkmale der Deposition und der Kaltluftverteilung können entweder nicht scharf genug abgegrenzt werden oder ihre haushaltliche Bedeutung ist im ganzen gesehen für das Untersuchungsgebiet nicht groß genug, als daß sie für sich allein ökotopkonstituierend sein können.

Auf dem hier dargestellten Verknüpfungskonzept beruht die Ausweisung von Ökotopen der Geoökologischen Karte 3814 Bad Iburg. Ihre kartographische Darstellung sowie ihre inhaltliche Beschreibung in der Legende werden nachfolgend erläutert.

13   DIE GEOÖKOLOGISCHE KARTE

13.1   DIE KARTOGRAPHISCHE DARSTELLUNG

Die geoökologische Karte des Meßtischblattes Bad Iburg ist eine synthetische Karte, die den Nährstoff- und den Wasserhaushalt von Ökotopen durch die Flächenfarbe und zusätzliche flächenbezogene Signaturen darstellt. Der Nährstoffstatus, im besonderen der Basenstatus, und der ökologische Feuchtegrad gehen zusammengefaßt in die Farbgebung der Karte ein. Die Stufung des ökologischen Feuchtegrades von naß nach trocken wird auf einer verkürzten Skala durch die Farbordnung von blau über grün und gelb nach rot wiedergegeben. Der Nährstoffstatus in seiner Stufung von sehr basenreich nach sehr gering basenhaltig steuert die Farbtönung vom intensiven, eher bräunlichen Farbton zur aufgehellt, fahlen Tönung hin. Um die schnelle und sichere Unterscheidung der dargestellten Farben zu ermöglichen, wurde darauf verzichtet, jeder realisierten Kombination aus ökologischem Feuchtegrad (ö.F.) und Nährstoffstatus eine spezifische Farbe zuzuordnen. Bei gleichem ö.F. wurden daher Nährstoffzustände, die im Raum häufig miteinander verzahnt sind, mit derselben Flächenfarbe versehen.

Der Bodenfeuchteregimetyp, der für den Ökotop vorherrschend ist, wird durch eine flächenbezogene, nach unten gerichtete Pfeilsignatur dargestellt. In Abhängigkeit von der Versickerungsintensität wird der Pfeilschaft variiert. Ist die Versickerungsintensität nur gering, so wird der Pfeilschaft gerissen gezeichnet, bei mittlerer Versickerung in einfacher Strichstärke kontinuierlich und bei starker Versickerung auffällig breit dargestellt. Auch die Länge des Pfeiles kann unterschiedlich sein, nämlich entsprechend der physiologischen Gründigkeit des Bodenkörpers im Ökotop. Da die Versickerungsintensität zusammen mit dem Nährstoffstatus und der physiologischen Gründigkeit den Nährstoffaustrag steuert, wird dieser durch die Pfeilspitzenfüllung in drei Stufen wiedergegeben. Mit zunehmendem Schwarzanteil erhöht sich der Nährstoffaustrag. Somit repräsentiert ein Pfeil vier kardinal oder ordinal skalierte Parameter des Wasser-/Nährstoffhaushaltes. Er kann als Signaturenkartogramm aufgefaßt werden. Die Darstellung von Pfeilsignaturen wird besonders erschwert oder sogar unmöglich, wo die Ökotopfläche sehr klein ist. Hier würde die „graphische Dichte" (HAKE 1982, S. 208) zu groß. So ergab sich die Notwendigkeit zur Selektion. Grundsätzlich sollten einerseits charakteristische Ökotope eines Ökotopgefüges und andererseits Ökotope mit hohen Nährstoffausträgen - die Problemgebiete - vorrangig gekennzeichnet werden. Die ausführliche Beschreibung struktureller wie prozessualer Ökotopcharakteristika (s. Tab. MÖ1a-i) weist für jeden Ökotop einen Wasserbewegungspfeil aus.

Auf den Nährstoffhaushalt Einfluß nehmende geomorphe Prozesse der Deflation und Erosion werden ebenfalls mit Hilfe einer Pfeilsignatur dargestellt. Der Erosionspfeil zeigt im Gegensatz zu den Bodenwasserpfeilen in die Richtung der stärksten Geländeneigung. Gebiete, die aufgrund ihrer exponierten Lage und ihrer Bestockung mit stark luftfilternden Vegetationsbeständen einer überdurchschnittlichen Deposition von Luftverunreinigungen ausgesetzt sind, werden durch eine Flächensignatur dargestellt. Die Flächenabgrenzung wird durch das Ende des Auftretens der Signaturen angezeigt. Eine Begrenzung der Fläche durch eine Liniensignatur täuschte eine exakte Abgrenzbarkeit von Depositionsunterschieden vor. In der gleichen Weise erfolgte die Ausweisung von Gebieten erhöhter Frostgefährdung durch nicht linienbegrenzte Flächensignaturen. Im Siedlungsbereich zeigen Flächenkartogramme den Versiegelungsgrad unterschiedlicher Flächennutzungstypen an. Die Flächenfarbe, die den Wasser- und Nährstoffhaushalt kennzeichnet, wird dem Flächenkartogramm nur bis zum Versiegelungsgrad <50% unterlegt.

Die Ökotopkennung besteht aus der Ökotopnummer inklusive einer Kurzbezeichnung für die Hangneigungs- und Besonnungsstufe. Um die graphische Dichte nicht zu groß werden zu lassen, wurde für Ökotope mit einem ebenen Relief und normaler Besonnung auf den Zusatz „C1" verzichtet. Da in Siedlungsökosystemen aufgrund der geringen Flächenausdehnung einzelner Flächennutzungstypen der Zwang zur platzsparenden Ökotopbezeichnung besonders hoch ist, bei einer Neigung von 2-7° nicht mit Erosionserscheinungen gerechnet werden muß und darüber hinaus die Besonnung sich nicht ökorelevant ändert, ist es gerechtfertigt, daß hier sogar der Zusatz „C2" entfällt.

Die geoökologische Karte 1:25000 wird durch die Karte der „Realen Vegetationstypen/Flächennutzung" (S2) ergänzt. In ihr sind der Entwicklungsstatus von Waldökosystemen, die Differenzierung der landwirtschaftlichen Bodennutzung in Acker-, Grünland- sowie Sonderkulturflächen als Größen, die auf den standörtlichen Stoffhaushalt modifizierend wirken, dargestellt. Auch die Fließgewässer in ihrem Zusammenhang mit der bachbegleitenden Vegetation und Nutzung sind kartiert. Gemeinsam mit der geoökologischen Karte liefert diese Karte wesentliche Informationen zu naturhaushaltlichen und nutzungsbedingten Eigenschaften von Elementen des Landschaftshaushalts.

13.2 DIE KARTENLEGENDE

In der ausführlichen Kartenlegende (Tab. MÖ1a-i) sind die Ökotope in Abhängigkeit des Basenstatus und der standörtlichen Bodenfeuchte numerisch aufgelistet, und zwar von basenreich nach basenarm und innerhalb der Klasse des Basenstatus nach der Stabilisierung (endogen oder exogen) und der Art der Stabilisierung (z.B. Säureeintrag, Düngung, Grundwasser). Damit ergibt sich letztlich eine Ordnung nach dem Ökosystemtyp. Innerhalb des Basenstatus sind die Ökotope nach der standörtlichen Bodenfeuchte in der Ordnung von trocken nach feucht aufgelistet. Dabei werden zunächst Ökotoptypen auf Festgestein, dann auf Lößlehm oder Lößlehmderivaten und schließlich solche auf Geschiebelehm, Geschiebedecksand oder holozänen Auensedimenten (außer Schwemmlöß) aufgeführt.

Die Kurzbezeichnungen oder Kennungen der standörtlichen Bodenfeuchte, der Wasserbewegung und des Nährstoffaustrags, der Besonnung und der Bodenart sind in der Geoökologischen Karte oder in den analytischen Karten des Maßstabs 1:50000 (MA1 bis MA4) erläutert. Die Angabe des Pufferbereichs folgt der Klassifizierung nach ULRICH (1984, siehe Tab. 9-1). Bei agrarisch genutzten Ökotopen wird ebenso wie bei Ökotopen, deren pH-Wert hauptsächlich durch die chemische Beschaffenheit des Grundwassers stabilisiert wird, auf die Angabe des Pufferbereichs verzichtet, da die Pufferung hier nicht mit den für die Ausscheidung von Pufferbereichen ausschlaggebenden Stabilitätsbereichen bodeneigener Puffersubstanzen korreliert. Stattdessen wird ein pH-Wert-Bereich angegeben.

Die potentielle natürliche Vegetation kann für viele forstlich genutzten Ökosysteme sicher angegeben werden, Unsicherheiten treten im Agrarraum oder im Siedlungsraum auf. Dies wird im ersten Fall durch Anführungszeichen („...") kenntlich gemacht, im zweiten Fall wurde auf die Ausweisung völlig verzichtet. In Siedlungsökosystemen erfolgt selbst die Angabe der sonst stabilen Haushaltsgröße Bodenart in Klammern, da Bodenumlagerung, -abtrag und -auftrag zu starken Veränderungen führen. Der Bebauungstyp und der in Klammern angegebene Versiegelungsgrad werden hier zu wesentlichen Ökosystemgrößen.

Die Angaben in der Spalte „Genetische Verwandschaft" weisen auf Ökotope, die, obwohl sie eine ähnliche geologische Entwicklung durchmachten, durch anthropogene Nutzung heute einer sehr verschiedenen Trophiestufe angehören. Eine traditionelle naturräumliche Kartierung würde demgegenüber, diese Differenzierung vernachlässigend, genetisch verwandte Ökotope zusammenfassen.

Darüber hinaus werden die trophisch-hydrischen Übergänge zu solchen Ökotopen ausgewiesen, die entweder regelmäßig in enger räumlicher Verzahnung begleitend vorkommen und eine ähnliche genetische Entwicklung durchmachten oder von verschiedener Genese sind, aber durch exogene Steuerung auf einem ähnlichen Ökosystemzustand stabilisiert sind. Letzter Fall wird vielfach durch die Vegetation indiziert. Genetische und trophisch-hydrische Ähnlichkeit aufweisende Ökotope werden schließlich in Anlehnung an ihre räumliche Verzahnung zu Ökotopgefügen zusammengefaßt und haushaltlich charakterisiert.

13.3 BEISPIELE ZU MÖGLICHKEITEN IHRER AUSWERTUNG

Zentrales Kartierungsziel ist es, den aktuellen Landschaftszustand darzustellen. Daher werden problembehaftete Faktorenkonstellationen sichtbar gemacht. Im südlichen Blattbereich sind dies verbreitet Flächen, die düngungsbedingt im Verhältnis zu ihren natürlichen Nährstoffgehalten hohe Nährstoffvorräte angelegt haben und bei hoher Perkolation und Grundwasseranschluß empfindliche Nährstoffausträge erleiden. In der geoökologischen Karte wird dies durch einen auffällig breiten schwarzen Perkolationspfeil auf einer in der Regel intensiv gefärbten Fläche dargestellt. Eine rote Flächenfarbe beispielsweise weist dann einen ökologisch trockenen, grobtexturierten Boden aus. Schnelles oberflächliches Abtrocknen ackerbaulich genutzter Böden erhöht die Deflationsdisposition. Akkumulation nährstoffreichen Bodenmaterials kann oligotrophe Nachbarstandorte beeinflussen. Unter Grundwassereinfluß wandelt sich die Flächenfarbe in eine gelbliche oder grünliche Farbtönung, die Beträge der Nährstoffauswaschung in die Hydrosphäre nehmen zu. So ist es möglich, Flächen auszuscheiden, auf denen durch Extensivierung der landwirtschaftlichen Bodennutzung Austräge von düngerbürtigen Nährelementen in die Hydrosphäre oder in Nachbarökotope entscheidend reduziert werden können.

In den ausgedehnten Lößlehmgebieten am Hangfuß des Teutoburger Waldes und im Raum Hankenberge-Wellendorf sind landwirtschaftlich genutzte Böden aufgrund hoher Anteile an Grobschluff und Feinstsand sehr erosionsgefährdet. Außerdem besteht infolge geringer Tongehalte eine erhöhte Anfälligkeit gegenüber Bodenverdichtung, insbesondere unterhalb der Pflugsohle. Gefügeinstabilität und Unterbodenverdichtung können auf Ackerflächen, die mehr als 2° geneigt sind, bereits Rinnenerosion auslösen. Mit der Erosion wird nährstoffreiches Krumenmaterial in Richtung Unterhang bzw. Vorfluter transportiert. Die geoökologische Karte weist durch die flächenhafte Darstellung der Hangneigung solche erosionsgefährdeten Ökotope aus. Darüber hinaus gestattet die Karte der Realen Vegetationstypen über die Darstellung der bachbegleitenden Vegetation die Abschätzung, ob es Pufferzonen am Ackerrand gibt, die einen Eintrag von nährstoffbefrachtetem Krumenmaterial verhindern.

Es wird deutlich, daß die geoökologische Karte wertvolle Beitäge leistet, um die landwirtschaftliche Bodennutzung im Sinne einer standortgerechten[60], umweltverträglichen und umweltpflegenden Nutzung betreiben zu können.

---

[60] Im BNatSchG 1, Abs. 3 (1990) als „ordnungsgemäße Landwirtschaft" bezeichnet. Ordnungsgemäß kann als eine „den bestehenden Ordnungen gemäße Landwirtschaft" verstanden werden. Die Forderung nach einer standortgemäßen landwirtschaftlichen Bodennutzung bedeutet demgegenüber, daß die Landbewirtschaftung den räumlichen Unterschieden der Standortverhältnisse Rechnung zu tragen hat, ihnen also angepaßt ist. Vermutlich ist es dazu zwingend, die gesetzlichen Normen in stärkerem Maße zu regionalisieren.

Dort, wo Basenmagel und Al-Toxizität zu Vitalitätsschwächungen an Pflanzen führen kann, besitzen die Ökotope eine helle Flächenfarbe sowie einen weiß gefüllten Pfeil. Es sind in aller Regel Ökotope, die forstlich bewirtschaftet werden. Fallen solche Flächen mit Gebieten überdurchschnittlicher Deposition zusammen, so erhöht sich das Gefährdungspotential der ökosystemaren Destabilisierung, was beispielsweise am Dörenberg durch einen hohen Schädigungsgrad der Fichtenkulturen bereits indiziert wird. Die sehr hohen Nitratkonzentrationen, die sich im Lysimeterwasser der Versuchsparzelle am Dörenberg unterhalb des Wurzelraumes nachweisen ließen (s. Kap. 8.1.2), wurden in der Pfeilsignatur auf der geoökologischen Karte nicht ausgewiesen, da sie unter Forstkulturen wohl nur vorübergehende - allerdings versauerungsverstärkend wirkende - Erscheinungen sind.

Aus der ökologischen Landschaftserkundung und -kartierung lassen sich Forderungen zur standortgerechten forstlichen Bewirtschaftung ableiten. Wie gezeigt wurde, stellt das Humuskapital den Hauptnährstoffpool aller stark versauerten Waldböden dar. Forstliche Bewirtschaftungsmaßnahmen, die die Nitrifizierung schlagartig verstärken, sind in jedem Fall in Ökotopen mit hoher Perkolationsintensität zu vermeiden, da ökosystemare N-Verluste und in deren Folge auch Kationen-Verluste die Folge sind. Beispiele solcher Maßnahmen wären Stammzahlreduktion, Kahlschlagswirtschaft, hohe Kalkapplikationen in aufgelichteten Beständen und Meliorationsdüngung. Eine weitere Konsequenz muß auch sein, daß durch Waldsaumpflege Deflationsverlagerung in jedem Falle zu vermeiden ist. Stark bodensaure Ökotope sollten keiner Neutralsalzdüngung unterzogen werden (z.B. KCl-Düngung), da kurzfristig starke pH-Wertabsenkungen resultieren, die die Feinwurzeln von Forstkulturen schädigen können. Standortgemäße Baumartenwahl, ausreichende Waldbodenbelichtung während der Jungwuchs- und Jungbestandsphase, gezielte, standortangepaßte, und schonend dosierte pH-Stabilisierungskalkungen gehören zu den wesentlichen Maßnahmen einer standortgerechten forstlichen Bodennutzung in bodensauren Ökotopen. Auch auf flachgründigen Kalksteinverwitterungsböden sollten Kahlschläge unterbleiben, denn trotz rasch aufkommender Kraut- und Strauchschicht besteht die erhöhte Gefahr der N-Auswaschung. So kann die geoökologische Karte auch in der Forstplanung wertvolle Hilfestellung geben.

In welchem Stadium der Entwicklung[61] sich ein Waldbestand befindet, zeigt die Karte der Realen Vegetationstypen und Flächennutzung (S2). Das Entwicklungsstadium des Bestandes kann korreliert werden mit Intensitäten stofflicher Umsätze, d.h. mit Aufbau- und Abbauprozessen innerhalb der ökosystemaren Nährstoffspeicher und darüber hinaus mit Umverteilungen von Nährstoffen zwischen den Speichern (ULRICH 1984). Diese zeitlich begrenzten Änderungen des Ökosystemzustandes können im Rahmen einer geoökologischen Kartierung nicht bei der Ökotopausscheidung berücksichtigt werden, da der Aktualisierungszwang unverhältnismäßig hoch ist. Sie sind als Variabilitäten in die Definition des auszuweisenden Zustandes einzubeziehen.

Die geoökologische Karte Bad Iburg stellt den tatsächlichen Landschaftszustand in einer Weise dar, daß sie von ökologisch ausgebildeten Planern in Raumordnung und raumrelevanter Fachplanung auf kommunaler und regionaler Ebene für viele Belange ausgewertet werden kann. Sie vermittelt ein weitgehendes Verständnis über wichtige Strukturen und Prozesse innerhalb landschaftlicher Einheiten und zwischen ihnen.

---

[61])Die Differenzierung der Entwicklungsstadien folgt nicht streng der in der Forstwirtschaft üblichen Einteilung der Altersstufen eines Bestandes nach Jungwuchs, Jungbestand, Stangenholz, Baumholz (in Niedersachsen übliche Begriffe; nach KRAMER ³1985).

Zusammen mit den naturhaushaltlichen Bodenkarten, Karten der potentiellen natürlichen Vegetation sowie mit hydrologischen und hydrogeologischen Karten bereitet sie geowissenschaftliches Grundlagenmaterial auf. Als landschafthaushaltliche Karte widmet sie sich nicht nur dem klassischen Untersuchungsgegenstand der Landschaftsökologie, den Wald- und Agrarökosystemen, sondern auch dem geschlossen besiedelten Raum sowie Gewässerökosystemen. Für Siedlungsökosysteme jedoch wäre ein Maßstab von größer als 1:25000 wünschenswert, um in der kommunalen Bauleitplanung zu einer stärkeren Berücksichtigung von Belangen des Umwelt- und Naturschutzes beitragen zu können.

14. ZUSAMMENFASSUNG UND AUSBLICK

Geoökologische Raumgliederungen im großen Maßstab stellen für die Raumplanung - insbesondere für die Landschaftsplanung - und raumrelevante Fachplanung wichtige Grundlagen dar, um Belange des Natur- und Umweltschutzes angemessen berücksichtigen zu können. Von geosystemaren Kartierungen unterscheidet sich die geoökologische Kartierung dadurch, daß sie definitionsgemäß auf die Lebewelt ausgerichtet ist und von reinen naturhaushaltlichen Kartierungen dadurch, daß sie die wesentlichen anthropogenen Veränderungen des landschaftlichen Stoffhaushaltes darstellt.

Die geoökologische Raumgliederung scheidet in der topischen Dimension räumliche Einheiten aus, die hinsichtlich ihrer strukturellen Kompartimente und der strukturverknüpfenden Prozesse - kurz ihrem Wirkungsgefüge - homogen bzw. quasihomogen sind. Diese Einheiten werden Ökotope genannt, wenn bei ihrer inhaltlichen Charakterisierung und Abgrenzung die Organismus-Umwelt-Beziehung im Vordergrund steht. Innerhalb eines Ökotops, der kleinsten landschaftsökologisch relevanten Raumeinheit, kann dem Postulat der Quasihomogenität entsprechend die gleiche Reaktion auf Störgrößen erwartet werden. Empfindlichkeit und Belastbarkeit von Ökosystemkompartimenten werden damit zu ökotopspezifischen Eigenschaften.

Die Ausweisung von Ökotopen erfolgt auf der Grundlage einer nachvollziehbaren, möglichst quantitativen Erfassung aller Kompartimente des Landschaftshaushalts. Zu diesen Kompartimenten gehören sowohl stabil-invariable Merkmale wie Hangneigung, Wölbung oder die Bodenart als auch labil-variable wie die Vegetationsbedeckung.

Die Forderung, die Organismus-Umwelt-Beziehung in den Vordergrund zu stellen, führt dazu, daß die Kompartimente, die direkt auf die Lebewelt einwirken, zur Ökotopausweisung vorrangig berücksichtigt werden. Damit wird der Blick auf den Nährstoff-, den Wasser- und den Strahlungs-/Wärmehaushalt fokussiert. Unter dem ozeanisch getönten Rahmenklima des Iburger Raumes relativiert sich die ökologische Bedeutung strahlungsklimatischer Unterschiede, so daß der ökosystemare Nährstoffhaushalt und der Wasserhaushalt zu primären, gleichrangigen Ausweisungskriterien werden. Ihre Charakterisierung erfolgt im Gegensatz zur reinen naturhaushaltlichen Kartierung unter Einbeziehung anthropogener Veränderungen im landschaftlichen Stoff- und Energiehaushalt.

Die Einflußnahmen des Menschen auf den ökosystemaren Nährstoff- und Wasserhaushalt sind ökosystemtypabhängig. Für den mitteleuropäischen Raum wie für den

Untersuchungsraum wird dargelegt, daß der Eintrag saurer Deposition in Waldökosysteme verbreitet zur Nährstoffverarmung und zur Versauerung von Böden führt (Kap. 4, Kap. 8). Die Belastung von Waldökosystemen durch Säureinput und die systeminterne Säureproduktion hängen außer von der standortspezifischen Grundlast, von der Baumartenzusammensetzung, der Art der Bestandserziehung und damit von der forstlich bedingten Bestandsstruktur ab. Für den Raum Bad Iburg ist belegbar, daß noch heute der Säureeintrag größer ist als das ökosystemare Säurepufferungsvermögen (Kap. 8.1 u. Kap. 8.2). Die Konsequenzen sind Bodenaluminisierung und Entkoppelungen in Nährstoffkreisläufen - besonders im Stickstoffkreislauf. Anthropogene Gegensteuerungen wie Kompensationskalkungen in Applikationsdosen von 30 dt/ha kohlensaurer, magnesiumhaltiger Kalke sollen die Gefahr einer Vitalitätsschwächung von Waldökosystemen durch Aluminiumtoxizität mindern.

Noch stärker als in Waldökosystemen nimmt der Mensch in Agrarökosystemen Einfluß auf den Stoffhaushalt. Böden in Agrarökosystemen werden in Anlehnung an sog. Nährstoffstandards auf einem so hohen Niveau kurzfristig verfügbarer Nährstoffe stabilisiert (Kap. 4.2 u. Kap. 8.2), daß aus ihnen Austräge in das Grundwasser oder in Fließgewässerökosysteme resultieren. Die Menge des Nährstoffaustrags ist vom Zusammenspiel der Faktoren Sorptionskapazität, Perkolationsintensität, Grundwasserflurabstand und Bewirtschaftungsintensität abhängig. Im Stofftransfer und Stoffaustrag zeigt sich die Verschneidung des Nährstoffhaushalts mit dem Wasserhaushalt. Besonders in Agrarökosystemen unterliegt auch der Wasserhaushalt mannigfaltigen anthropogenen Steuerungen, von denen Drainage, Tiefumbruch und oberflächennahe Bodenbearbeitung nur exemplarisch genannt seien. Landschaftshistorische Untersuchungen helfen, den gegenwärtigen Landschaftszustand besser einschätzen und bewerten zu können (Kap. 8.2.1).

Auf der Basis von Verknüpfungsmodellen (Abb. 9-1 u. Abb. 9-10) werden die mit Feldmethoden kartierbaren Kompartimente des ökosystemaren Wasser- und Nährstoffhaushaltes zu Komplexgrößen aggregiert. Die Basisgrößen können mit bewährten Kartiertechniken der Geomorphologie, der Bodenkunde, der Mesoklimatologie und der Geobotanik erhoben werden. Ihre Aggregierung führt zu den Komplexgrößen „Nährstoffstatus" bzw. „Standörtliche Bodenfeuchte", die zusammen auf den biotischen Komplex einwirken und damit zu zentralen Kartiergrößen werden. Auf der Basis der hier erfolgenden Einstufungen wird in einem kausalanalytischen Ansatz differenziert, welches Kräftespiel die gegenwärtig existenten Ökosystemzustände stabilisiert (Kap. 5 u. Kap. 9.1). Im groben werden in Anlehnung an HABER (1981) endogene und exogene Arten der Ökosystemstabilisierung unterschieden. Die darauf aufbauenden Betrachtungen zur Instabilisierbarkeit von Ökosystemmerkmalen sind als erster Versuch zu verstehen, der geoökologischen Karte zusätzlich einen prognostischen Charakter zu verleihen und bedürfen weiterer Absicherung.

Regelhaftigkeiten zwischen dem floristischen Arteninventar und dem ökosystemaren Stoffhaushalt ermöglichen die trophisch-hydrische Einstufung über die Bioindikation. Am Beispiel von 75 Standortaufnahmen werden Möglichkeiten und Einschränkungen der Bioindikation zur Ableitung des ökosystemaren Stoffhaushaltes diskutiert (Kap. 9.1.6 u. Kap. 9.2.3). Dabei ist hergeleitet worden, daß weder die Auswertung nach den Zeigerwerten von ELLENBERG (1979) noch nach ökologischen Artgruppen allein den standörtlichen Stoffhaushalt über die gesamte Spannweite zu erfassen gestattet, da im bodensauren Milieu die Artenzahl häufig für sinnvolle Mittelwertbildungen nicht ausreicht und daher graduelle Feuchte- oder Nährstoffdifferenzen nur unscharf wiedergegeben werden. Auf der anderen Seite wird gezeigt, daß auf basenreichen Standorten die standörtlichen Differenzen floristisch sehr viel genauer wiedergegeben werden, als dies mit bodenkundlichen Feldmethoden möglich ist. Basierend auf einer großen Anzahl an Pflanzenaufnahmen wird thematisiert, daß es ratsam erscheint, bei der Auswertung von Feuchtezahlen Frühjahrsgeophyten von anderen Lebensformen gesondert zu berücksichtigen, da anderenfalls die durch viele Geophyten indizierte frühjährliche Standortfrische auch auf die sommerliche Vegetationsperiode übertragen wird.

Die stoffhaushaltliche Einstufung bodensaurer Standorte ist mit bodenkundlichen Feldmethoden fast immer sicher möglich, mit pflanzenökologischen Methoden nur, wenn die Belichtung für das Aufkommen von Säurezeigern hinreichend ist. Die Feindifferenzierung im bodensauren Milieu, die zur Abschätzung der Gefährdung von Waldökosystemen durch Säuretoxizität in besonderem Maße unter dem Gesichtspunkt der praktischen Anwendbarkeit relevant ist, bedarf der Einbeziehung bodenanalytischer Labormethoden in die ansonsten weitgehend von einer Feldkartierung getragene geoökologische Kartierung. Das hier vorgestellte und angewandte laboranalytische Untersuchungsprogramm gründet sich auf bewährte Methoden der Waldökosystemforschung aus der Schule um ULRICH, bezieht aber auch gängige Methoden der Agrarbodenkunde mit ein (Kap. 9.1.3 u. Kap. 9.1.5). Unter den bodenchemischen Parametern sind die Bestimmung der Verhältnisse adsorbierter Kationen durch NH_4Cl-Austausch (KAKe) und - im bodensauren Milieu - zusätzlich die molaren Ca/Al-Verhältnisse in der Bodenlösung als wesentliche Bestandteile des Analyseprogramms herauszustellen.

Die geoökologische Kartierung führt damit Feld- und Labormethoden der ökologischen Basiswissenschaften zusammen, um ökosystemübergreifend Raumeinheiten quasihomogener Struktur abgrenzen und haushaltlich charakterisieren zu können.

Die Verschneidung der hoch abgeleiteten Stoffhaushaltsgrößen Nährstoffstatus und Standörtliche Bodenfeuchte bringt das Grundgerüst des Ökotopgefüges in der Karte der ökologischen Raumeinheiten hervor. Die Vegetation fließt in die geoökologische Raumgliederung über den Nutzungstyp ein und wird darüber hinaus als Vegetationstyp in einer separaten Karte der „Realen Vegetationstypen/Flächennutzung" ausgewiesen. Die Besonnung und die Hangneigung werden als weitere ökotopkonstituierende Parameter integriert.

Im Siedlungsraum geht der Flächenversiegelungsgrad in seiner Abhängigkeit von dem Nutzungstyp in die geoökologische Kartierung ein, wobei es als sinnvoll erachtet wird, in Räumen mit nutz- oder ziergärtnerischer Nutzung (incl. Parks) bis zu einer Versiegelung von 50% die ökotopkonstituierenden Parameter des nicht geschlossen besiedelten Raumes ebenfalls auszuweisen. Erst bei über 50%iger Versiegelung erscheint die Ökotopbildung ausschließlich nach der Versiegelung und der Flächennutzung als gerechtfertigt.

Fließgewässer werden im besonderen in ihrer Einbindung in das gewässerbegleitende Gefüge terrestrischer und semiterrestrischer Ökotope und das Nutzungsgefüge analysiert. In diesem Zusammenhang ist eine Strukturanalyse der bachbegleitenden Vegetation nach einem eigens für den Iburger Raum entwickelten Verfahren vorgenommen worden (Kap. 11.1). Physiko-chemische Untersuchungen an den wichtigsten Fließgewässern des Untersuchungsraumes lassen deutlich den Einfluß von Einleitungen und der Nachbarschaft bestimmter angrenzender Flächennutzungen erkennen. Sie führten zu einer Einstufung des Grades der Gewässerverschmutzung. Zukünftig sollte sie jedoch auch im Rahmen einer geoökologischen Kartierung durch eine biologische Gewässergütekartierung ergänzt und damit weiter abgesichert werden.

Die Hauptanwendungsmöglichkeit der geoökologischen Karte liegt in der Landschaftsplanung. Sie liefert die notwendigen Informationen zum Landschaftshaushalt, während ihre Ergänzungskarte, die Karte S2, zusätzlich für Belange der Landschaftspflege ausgewertet werden kann. In letztere ließe sich die derzeit übliche Biotopkartierung unschwer integrieren.

Aus der Analyse des aktuellen Landschaftszustandes heraus gestattet es die Geoökologische Karte, Ansätze zu finden, die Forderung nach einer standortgerechten landwirtschaftlichen und forstlichen Bodennutzung zu operationalisieren, wie exemplarisch ausgeführt worden ist.

Aus dem Blickwinkel der landschaftlichen Ökosystemforschung können Weiterentwicklungen des dargestellten Kartierkonzeptes durch Fortschritte in der Modellierung des Stoffhaushaltes von Landschaften (Landschaftbilanzen) erwartet werden. Hierzu gibt es zwei Zugänge: Die stoffhaushaltliche Landschaftsmodellierung, die den Weg „von oben nach unten" beschreibt, gründet sich auf stark vereinfachende Annahmen über den Stoffhaushalt der integrierten Ökosysteme, so daß auf der Ökosystemebene Verfeinerungen notwendig sind. Die Ökosystemforschung, die den Weg „von unten nach oben" geht, besitzt zwar detaillierte Modelle für die Ökosystemebene, doch besteht hier die Notwendigkeit, das räumliche Bezugsfeld auf Nachbarökosysteme und über diese hinaus zu erweitern.

LITERATURVERZEICHNIS

AbfKlärV (1982): Klärschlammverordnung vom 25. Juni 1982, Bundesgesetzblatt, Jg. 1982, Teil I, S. 734-739

AKADEMIE FÜR NATURSCHUTZ UND LANDSCHAFTSPFLEGE (Hrsg.) (1991): Begriffe aus Ökologie, Umweltschutz und Landnutzung. Laufen, Frankfurt/Main

ALDAG, R. (1989): Stickstoffbilanz und -bewirtschaftung, Ammoniakverluste nach Gülleausbringung. In: Industrieverband Agrar e.V. (Hrsg.): Stickstoffbilanz - ein Baustein guter landwirtschaftlicher Praxis, S. 53-69, Frankfurt/Main

ANDREE, K. (1904): Der Teutoburger Wald bei Iburg. Dissertation Göttingen

ARBEITSGRUPPE BODENKUNDE DER GEOLOGISCHEN LANDESÄMTER UND DER BUNDESANSTALT FÜR GEOWISSENSCHAFTEN UND ROHSTOFFE IN DER BUNDESREPUBLIK DEUTSCHLAND (Hrsg.) (^{3}1982): Bodenkundliche Kartieranleitung. Hannover

ARBEITSKREIS FÜR BODENSYSTEMATIK DER BÖDEN DER BUNDESREPUBLIK DEUTSCHLAND (1985): Systematik der Böden der Bundesrepublik Deutschland. Göttingen = Mitteilungen der Deutschen Bodenkundlichen Gesellschaft Bd. 44

ARBEITSKREIS STANDORTSKARTIERUNG (1980): Forstliche Standortsaufnahme. Arbeitskreis Standortskartierung in der Arbeitsgemeinschaft Forsteinrichtung. Münster-Hiltrup

BACH, M. (1987): Die potentielle Nitrat-Belastung des Sickerwassers durch die Landwirtschaft der Bundesrepublik Deutschland. Göttingen = Göttinger Bodenkundliche Berichte, Bd. 93

BAILLY, F. et al. (1987): Bodenphysikalische Untersuchungen an Haftnässe-Pseudogleyen aus Löß im Raum Osnabrück. In: Mitteilungen der Deutschen Bodenkundlichen Gesellschaft, Bd. 55, Heft 2, S. 693-698

BALAZS, A. u. BRECHTEL, H.-M. (1989): Mangan-, Aluminium- und Nitrat-Konzentrationen im Sickerwasser unter Fichtenaltbeständen in Hessen. In: Brechtel, H.-M. (Hrsg.): Immissionsbelastung des Waldes und seiner Böden - Gefahr für die Gewässer?, S. 175-182 = DVWK-Mitteilungen, Heft 17

BASSUS, W. (1960): Der Einfluß der Kalkdüngung auf die Fauna des Waldbodens. In: Archiv für Forstwesen, Bd. 9, Heft 12, S. 1065-1081

BECKER, K.W. (1984): Düngung, N-Umsatz und Pflanzenwachstum in ihrer Wirkung auf die langfristige Protonenbilanz von Böden. In: Zeitschrift für Pflanzenernährung und Bodenkunde, Bd. 147, S. 476-484, Weinheim

BECKER, K.W. (1989): Betriebsbedingte Stickstoffbilanzen. In: Industrieverband Agrar e.V. (Hrsg.): Stickstoffbilanz - ein Baustein guter landwirtschaftlicher Praxis, S. 47-51, Frankfurt/Main

BEESE, F. (1985): Wirkungen von Meliorationskalkungen auf podsoliger Braunerde in einem Buchenwaldökosystem. In: Allgemeine Forst Zeitschrift, Jg. 43, S. 1160-1162

BEESE, F. u. PRENZEL, J. (1985): Das Verhalten von Ionen in Buchenwald-Ökosystemen auf podsoliger Braunerde mit und ohne Kalkung. In: Allgemeine Forst Zeitschrift, Jg. 43, S. 1162-1164

BEHRE, K.E. (1980): Zur mittelalterlichen Plaggenwirtschaft in NW-Deutschland und angrenzenden Gebieten nach botanischen Untersuchungen. In: Abh. Akad. Wiss. Göttingen, Philos.-Hist. Klasse, Dritte F. 116, S. 30-44

BERLEKAMP, L.-R. u. PRANZAS, N. (1986): Methode zur Erfassung der Bodenversiegelung von städtischen Wohngebieten. In: Natur und Landschaft, Bd. 61, S. 92-95

BERLINER WETTERKARTE (1990/1991): Amtsblatt des Instituts für Meteorologie. Wissenschaftliche Einrichtung 07 im Fachbereich Geowissenschaften der Freien Universität Berlin.

BLUME, H.-P. (1988): Zur Klassifikation der Böden städtischer Verdichtungsräume. In: Mitteilungen der Deutschen Bodenkundlichen Gesellschaft, Bd. 56, S. 323-326, Göttingen

BLUME, H.-P. (Hrsg.)(1990): Handbuch des Bodenschutzes - Bodenökologie und -belastung. Landsberg

BOBEK, H. u. SCHMITHÜSEN, J. (1949): Die Landschaft im logischen System der Geographie. In: Erdkunde, Bd. III, S. 112-120

BÖCKER, R.; KOWARIK, I. u. BORNKAMM, R. (1983): Untersuchungen zur Anwendung der Zeigerwerte nach Ellenberg. In: Verhandlungen der Gesellschaft für Ökologie, Bd. 11, S. 35-56 = Festschrift Ellenberg

BÖTTCHER, J. u. STREBEL, O. (1989): Einfluß der Bodennutzung auf die Stoffkonzentration der Grundwasserneubildung bei Sandböden. In: Kali-Briefe, Bd. 19, Heft 9, S. 629-648

BÖTTCHER, J.; FREDE, H.G. u. MEYER B. (1984): Atmosphärische Deposition von Bioelementen in Agrarökosysteme. 1. Mitteilung: Deposition von Bioelementen mit dem Niederschlag. In: Zeitschrift für Pflanzenernährung und Bodenkunde, Bd. 147, S. 753-759

BÖTTCHER, J.; FREDE, H.G. u. MEYER B. (1984): Atmosphärische Deposition von Bioelementen in Agrarökosysteme. 2. Mitteilung: Schwefel-Interception eines Getreidebestandes. In: Zeitschrift für Pflanzenernährung und Bodenkunde, Bd. 147, S. 760-764

BOTTENBERG, G. (1981): Auswirkungen der Stickstoffdüngung auf die Nitratbelastung des Grundwassers und Folgerungen für die Beratung. Münster-Hiltrup = Forschung und Beratung, Reihe C, Heft 36

BOUWER, K. (1985): Ecological and Spatial Traditions in Geography and the Study of Environmental Problems. In: Geojournal, Bd. 11, Heft 4, S. 307-312

BRAUN-BLANQUET, J. (^{3}1964): Pflanzensoziologie. Wien

BRAUNSCHWEIG, L.-C. von (1980): Optimale Kali-Versorgung mittlerer und schwerer Böden. In: Kali-Briefe, Bd. 15, Heft 1, S. 63-75

BRECHTEL, H.-M. (1989): Stoffeinträge in Waldökosysteme - Niederschlagsdeposition im Freiland und in Waldbeständen. In: Brechtel, H.-M. (Hrsg.): Immissionsbelastungen des Waldes und seiner Böden - Gefahr für die Gewässer?, S. 27-52 = DVWK-Mitteilungen Heft 17

BREENWSMA, A. u. DE VRIES, W. (1984): The Relative Importance of Natural Production of H^+ in Soil Acidification. In: Neth. f. agric. Sci., Bd. 32, S. 161-163, Wageningen

BUNDESMINISTERIUM DES INNERN (1984): Luftverunreinigung, saurer Regen und Waldsterben - Antwort der Bundesregierung vom 7.9.1982 auf die Große Anfrage der CDU/CSU-Fraktion. BT-Drs./1955, Bonn

BUNDESMINISTERIUM FÜR ERNÄHRUNG, LANDWIRTSCHAFT UND FORSTEN (1988): Gesetz über die Gemeinschaftsaufgabe „Verbesserung der Agrarstruktur und des Küstenschutzes" vom 21. Juli 1988, BGBl I, S. 1053, Bonn

BUNDESMINISTERIUM FÜR ERNÄHRUNG, LANDWIRTSCHAFT UND FORSTEN (1990): Bericht über den Zustand des Waldes. Bonn

BURRICHTER, E. (1952): Wald- und Forstgeschichtliches aus dem Raum Bad Iburg, dargestellt auf Grund pollenanalytischer und archivalischer Untersuchungen, mit einem Beitrag zur Dünen- und Heidefrage und zur Siedlungsgeschichte des Menschen. Münster = Natur und Heimat Bd. 2

BURRICHTER, E. (1953): Die Wälder des Meßtischblattes Iburg. Münster = Abhandlungen aus dem Landesmuseum für Naturkunde zu Münster in Westfalen, 15. Jg., Heft 3

BURRICHTER, E. (1954): Die Halbtrockenrasen im Teutoburger Wald bei Iburg und Laer. In: Natur und Heimat, 14. Jg., Heft 2, S. 39-45, Münster

BURRICHTER, E. (1973): Die potentielle natürliche Vegetation in der Westfälischen Bucht. Erläuterungen zur Übersichtskarte 1 : 200000, Geographische Kommission Westfalen: Siedlung und Landschaft Westfalens, Heft 8

BURRICHTER, E. (1983): Die Vegetation in Westfalen - eine Übersicht. In: Weber, P. u. Schreiber, K.-F. (Hrsg.): Westfalen und angrenzende Regionen. Münstersche Geographische Arbeiten, Heft 15, S. 27-42, Paderborn 1983 = Festschrift zum 44. Deutschen Geographentag in Münster, Teil I

CAROL, H. (1957): Grundsätzliches zum Landschaftsbegriff. In: Petermanns Geographische Mitteilungen, Jg. 101, Heft 2, S. 93-97

CAROL, H. u. NEEF, E (1957): Zehn Grundsätze über Geographie und Landschaft. In: Petermanns Geographische Mitteilungen, Jg. 101, Heft 2, S. 97-98

di CASTRI, F. u. HADLEY, M. (1985): Enhancing the Credibility of Ecology: Can Research Be Made More Comparable And Predictive. In: Geojournal, Bd. 11, Heft 4, S. 321-338

CLUDIUS, G. (1971): Oberflächengewässer. In: Behr, H.-J. (Hrsg.): Der Landkreis Osnabrück, S. 69-74, Osnabrück

DAHM-ARENS, H. (1970): Die quartären Sande im nördlichen Westfalen und ihre Bodenbildungen. In: Mitteilungen der deutschen Bodenkundlichen Gesellschaft, Bd. 10, S. 318-322, Göttingen

DECHEND, W. (1971): Grundwasserhöffigkeit. In: Behr, H.-J. (Hrsg.): Der Landkreis Osnabrück, S. 49, Osnabrück

DEUTSCHER WETTERDIENST (1960): Klima-Atlas von Nordrhein-Westfalen. Offenbach/Main

DEUTSCHER WETTERDIENST (1964): Klima-Atlas von Niedersachsen. Offenbach/Main

DIEKJOBST, H. (1980): Die natürlichen Waldgesellschaften Westfalens. In: Natur und Heimat, 40. Jg., Heft 1, S. 1-16

DIEMONT, W.H. (1938): Zur Soziologie und Synökologie der Buchen- und Buchenmischwälder der nordwestdeutschen Mittelgebirge. = Mitteilungen der floristisch-soziologischen Arbeitsgemeinschaft in Niedersachsen, Bd. 4, Hannover

DIERSCHKE, H. (1969): Die naturräumliche Gliederung der Verdener Geest - Landschaftsökologische Untersuchungen im nordwestdeutschen Altmoränengebiet. = Forschungen zur deutschen Landeskunde, Bd. 177, Remagen

DIEZ, T. u. WEIGELT, H. (1987): Böden unter landwirtschaftlicher Nutzung. München, Frankfurt/Main, Münster-Hiltrup

DIN 38409, TEIL 51 (1987): Bestimmung des Biochemischen Sauerstoffbedarfs in n Tagen. = Deutsche Einheitsverfahren zur Wasser-, Abwasser- und Schlammuntersuchung, Köln

DIN 38409, TEIL 52 (1987): Bestimmung der Sauerstoffzehrung in n Tagen = Deutsche Einheitsverfahren zur Wasser-, Abwasser- und Schlammuntersuchung, Köln

DONAHUE, R. L.; MILLER, R.W. u. SHICKLUNA, J.C. (1977): Soils. An Introduction to Soils and Plant Growth. New Jersey

ECKELMANN, W. (1980): Plaggenesche aus Sanden, Schluffen und Lehmen sowie Oberflächenveränderungen als Folge der Plaggenwirtschaft in den Landschaften des Landkreises Osnabrück. In: Geologisches Jahrbuch, Reihe F, Bd. 10, S. 3-93, Hannover

ECKELMANN, W.; NOUR el DIN, N. u. OELKERS, K.-H. (1979): Die Böden des Landkreises Osnabrück. In: Führer zu vor- und frühgeschichtlichen Denkmälern, Bd. 42, S. 20-34. Mainz

EHLERS, E. (1982): Die Bedeutung des Bodengefüges für das Pflanzenwachstum bei moderner Landbewirtschaftung. In: Mitteilungen der Deutschen Bodenkundlichen Gesellschaft, Bd. 34, S. 115-128.

ELLENBERG, H. (1939): Über Zusammensetzung, Standort und Stoffproduktion bodenfeuchter Eichen- und Buchen-Mischwaldgesellschaften Nordwestdeutschlands. In: Mitteilungen der Floristisch-soziologischen Arbeitsgemeinschaft Niedersachsen, Bd.5, S. 3-135

ELLENBERG, H. (1972): Belastung und Belastbarkeit von Ökosystemen. In: Steubing, L., Kunze, C. u. Jäger, J. (Hrsg.): Belastung und Belastbarkeit von Ökosystemen, S. 19-26 = Tagungsbericht der Gesellschaft für Ökologie, Tagung Gießen

ELLENBERG, H. (1973): Ökosystemforschung. Berlin, Heidelberg, New York

ELLENBERG, H. (^{2}1979): Zeigerwerte der Gefäßpflanzen Mitteleuropas. Göttingen = Scripta Geobotanica, Bd. 9

ELLENBERG, H. (1986): Vegetation Mitteleuropas mit den Alpen in ökologischer Sicht. Stuttgart

ERIKSEN, W. (1975): Probleme der Stadt- und Geländeklimatologie. Darmstadt = Erträge der Forschung Bd. 35

FASSBENDER, H.W. u. AHRENS, E. (1977): Laborvorschriften und Praktikumsanleitung. Göttingen = Göttinger Bodenkundliche Berichte Bd.47

FEGER, K.-H. (Hrsg.) (1989): Hydrologische und chemische Wechselwirkungsprozesse in tieferen Bodenhorizonten und im Gestein in ihrer Bedeutung für den Chemismus von Waldgewässern. In: Brechtel (Hrsg.): Immissionsbelastung des Waldes und seiner Böden - Gefahr für die Gewässer? S. 185-204 = DVWK-Mitteilungen Heft 17.

FIEDLER, H.J. u. HUNGER, W. (1990): Bodennutzung und Bodenfonds. In: Fiedler, H.J.: Bodennutzung und Bodenschutz. Basel, Boston, Berlin

FIEDLER, H.J. u. NEBE, W. (1990): Boden als Bestandteil terrestrischer Ökosysteme und der Umwelt des Menschen. In: Fiedler, H.J.: Bodennutzung und Bodenschutz, S. 14-35, Basel, Boston, Berlin

FIEDLER, K. (1984): Tektonik (Baugeschichte). In: Klassen, H. (Hrsg.): Geologie des Osnabrücker Berglandes, S. 519-565, Osnabrück

FINKE, L. (1974): Zum Problem einer planungsorientierten ökologischen Raumgliederung. In: Natur und Landschaft, Jg. 49, Heft 11, S. 291-293

FLOHN, H. (1954): Witterung und Klima in Mitteleuropa. Stuttgart = Forschungen zur deutschen Landeskunde, Bd. 78

FOERSTER, P. (1984): Stoffgehalte im Drain- und Grundwasser und Stoffausträge in einem Sandboden Nordwestdeutschlands bei Mineraldüngung und zusätzlicher Gülledüngung. In: Kali-Briefe, Bd. 17, Heft 5, S. 373-405

FOERSTER, P. (1988): Stoffgehalte und Stoffausträge im Dränwasser bei Grünland- und bei Ackernutzung in der nordwestdeutschen Geest. In: Kali-Briefe, Bd. 19, Heft 2, S. 169-184

FÖLSTER, H. (1985): Proton Consumption Rates in Holocene and Present Day Weathering of Acid Forest Soils. In: Drever, J.I. (Hrsg.): The Chemistry of Weathering, S. 197-209, Dordrecht, Boston, Lancaster

FORRESTER, J.W. (1972): Der teuflische Regelkreis. Das Globalmodell der Menschheitskrise. Stuttgart

FRÄNZLE, O. (1978): Die Struktur und Belastbarkeit von Ökosystemen. In: Deutscher Geographentag Mainz 1977, Tagungsbericht und wissenschaftliche Abhandlungen, Bd. 41, S. 469-485

GEHRMANN, J.; BÜTTNER G. u. ULRICH, B. (1987): Untersuchungen zum Stand der Bodenversaucrung wichtiger Waldstandorte im Land NRW. Göttingen = Berichte des Forschungszentrums Waldökosysteme/Waldsterben, Reihe B, Bd. 4

GEIGER, R. (^{4}1961): Das Klima der bodennahen Luftschicht. Braunschweig = Die Wissenschaft, Bd. 78

GEILE, W. (1986): Terrainformation aus optisch prozessierten, visuell ausgewerteten Flugzeug-SAR-Aufnahmen. Dissertation Freiburg

GIGON, A. (1984): Typologie und Erfassung der ökologischen Stabilität und Instabilität mit Beispielen aus Gebirgsökosystemen. In: Verhandlungen der Gesellschaft für Ökologie, Bd. 12 (Tagung Bern 1982), Göttingen

GLAVAC, V. (1972): Aufgaben und Methoden der Landschaftsökologie. In: Natur und Landschaft, Bd. 47, S. 190-192

GLAWION, R. (1988): Geoökologische Kartierung und Bewertung. In: Die Geowissenschaften, 6. Jg., Nr. 10, S. 287-295

GRAUPNER, A. (1971): Steinkohle. In: Behr, H.-J. (Hrsg.): Der Landkreis Osnabrück, S. 32-41, Osnabrück

GREVE, H.H. u. SCHMEING, C. (1971): Landwirtschaft. In: Behr, H.-J. (Hrsg.): Der Landkreis Osnabrück, S. 197-212, Osnabrück

GRIGO, E. (1986): Pflanzenschutz. In: Oehmichen, J.: Pflanzenproduktion, Bd. 2, Produktionstechnik, S. 130-217, Berlin, Hamburg

GRISEBACH, A. (1872): Die Vegetation der Erde. 2 Bde., Leipzig

GRISEBACH, A. (1884): Die Vegetation der Erde nach ihrer klimatischen Anordnung. 2 Bde., Leipzig

GUSSONE, H.A. (1964): Faustzahlen für die Düngung im Walde. München

GUSSONE, H.A. (1983): Die Praxis der Kalkung im Walde der Bundesrepublik Deutschland. In: Forst- und Holzwirt, Bd. 38, S. 63-71

HAACK, W. (1930): Erläuterungen zur geologischen Karte von Preußen und benachbarten deutschen Ländern. Lieferung 286, Blatt Iburg, Nr. 2079, Preußisches Geologisches Landesamt, Berlin

HAASE, G. (1961): Hanggestaltung und ökologische Differenzierung nach dem Catenaprinzip. In: Petermanns Geographische Mitteilungen, Bd. 105, Heft 1, S. 1-8

HAASE, G. (1964): Landschaftsökologische Detailuntersuchungen und naturräumliche Gliederung. In: Petermanns Geographische Mitteilungen, Bd. 108, Heft 1/2, S. 8-30

HAASE, G. (1964a): Zur Anlage von Standortaufnahmekarten bei landschaftsökologischen Untersuchungen. In: Geographische Berichte, 9. Jg., Heft 4, S. 257-272

HAASE, G. (1967): Zur Methodik großmaßstäbiger landschaftsökologischer und naturräumlicher Erkundung. In: Wissenschaftliche Abhandlungen der Geographischen Gesellschaft der DDR, Bd. 5, S. 35-128, Leipzig

HAASE, G. (1979): Entwicklungstendenzen in der geotopologischen und geochorologischen Naturraumerkundung. In: Petermanns Geographische Mitteilungen, Bd. 123, Heft 1, S. 7-18

HABER, W. (1979): Raumordnungskonzepte aus der Sicht der Ökosystemforschung. In: Forschungs- und Sitzungsberichte der Akademie für Raumforschung und Landesplanung, Bd. 131, S. 12-24, Hannover

HABER, W. (1980): Landwirtschaftliche Bodennutzung aus ökologischer Sicht. In: Daten und Dokumente zum Umweltschutz, Bd. 30, S. 11-21, Hohenheim

HABER, W. (1981): Natürliche und agrarische Ökosysteme - Forderungen für ihre Gestaltung. In: Landwirtschaftliche Forschung, Sonderheft 37, S. 1-11 = Kongreßband 1980, Braunschweig

HABER, W. (1982): Ökosysteme in der Natur - ihre Erforschung. In: Universitas. Zeitschrift für Wissenschaft, Kunst und Literatur, Jg. 37, Heft 10, S. 1019-1024

HABER, W. (1982a): Die Bedeutung der Ökosysteme und der natürlichen Ressourcen - Erkenntnisse der Forschung. In: Universitas, Zeitschrift für Wissenschaft, Kunst und Literatur, Jg. 37, Heft 2, S. 113-120

HABER, W. (1990): Using Landscape Ecology in Planning and Management. In: Zonneveld, I.S. u. Forman, R.T.T. (Hrsg.): Changing landscapes - An Ecological Perspective, S. 217-232, New York, Berlin, Heidelberg

HABER, W. (1991): Kulturlandschaft versus Naturlandschaft. In: Raumforschung und Raumordnung. Heft 2/3, S. 106-112

HAECKEL, E. (1866): Generelle Morphologie der Organismen. Berlin

HAKE, G. (1976): Kartographie II. Berlin, New York

HAKE, G. (1982): Kartographie I. Berlin, New York

HAMBLOCH, H. (1957): Über die Bedeutung der Bodenfeuchtigkeit bei der Abgrenzung von Physiotopen. In: Berichte zur deutschen Landeskunde, Bd. 18, S. 246-252

HARTGE, K.H. (1983): Bodenmechanische Auswirkungen des Pflügens. In: Kali-Briefe, Bd. 16, Heft 6, S. 339-347

HARTGE, K.H. u. EHLERS, W. (1985): Zur Wirkung physikalischer Bodeneigenschaften auf den Ertrag von Kulturpflanzen. In: Kali-Briefe, Bd. 17, Heft 6, S. 477-488

HARTGE, K.H. u. HORN, R. (1989): Die physikalische Untersuchung von Böden. Stuttgart

HARTMANN, F.-K. (1974): Mitteleuropäische Wälder - Zur Einführung in die Waldgesellschaften des Mittelgebirgsraumes und ihrer Bedeutung für Forstwirtschaft und Umwelt. Stuttgart

HARTMANN, F.-K. u. JAHN, G. (1959): Über die Wirkung von Kalkungen auf Waldböden verschiedenen Nährstoff- und Basenhaushaltes in soziologisch-ökologischer Betrachtung. In: Der Wald braucht Kalk, S. 30-44, Köln

HEIDTMANN, E. (1975): Die ökologische Raumgliederung - eine sinnvolle Grundlage für die ökologische Planung? In: Natur und Landschaft, Bd. 50, S. 72-79

HEIMES, K.H. (1971): Phospat- und Kalidüngungsversuche auf verschiedenen Standorten zur Überprüfung der Richtwerte der chemischen Bodenuntersuchung. Dissertation Bonn

HEINEMANN, B. u. NOUR EL DIN, N. (1985): Untersuchungen zur Frage des Waldsterbens im Bereich der Bodenkarte 1 : 25000, Nr. 3814 Bad Iburg, Gutachten des Niedersächsischen Landesamtes für Bodenforschung Hannover, Hannover

HEITEFUß, R. (1980): Einfluß des Pflanzenschutzes auf die Arten- und Biotopvielfalt. In: Landwirtschaftliche Forschung, Sonderheft 37, S. 67-80 = Kongreßband 1980, Braunschweig

HEMPEL, L. (1980): Der „Osning-Halt" des Drenthe Stadials am Teutoburger Wald im Lichte neuerer Beobachtungen. In: Eiszeitalter und Gegenwart, Bd. 30, S. 45-62, Hannover

HEMPEL, L. (1981): Erläuterungen zur Geomorphologischen Karte 1 : 25000 der Bundesrepublik Deutschland, GMK 25, Blatt 6, 3814 Bad Iburg, Berlin

HEMPEL, L. (1983): Westfalens „Gebirgs-, Berg-, Hügel- und Tiefländer" - ein geomorphologischer Überblick. In: Weber, P. u. Schreiber, K.F. (Hrsg.): Westfalen und angrenzende Regionen. Münstersche Geographische Arbeiten, Heft 15, S. 9-26, Paderborn = Festschrift zum 44. Deutschen Geographentag in Münster, Teil I

HETSCH, W. u. ULRICH, B. (1979): Die langfristige Auswirkung von Kalkung, Bodenbearbeitung und Lupinenanbau auf die Bioelementvorräte zweier Forststandorte im FA Syke. In: Forstwissenschaftliches Centralblatt, Bd. 98, S. 237-244

HILDEBRANDT, E.-A. (1980): Die Entwicklung der Nährstoffversorgung bundesdeutscher Böden in den letzten 25 Jahren. In: Kali-Briefe, Bd. 15, Heft 1, S. 1-14

HOEGEN, B.; WERNER, W. u. TITULAER, H.H.H. (1991): Einfluß von Dicyandiamid zur Gefülle auf N_{min}-Gehalte sowie Nitratverlagerung in einem humosen Sandboden unter Silomais. In: Kali-Briefe, Bd. 20, Heft 6, S. 463-468

HOFFMANN, A. u. RICHTER, J. (1988): 10 Jahre Nmin-Methode in Südostniedersachsen - Erfolge, Erfahrungen, Grenzen -. In: Kali-Briefe, Bd. 19, Heft 4, S. 277-296

HÖLSCHER, I. (ohne Jahr): Geschichte des Liegenschaftskatasters in Osnabrück. Unveröffentlichtes Manuskript aus dem Katasteramt Osnabrück

HORN, R. (1989): Die Bedeutung der Bodenstruktur für die Nährstoffverfügbarkeit. In: Kali-Briefe, Bd. 19, Heft 7, S. 505-515

HUBRICH, H. (1974): Zur Typenbildung in der topischen Dimension. In: Petermanns Geographische Mitteilungen, Bd. 118, Heft 3, S. 167-172

HÜTTER, L.A. (^{2}1984): Wasser und Wasseruntersuchung. Frankfurt/Main, Berlin, München

HÜTTER, M. (1986): Ökologische Landschaftsanalyse im Raum Bad Iburg mit Ansätzen zu einer Landschaftsbewertung (unveröffentlichte Diplomarbeit). Bochum

KELLER, G. (1952): Zur Frage der Osning-Endmoräne bei Iburg. Neues Jahrbuch für Geologie u. Paläontologie, S. 71-79, Stuttgart

KELLER, G. (1974): Die Fortsetzung der Osningzone auf dem Nordwestabschnitt des Teutoburger Waldes. Neues Jahrbuch für Geologie u. Paläontologie, S. 72-95, Stuttgart

KELLER, G. (1977): Die geologische Entwicklung des Osnabrücker Gebietes während der Unterkreidezeit. Osnabrück

KELLER, G. (1979): Woher kommt die Osningsandsteinmasse des Dörenbergmassivs bei Bad Iburg (Teutoburger Wald)? In: Berichte der Naturhistorischen Gesellschaft Hannover, Bd. 122, S. 71-77, Hannover

KELLER, G. (1980): Das subherzynische Faltungsfeld des Osningsandsteins im Teutoburger Wald zwischen Tecklenburg (Westfalen) und Bad Iburg (Niedersachsen). In: Decheniana, Bd. 133, S. 210-215, Bonn

KLÄRSCHLAMMVERORDNUNG (1982): siehe: AbfKlärV (1982)

KLASSEN, H. (Hrsg.) (1984): Geologie des Osnabrücker Berglandes. Osnabrück

KLINK, H.-J. (1964): Landschaftsökologische Studien im Südniedersächsischen Bergland. In: Erdkunde, Bd. 18, Heft 4, S. 268-283

KLINK, H.-J. (1966): Naturräumliche Gliederung des Ith-Hils-Berglandes - Art und Anordnung der Physiotope und Ökotope. = Forschungen zur deutschen Landeskunde, Bd. 159, Bad Godesberg

KLINK, H.-J. (1966a): Die naturräumliche Gliederung als ein Forschungsgegenstand der Landeskunde. In: Berichte zur deutschen Landeskunde, Bd. 36, Heft 2, S. 223-246, Bad Godesberg

KLINK, H.-J. (1969): Das natürliche Gefüge des Ith-Hils-Berglandes. Begleittext zu den Karten. = Forschungen zur deutschen Landeskunde, Bd 187, Bad Godesberg

KLINK, H.-J. (1970): Naturräumliche Gliederung - Grundlagen für Fragen der Raumordnung. In: Mitteilungen des Instituts für Raumordnung, Bd. 69, S. 54-63, Bonn-Bad Godesberg

KLINK, H.-J. (1972): Geoökologie und naturräumliche Gliederung - Grundlagen der Umweltforschung. In: Geographische Rundschau, 24. Jg., Heft 1, S. 7-20

KLINK, H.-J. (1981): Ökologische Raumgliederung aus geographischer Sicht. In: Olschowy G. (Hrsg.): Natur und Umweltschutz in der Bundesrepublik Deutschland, S. 55-68, Hamburg

KLINK, H.-J. (1985): Die natürliche Vegetation der Bundesrepublik Deutschland. In: Berichte zur deutschen Landeskunde, Bd. 59, Heft 1, S. 107-145

KLINK, H.-J. (1990): Ergebnisse siedlungsökologischer Untersuchungen im Ruhrgebiet. In: Berichte zur deutschen Landeskunde, Bd. 64, Heft 2, S. 299-344

KLUG, H. u. LANG, R. (1983): Einführung in die Geosystemlehre. Darmstadt

KOPP, D. (1975): Kartierung von Naturraumtypen auf der Grundlage der forstlichen Standortserkundung. In: Petermanns Geographische Mitteilungen, Bd. 119, Heft 2, S. 96-114

KOPP, D. (1986): Richtlinie zur Standortbeschreibung. Potsdam

KOPP, D. et al. (1982): Naturräumliche Grundlagen der Landnutzung am Beispiel des Tieflandes der DDR. Berlin

KORNECK, D. u. SUKOPP, H. (1988): Rote Liste der in der Bundesrepublik Deutschland ausgestorbenen, verschollenen und gefährdeten Farn- und Blütenpflanzen und ihre Auswertung für den Arten- und Biotopschutz. In: Schriftenreihe für Vegetationskunde, Bd. 19

KOSMAHL, W. (1971): Steinsalz. In: Behr, H.-J. (Hrsg.): Der Landkreis Osnabrück, S. 41-43, Osnabrück

KOWARIK, I. u. SEIDLING, W. (1989): Zeigerwertberechnungen nach ELLENBERG - Zu Problemen und Einschränkungen einer sinnvollen Methode. In: Landschaft und Stadt, Bd. 21, Heft 4, S. 132-143

KRAMER, H. (1985): Begriffe der Forsteinrichtung. Göttingen = Schriftenreihe der Forstlichen Fakultät der Universität Göttingen und Mitteilungen der Niedersächsischen Forstlichen Versuchsanstalt Bd. 48

KRATZER, A. (1956): Das Stadtklima. Braunschweig = Die Wissenschaft Bd. 90

KREEB, K.-H. (1983): Vegetationskunde - Methoden und Vegetationsformen unter Berücksichtigung ökosystemischer Aspekte. Stuttgart

KRETZSCHMAR, R. et al. (1985): Bodennutzung und Nitrataustrag. Literaturauswertung über die Situatuion bis 1984 in der Bundesrepublik Deutschland. Hamburg, Berlin = DVWK-Schriften, Heft 73

KREUTZER, K. (1981): Die Stoffbefrachtung des Sickerwassers in Waldbeständen. In: Mitteilungen der Deutschen Bodenkundlichen Gesellschaft, Bd. 32, S. 273-286

KREUTZER, K. u. HÜSER, R. (1978): Der Einfluß der Waldbewirtschaftung auf die Wasserspende und die Wasserqualität. In: Forstwissenschaftliches Centralblatt, Jg. 97, S. 80-92

KUGLER, H. (1974): Das Georelief und kartographische Modellierung. Halle

LAER, W. von (1864): Über Plaggendüngung. In: Landwirtschaftliche Zeitung, Nr. 38, S. 249-251

LAMERSDORF, N. (1985): Der Einfluß von Düngungsmaßnahmen auf den Schwermetall-Output in einem Buchen- und einem Fichten-Ökosystem des Sollings. In: Allgemeine Forst Zeitschrift, Jg. 43, S. 1155-1158

LANDKREIS OSNABRÜCK (Hrsg.) (1980): Strukturatlas für den Landkreis Osnabrück, Bd. 2, Osnabrück

LANDKREIS OSNABRÜCK (Hrsg.) (1982): Regionales Raumordnungsprogramm. Osnabrück

LANDKREIS OSNABRÜCK (Hrsg.) (1985): Strukturatlas, Teil A u. B, Osnabrück

LANDWIRTSCHAFTSKAMMER WESER-EMS (Hrsg.) (1973): Agrarstrukturelle Vorplanung, Landkreis Osnabrück - Teilgebiet Süd-Südost. Tabellenband. Bramsche

LANG, R. (1982): Quantitative Untersuchungen zum Landschaftshaushalt in der südöstlichen Frankenalb. = Regensburger Geographische Schriften, Heft 18, Regensburg

LANG, R. (1984): Probleme bei der zeitlichen und räumlichen Aggregierung topologischer Daten. In: Geomethodica, Veröffentlichung des 9. Baseler Geomethodischen Kolloquiums, Bd. 9, S. 67-104, Basel

LESER, H. (1976): Landschaftsökologie. Stuttgart

LESER, H. (1978): Quantifizierungsprobleme der Landschaft und der landschaftlichen Ökosysteme. In: Landschaft und Stadt, Bd. 10, S. 107-114

LESER, H. u. KLINK, H.-J. (Hrsg.) (1988): Handbuch und Kartieranleitung Geoökologische Karte 1:25000. = Forschungen zur deutschen Landeskunde, Bd. 228, Trier

LESER, H. u. STÄBLEIN, G. (1975): Geomorphologische Kartierung. Richtlinien zur Herstellung geomorphologischer Karten 1:25000. In: Berliner Geographische Abhandlungen, Sonderheft, S. 1-33, Berlin

LEUCHS, W. u. EINARS, G. (1987): Nitratbelastung des Grundwassers. Teilvorhaben B - Bodenkundliche, produktionsökologische und geohydrochemische Aspekte, Teil 2 - Nitrateintrag und Nitratabbau, S. 41-68, Münster-Hiltrup = Schriftenreihe des BELF-Angewandte Wissenschaft, Heft 350

LEVITT, J. (1972): Responses of Plants to Environmental Stresses. New York, London 1972

LOHMEYER, W. u. KRAUSE, A. (1974): Über den Uferbewuchs an kleinen Fließgewässern Nordwestdeutschlands und seine Bedeutung für den Uferschutz. In: Natur und Landschaft, Bd. 49, Heft 12, S. 323-330

MAIDL, F.X. (1989): Einfluß landwirtschaftlicher Anbausysteme auf Größe und Verminderung des Nitrateintrags in tiefere Bodenschichten. In: Kali-Briefe, Bd. 19, Heft 9, S. 649-662

MALESSA, V. u. ULRICH, B. (1989): Beitrag zum Einfluß der Bodenversauerung auf den Zustand der Grund- und Oberflächengewässer. In: Brechtel, H.M. (Hrsg.): Immissionsbelastung des Waldes und seiner Böden - Gefahr für die Gewässer?, S. 213-219 = DVWK-Mitteilungen, Heft 17

MARKS, R. (1979): Ökologische Landschaftsanalyse und Landschaftsbewertung als Aufgaben der Angewandten Physischen Geographie - dargestellt am Beispiel der Räume Zwiesel/Falkenstein (Bayerischer Wald) und Nettetal (Niederrhein). = Materialien zur Raumordnung, Bd. 21, Paderborn

MARKS R. et al. (1989): Anleitung zur Bewertung des Leistungsvermögens des Landschaftshaushaltes (BA LVL). Trier = Forschungen zur deutschen Landeskunde Bd. 229

MATZNER, E. (1985): Auswirkungen von Düngung und Kalkung auf den Elementumsatz und die Elementverteilung in zwei Waldökosystemen im Solling. In: Allgemeine Forst Zeitschrift, Nr. 43, S. 1143-1147

MAULL, O. (1950): Die Bedeutung der Grenzgürtelmethode für die Raumforschung. In: Zeitschrift für Raumforschung, Heft 6/7, S. 236-242

MAY, R.M. (1976): Theoretical Ecology - Principles and Applications. Philadelphia

MAYER, R. (1981): Natürliche und anthropogene Komponenten des Schwermetallhaushaltes von Waldökosystemen. = Göttinger Bodenkundliche Berichte, Bd. 70, Göttingen

MAYER, R. (1984): Veränderungen von Bodeneigenschaften durch Luftverunreinigungen. In: Zeitschrift für Kulturtechnik und Flurbereinigung, Jg. 25, S. 214-226

MEADOWS, D.L. u. MEADOWS, D.H. (1974): Das globale Gleichgewicht. Stuttgart

MEADOWS, D.L. et al. (1972): Die Grenzen des Wachstums. Stuttgart

MEHLICH, A. (1953): Rapid Determination of Cation and Anion Exchange Properties and pHe of Soils. In: Journ. Assoc. Off. Agric. Chem., Bd. 36, S. 445-457

MEISEL, S. (1961): Die naturräumlichen Einheiten auf Bl. 83/84 Osnabrück/Bentheim = Geographische Landesaufnahme 1:200000, Remagen

MEIWES, K.-J. et al. (1984): Chemische Untersuchungsverfahren für Mineralboden, Auflagehumus und Wurzeln zur Charakterisierung und Bewertung der Versauerung in Waldböden. In: Berichte des Forschungszentrums Waldökosysteme/Waldsterben, Bd. 7, S. 1-67

MENTING, G. (1987): Analyse einer Theorie der geographischen Ökosystemforschung. In: Geographische Zeitschrift, Jg. 75, Heft 4, S. 208-227

MERKT, J. (1971): Geologie. In: Behr, H.-J. (Hrsg.): Der Landkreis Osnabrück, S. 23-31, Osnabrück

MESAROVIC, M. u. PESTEL, E. (1974): Menschheit am Wendepunkt. Stuttgart

MEYER, D. (1983): Makroskopisch-biologische Feldmethoden zur Gewässerbeurteilung von Fließgewässern. Hannover

MEYER, B. (1955): Grundlagen und Ergebnisse einer Untersuchung der bodenkundlichen Verhältnisse in Süd-Niedersachsen. Göttingen

MEYNEN, E. u. SCHMITHÜSEN, J. (1953-1962): Handbuch der naturräumlichen Gliederung Deutschlands. 2 Bde., Bad Godesberg

MILNE, G. (1936): A Provisional Soil Map of East Africa. Amani

MÖBIUS, K. (1877): Die Auster und die Austernwirtschaft. Berlin.

MORGEN, A. (1957): Die Besonnung und ihre Verminderung durch Horizontbegrenzung. In: Veröffentlichungen des Meteorologischen und Hydrologischen Dienstes der DDR, Nr. 12, S. 3-16

MOSIMANN, T. (1980): Boden, Wasser und Mikroklima in den Geosystemen der Löß-, Sand-, Mergel-Hochfläche des Bruderholzgebietes (Raum Basel). = Physiogeographica - Baseler Beiträge zur Physiogeographie, Bd. 3

MOSIMANN, T. (1984): Methodische Grundprinzipien für die Untersuchung von Geoökosystemen in der topologischen Dimension. In: Geomethodica, Veröffentlichung des 9. Baseler Geomethodischen Kolloquiums, Bd. 9, S. 31-65

MURACH, D (1984): Die Reaktion von Fichtenfeinwurzeln auf zunehmende Bodenversauerung. Göttingen = Göttinger Bodenkundliche Berichte Bd. 72

NAIR, V.D. (1978): Aluminium Species in Soil Solutions. Göttingen = Göttinger Bodenkundliche Berichte Bd. 52

NATURSCHUTZVERBAND OSNABRÜCK E.V. (1990): Naturschutzinformationen. 6. Jg., Nr. 3, Osnabrück

NAUMANN-TÜPFEL, H. (1975): Zur Problematik der ökologischen Bewertung von Naturräumen. In: Petermanns Geographische Mitteilungen, Bd. 119, Heft 3, S. 197-205

NEEF, E. (1963): Topologische und chorologische Arbeitsweisen in der Landschaftsforschung. In: Petermanns Geographische Mitteilungen, Bd. 107, Heft 4, S. 249-259

NEEF, E. (1964): Zur großmaßstäblichen landschaftsökologischen Forschung. In: Petermanns Geographische Mitteilungen, Bd. 108, Heft 1, S. 1-7

NEEF, E.; SCHMIDT, G. u. LAUCKNER, M. (1961): Landschaftsökologische Untersuchungen an verschiedenen Physiotopen in Nordwestsachsen. = Abhandlungen der Sächsischen Akademie für Wissenschaften, Bd. 47, Heft 1, Berlin

NIEDERSÄCHSISCHES LANDESAMT FÜR BODENFORSCHUNG (NLfB)(1975): Analysedaten der untersuchten Profile des Meßtischblattes 3814 Bad Iburg. Unveröffentlichte Labordaten, Hannover

NIEDERSÄCHSISCHES LANDESAMT FÜR BODENFORSCHUNG (NLfB) (1985): Untersuchungen zur Frage des Waldsterbens im Bereich der Bodenkarte 1:25000, 3814 Bad Iburg. = Programm Saurer Regen. Unveröffentlichtes Gutachen für die Kreisverwaltung Osnabrück, Hannover

NIEDERSÄCHSISCHES LANDESAMT FÜR BODENFOSCHUNG (NLfB) (1989): Waldbodenuntersuchungsprogramm Landkreis Osnabrück. Teile A bis C, unveröffentlichtes Gutachten, Hannover

NIEDERSÄCHSISCHES LANDESAMT FÜR WASSERWIRTSCHAFT (Hrsg.) (1985): Untersuchung von Niederschlagswasser 1984, Hildesheim

NIEDERSÄCHSISCHES LANDESAMT FÜR WASSERWIRTSCHAFT (Hrsg.) (1986): Untersuchung von Niederschlagswasser 1985. Hildesheim

NIEDERSÄCHSISCHES LANDESAMT FÜR WASSERWIRTSCHAFT (Hrsg.) (1987): Untersuchung von Niederschlagswasser 1986. Hildesheim

NIEDERSÄCHSISCHES LANDESAMT FÜR WASSERWIRTSCHAFT (Hrsg.) (1989): Untersuchung von Niederschlagswasser 1987. Hildesheim

NIEDERSÄCHSISCHES LANDESVERWALTUNGSAMT - STATISTIK (Hrsg.) (1964): Gemeindestatistik Niedersachsen 1960/1961, Teil 4, Betriebsstruktur der Landwirtschaft = Statistik von Niedersachsen, Bd. 30, Hannover

NIEDERSÄCHSISCHES LANDESVERWALTUNGSAMT - STATISTIK (Hrsg.) (1974): Gemeindestatistik Niedersachsen 1970, Teil 4, Landwirtschaft 1971/72 Teil A und Teil B, Hannover

NIEDERSÄCHSISCHES LANDESVERWALTUNGSAMT - STATISTIK (Hrsg.) (1976): Agrarberichterstattung 1975 = Statistik von Niedersachsen, Bd. 266, Hannover

NIEDERSÄCHSISCHES LANDESVERWALTUNGSAMT - STATISTIK (Hrsg.) (1979): Agrarberichterstattung 1977 = Statistik Niedersachsen, Bd. 315, Hannover

NIEDERSÄCHSISCHES LANDESVERWALTUNGSAMT - STATISTIK (Hrsg.) (1981): Landwirtschaftszählung 1979 = Statistik Niedersachsen, Bd. 354, Hannover

NIEDERSÄCHSISCHES LANDESVERWALTUNGSAMT - STATISTIK (Hrsg.) (1985): Agrarberichterstattung 1983 = Statistik Niedersachsen, Bd. 416, Hannover

NIEDERSÄCHSISCHES LANDESVERWALTUNGSAMT - STATISTIK (Hrsg.) (1990): Agrarberichterstattung 1987 = Statistik Niedersachsen, Bd. 487, Hannover

NIEDERSÄCHSISCHES LANDESVERWALTUNGSAMT - STATISTIK (Hrsg.) (1991): Nutzungsart der Bodenflächen 1989 = Statistik Niedersachsen, Bd. 507, Hannover

NIEMANN, J. (1970): Die Bodenbildung auf den Gesteinen des Mesozoikums im Landschaftsraum Osnabrück. In: Veröffentlichungen des naturwissenschaftlichen Vereins Osnabrück, Bd. 33, S. 187-201, Osnabrück

NIGGEMANN, J. (1983): Die Entwicklung der Landwirtschaft auf den leichten Böden Nordwestdeutschlands. In: Zeitschrift für Agrargeographie, Heft 1, S. 17-43

NIHLGARD, B. (1985): The Ammonium Hypothesis - An Additional Explanation to the Forest Dieback in Europe. In: Ambio, Bd. 14, S. 4

NOUR EL DIN, N. (1986): Waldschadensuntersuchungen im Landkreis Osnabrück. Unveröffentlichtes Gutachten des Hochbauamtes Osnabrück, Osnabrück

NUNNEY, L. (1980): The Stability of Complex Model Ecosystems. In: The American Naturalist, Bd. 115, Nr. 5, S. 639-649

OBERMANN, P. (^{2}1982): Hydrochemische/hydromechanische Untersuchungen zum Stoffgehalt von Grundwasser bei landwirtschaftlicher Nutzung. = Mitteilungen zum Deutschen Gewässerkundlichen Jahrbuch, Nr. 42

OEHMICHEN, J. (1983): Pflanzenproduktion. Bd. 1, Hamburg, Berlin

PAFFEN, K.H. (1953): Die natürliche Landschaft und ihre räumliche Gliederung. Eine methodische Untersuchung am Beispiel der Mittel- und Niederrheinlande. In: Forschungen zur deutschen Landeskunde Bd. 68, Remagen

PAFFEN, K.H. (1948): Ökologische Landschaftsgliederung. In: Erdkunde, Bd. II, S. 167-173

PIETSCH, J. u. KAMIETH, H. (1991): Stadtböden. - Entwicklungen, Belastungen, Bewertung, Planung. Traunstein

PITTELKOW, J. (1941): Der Teutoburger Wald geographisch betrachtet. = Schriften der Wirtschaftswissenschaftlichen Gesellschaft zum Studium Niedersachsens e.V., Bd. 8, Oldenburg i.O.

POTT, R. (1981): Der Einfluß der Niederwaldwirtschaft auf die Physiognomie und die floristisch-soziologische Struktur von Kalkbuchenwäldern. In: Tuexenia - Mitteilungen der floristisch-soziologischen Arbeitsgemeinschaft, Bd. 1, S. 233-242, Göttingen

PRENZEL, J. (1982): Ein bodenchemisches Gleichgewichtsmodell mit Kationenaustausch und Aluminiumhydroxosulfat. Göttingen = Göttinger Bodenkundliche Berichte Bd. 72

PRENZEL, J. (1985): Verlauf und Ursachen der Bodenversauerung. In: Zeitschrift der Deutschen Geologischen Gesellschaft, Bd. 136, S. 293-302, Hannover

QUIEL, F. (1986): Landnutzungskartierung mit Landsat-Daten; Fernerkundung in Raumordnung und Städtebau. Bonn = Schriftenreihe der Bundesforschungsanstalt für Landeskunde und Raumordnung, Bd. 17

QUIRLL, F. u. TOMCIK, G. (1971): Fischerei. In: Behr (Hrsg.): Der Landkreis Osnabrück, S. 224-228, Osnabrück

RASTIN, N. u. ULRICH, B. (1988): Chemische Eigenschaften von Waldböden im Nordwestdeutschen Pleistozän und deren Gruppierung nach Pufferbereichen. In: Zeitschrift für Pflanzenernährung und Bodenkunde, Bd. 151, S. 229-235

REHFUESS, K.E. (1974): Belastung von Waldökosystemen - Möglichkeiten der Vorbeugung und Abwehr. In: Forstwirtschaftliches Centralblatt, Bd. 93, S. 10-19

REHM, R. (1962): Wärmeliebende Waldtypen im Teutoburger Wald bei Bielefeld. In: Natur und Heimat, Jg. 22, Heft 3, S. 73-78, Münster

REICHELT, G. u. WILMANNS, O. (1973): Vegetationsgeographie. Braunschweig = Das Geographische Seminar - Praktische Arbeitsweisen

REINIRKENS, P. (1991): Siedlungsböden im Ruhrgebiet - Bedeutung und Klassifikation im urban-industriellen Ökosystem Bochums. = Bochumer Geographische Arbeiten, Heft 53, Paderborn

RENGER, M. et al. (1987): Boden und Nutzungskarten als Grundlage für die Bestimmung der Grundwasserneubildung mit Hilfe von Simulationsmodellen am Beispiel von Berlin (West). In: Mitteilungen der Deutschen Bodenkundlichen Gesellschaft, Bd. 53, S. 231-236, Göttingen

RENGER, M. u. STREBEL, O. (1980): Jährliche Grundwasserneubildung in Abhängigkeit von Bodennutzung und Bodeneigenschaften. In: Wasser und Boden, Bd. 32, S. 362-366

REUTER, G. (1967): Gelände- und Laborpraktikum der Bodenkunde. Berlin

REUTER, G. (1990): Disharmonische Bodenentwicklung auf glaciären Sedimenten unter dem Einfluß der postglacialen Klima- und Vegetationsentwicklung in Mitteleuropa. In: Hohenheimer Arbeiten, S. 69-74, Stuttgart = Gedächtniskolloquium Ernst Schlichting

REVISED STANDARD SOIL COLOR CHARTS (^{3}1973), Tokyo

RICHTER, D. u. KERSCHBERGER, M. (1991): Charakterisierung von pflanzenverfügbarem P und K in Böden und Ableitung von Düngeempfehlungen. In: Kali-Briefe, Bd. 20, Heft 7/8, S. 631-638

RICHTER, H. (1967): Naturräumliche Ordnung. In: Wissenschaftliche Abhandlungen der Geographischen Gesellschaft der DDR, Bd. 5, S. 129-160, Leipzig

RODENKIRCHEN, H. (1986): Auswirkungen von saurer Beregnung und Kalkung auf die Vitalität, Artmächtigkeit und Nährstoffversorgung der Bodenvegetation eines Fichtenbestandes. In: Forstwissenschaftliches Centralblatt, Jg. 105, S. 338-350

ROST-SIEBERT, K. (1985): Untersuchungen zur H- und Al-Ionen-Toxizität an Keimpflanzen von Fichte (Picea abies Karst.) und Buche (Fagus sylvatica L.) in Lösungskultur. Göttingen = Berichte des Forschungszentrums Waldökosysteme/ Waldsterben, Bd. 12

RÖTSCHKE, M. (1970): Klima und Wetter - Stadt und Kreis Osnabrück. In: Veröffentlichungen des Naturwissenschaftlichen Vereins Osnabrück, Bd. 33, S. 226-315, Osnabrück

RÖTSCHKE, M. (1971): Klimatische Verhältnisse. In: Behr, H.-J. (Hrsg.): Der Landkreis Osnabrück, S. 57-68, Osnabrück

RÜHL, A. (1960): Über die Waldvegetation der Kalkgebiete nordwestdeutscher Mittelgebirge. = Decheniana, Bd. 8, Bonn

RUHR-STICKSTOFF AG (Hrsg.) (^{11}1988): Faustzahlen für die Landwirtschaft und den Gartenbau. Münster-Hiltrup

RUNGE, F. (1954): Das natürliche Verbreitungsgebiet der Eibe in Westfalen. In: Natur und Heimat, Jg. 14, Beiheft, S. 115-118, Münster

RUNGE, F. (1986): Die Pflanzengesellschaften Mitteleuropas. Münster

SATTELMACHER, B. u. STOY, A. (1990): Düngung von Böden. In: Blume, H.-P. (Hrsg.): Handbuch des Bodenschutzes, S. 217-244, Landsberg/Lech

SCHACHTSCHABEL, P. (1956): Magnesium-Versorgungsgrad nordwestdeutscher Böden und seine Beziehungen zum Auftreten von Mangelsymptomen an Kartoffeln. In: Zeitschrift für Pflanzenernährung und Bodenkunde, Bd. 74, Heft 3, S. 202-219

SCHARPF, H.C. u. WEHRMANN, J. (1976): Die Bedeutung des Mineralstoffvorrates des Bodens zu Vegetationsbeginn für die Bemessung der N-Düngung zu Winterweizen. In: Landwirtschaftliche Forschung, Sonderband 32/1, S. 100-114, Frankfurt/Main

SCHAUERMANN, J. (1985): Zur Reaktion von Bodentieren nach Düngung von Hainsimsen-Buchenwäldern und Siebenstern-Fichtenforsten im Solling. In: Allgemeine Forst Zeitschrift, Jg. 43, S. 1159-1161

SCHEFFER, B. u. BARTELS, R. (1980): Stickstoffaustrag aus gedränten Sandböden. In: Kali-Briefe, Bd. 15, Heft 2, S. 123-128

SCHEFFER, F. u. SCHACHTSCHABEL, P. (1982): Lehrbuch der Bodenkunde. Stuttgart

SCHILLER, K. u. LÜBBEN, A. (1876): Mittelniederdeutsches Wörterbuch. Bremen

SCHIMPER, A.F.W. (1898): Pflanzengeographie auf physiologischer Grundlage. Jena

SCHLICHTING, E. (1965): Die Raseneisenbildung in der nord-westdeutschen Podsol-Gley-Landschaft. In: Chemie der Erde, Bd. 24, S. 11-26

SCHLICHTING, E. (1986): Einführung in die Bodenkunde. Stuttgart = Pareys Studientexte Bd. 58

SCHLICHTING, E. u. BLUME, H.-P. (1966): Bodenkundliches Praktikum. Hamburg, Berlin

SCHLÜTER, H. (1966): Untersuchungen über die Auswirkungen von Bestandeskalkungen auf die Bodenvegetation in Fichtenforsten. In: Die Kulturpflanze, Bd. 14, S. 47-60

SCHLÜTER, H. (1981): Geobotanisch-vegetationsökologische Grundlagen der Naturraumerkundung und -kartierung. In: Petermanns Geographische Mitteilungen, Jg. 125, Heft 2, S. 73-82

SCHMID, R. (1986): Bodenbelastung in Kleingärten - mögliche Ursachen und Gefahren. In: Hohenheimer Arbeiten. Tagung über Umweltforschung an der Universität Hohenheim. - Bodenschutz -, S. 97-106, Stuttgart-Hohenheim

SCHMITHÜSEN, J. (1964): Was ist eine Landschaft? = Erdkundliches Wissen Bd.9, Wiesbaden

SCHNELLE, F. (Hrsg.) (1963): Frostschutz im Pflanzenbau. Bd. 1, Die meteorologischen und biologischen Grundlagen der Frostschadenverhütung, München, Basel, Wien

SCHREIBER, D. (1975): Klimatologie. Allgemeine Klimatologie. Bochum

SCHREIBER, D. (1973): Entwurf einer Klimaeinteilung für landwirtschaftliche Belange. = Bochumer Geographische Arbeiten, Bd. 3, Paderborn

SCHREIBER, K.F. (1976): Berücksichtigung des ökologischen Potentials bei Entwicklungen im ländlichen Raum. In: Zeitschrift für Kulturtechnik und Flurbereinigung, Bd. 17, S. 257-265

SCHREIBER, K.-F. (1990): The History of Landscape Ecology in Europe. In: Zonneveld, I.S. u. Forman, R.T.T. (Hrsg.): Changing landscapes: An Ecological Perspective, S. 21-33, New York, Berlin, Heidelberg

SCHUBERT, R. (Hrsg.)(1984): Lehrbuch der Ökologie. Jena 1984

SCHÜLLER, H. (1969): Die CAL-Methode, eine neue Methode zur Bestimmung des pflanzenverfügbaren Phosphates in Böden. In: Zeitschrift für Pflanzenernährung und Bodenkunde, Bd. 123, Heft 1, S. 48-63

SCHUNKE, E. u. SPÖNEMANN, J. (1972): Schichtstufen und Schichtkämme in Mitteleuropa. In: Göttinger Geographische Abhandlungen, Heft 60, S. 65-92, Göttingen = Hans Poser Festschrift

SCHUSTER, B. (1988): Gewässergütebericht 1988 - Die biologische Gütesituation der Fließgewässer im Dienstbezirk des Wasserwirtschaftsamts Cloppenburg in den Jahren 1986 und 1987. In: Wasserwirtschaftsamt Cloppenburg, Cloppenburg

SCHWEIKLE, V. (1971): Die Stellung der Stagnogleye in der Bodengesellschaft der Schwarzwald-Hochfläche auf so-Sandstein. Dissertation Universität Hohenheim

SCHWERTMANN, U. (1970): Aciditätsquellen und Eisenformen in Elektrolyt-Extrakten von O- und B-Horizonten podsolierter Böden. In: Zeitschrift für Pflanzenernährung und Bodenkunde, Bd. 127, S. 113-121

SIEKER, F. (1986): Versickerung von Niederschlagswasser in Siedlungsgebieten - Wasserwirtschaftliche Auswirkungen. In: Wasser und Boden, Bd. 38, Heft 5, S. 222-224

SOCAVA, V.B. (1972): Geographie und Ökologie. In: Petermanns Geographische Mitteilungen, Bd. 116, Heft 2, S. 89-98

SOCAVA, V.B. (1974): Das Systemparadigma in der Geographie. In: Petermanns Geographische Mitteilungen, Bd. 118, Heft 3, S. 161-166

STREBEL, O.; DUYNISVELD, W.H.M. u. BÖTTCHER, J. (1986): Vertikaler Stofftransport im Boden und Stoffverluste aus dem Wurzelraum ins Grundwasser. In: Kali-Briefe, Bd. 18, Heft 2, S. 93-105

STADT BAD IBURG (1987): Biotopkartierung Bad Iburg. Unveröffentlichtes Manuskript. Bad Iburg

STADT GEORGSMARIENHÜTTE (1987): Landschaftsplan. Georgsmarienhütte

STAHR, K. (1979): Die Bedeutung periglacialer Deckschichten für Bodenbildung und Standorteigenschaften im Südschwarzwald. Freiburg/Br. = Freiburger Bodenkundliche Abhandlungen, Bd. 9

STAHR, K. (1990): Stoffverlagerung in Böden und Landschaften. In: Hohenheimer Arbeiten. S. 58-68, Stuttgart = Gedächtniskolloquium Ernst Schlichting

STEIN, K.; KUNZMANN, G. u. HARRACH, T. (1987): Die Vegetation als Indikator der Nährstoffversorgung - Ein Vergleich intensiver und extensiver gedüngter Grünlandstandorte. In: Mitteilungen der Deutschen Bodenkundlichen Gesellschaft, Bd. 53, S. 229-304

STÖCKER, G. (1974): Zur Stabilität und Belastbarkeit von Ökosystemen. In: Archiv für Naturschutz und Landschaftsforschung, Bd. 14, S. 237-261, Berlin

SUKOPP, H. (1980): Arten und Biotopschutz in Agrarlandschaften. In: Landwirtschaftliche Forschung, Sonderheft 37, S. 20-29

SYMADER, W. (1980): Zur Problematik landschaftsökologischer Raumgliederungen. In: Landschaft und Stadt, Jg. 12, Heft 2, S. 81-89

SYMADER, W. (1989): Beobachtungen zu den ersten Anfängen einer Gewässerversauerung. In: BRECHTEL, H.-M. (Hrsg.): Immissionsbelastung des Waldes und seiner Böden - Gefahr für die Gewässer? S. 301-305. DVWK-Mitteilungen, Heft 17, Bonn.

TANSLEY, A.G. (1935): The Use and Abuse of Vegetational Concepts and Terms. In: Ecology, Bd. 16, S. 287-307

THIERMANN, A. (1970): Geologische Karte von Nordrhein-Westfalen 1:25000. Geologisches Landesamt Nordrhein-Westfalen (Hrsg.): Erläuterungen zum Blatt 3712 Tecklenburg. Krefeld

THIERMANN, A. (1984): Kreide. In: Klassen, H. (Hrsg.): Geologie des Osnabrükker Berglandes, S. 427-461, Osnabrück

THÖLE, R.; ECKELMANN, W. u. SCHLÜTER, W. (1983): Plaggenböden und Plaggenwirtschaft im Landkreis Osnabrück. In: Heineberg, H. u. Mayr, A. (Hrsg.): Exkursionen in Westfalen und angrenzende Regionen. Münstersche Geographische Arbeiten, Heft 16, S. 339-345, Paderborn =Festschrift zum 44. Deutschen Geographentag in Münster 1983, Teil II

THOMAS-LAUCKNER, M. u. HAASE, G. (1967): Versuch einer Klassifikation von Bodenfeuchteregime-Großtypen. In: Albrecht Thaer-Archiv, Bd. 11, S. 1003-1020

TRILLMICH, H.D. u. UEBEL, E. (1983): Ergebnisse von langjährigen Forstdüngungsversuchen in einem Rauchschadensgebiet. In: Beiträge für die Forstwirtschaft, Heft 17, S. 123-130

TrinkwV (1986): Trinkwasserverordnung vom 22.5.1986, BGBl, Teil 1, S. 760-773, Bonn, 28.5.1986

TROLL, C. (1939): Luftbildplan und ökologische Bodenforschung. In: Zeitschrift der Gesellschaft für Erdkunde zu Berlin, Nr. 7/8, S. 241-298

TROLL, C. (1950): Die geographische Landschaft und ihre Erforschung. In: Studium Generale, Bd. 3, S. 163-181

TÜXEN, R. (1957): Die heutige potentielle natürliche Vegetation als Gegenstand der Vegetationskartierung. In: Berichte zur Deutschen Landeskunde, Bd. 19, S. 200-246

TÜXEN, R. (1968): Zum Schicksal des niedersächsischen Buchenwaldes. In: Mitteilungen der floristisch-soziologischen Arbeitsgemeinschaft, Heft 13, S. 244-257

UHLIG, H. (1967): Naturräumliche Gliederung - Methoden, Anwendungen und ihr Stand in der Bundesrepublik Deutschland. In: Wissenschaftliche Abhandlungen der Geographischen Gesellschaft der DDR, Bd. 5, S. 161-215, Leipzig

ULRICH, B. (1961): Boden und Pflanze. - Ihre Wechselbeziehungen in physikalisch-chemischer Betrachtung. Stuttgart

ULRICH, B. (1966): Kationenaustausch-Gleichgewichte in Böden. In: Zeitschrift für Pflanzenernährung, Düngung, Bodenkunde, Bd. 113, Heft 2, S. 141-159

ULRICH, B. (1981): Ökologische Gruppierung von Böden nach ihrem chemischen Bodenzustand. In: Zeitschrift für Pflanzenernährung und Bodenkunde, Bd. 144, S. 289-305

ULRICH, B. (1983): Stabilität von Waldökosystemen unter dem Einfluß des „sauren Regens". In: Allgemeine Forst Zeitschrift, Jg. 38, S. 670-677

ULRICH, B. (^{4}1984): Stoffhaushalt von Wald-Ökosystemen - Bioelement-Haushalt. Vorlesungsskript zum Wintersemester 1984/85 des Instituts für Bodenkunde und

Waldernährung der Universität Göttingen, Göttingen

ULRICH, B. (1986): Die Rolle der Bodenversauerung beim Waldsterben - Langfristige Konsequenzen und forstliche Möglichkeiten. In: Forstwissenschaftliches Centralblatt, Jg. 105, S. 421-435

ULRICH, B. (1989): Waldökosystemforschung, Konzepte und Wege. In: Brechtel, H.M. (Hrsg.): Immissionsbelastung des Waldes und seiner Böden - Gefahr für die Gewässer?, S. 7-23, Bonn = DVWK-Mitteilungen, Heft 17

ULRICH, B.; MAYER, R. u. KHANA, P.K. (1979): Deposition von Luftverunreinigungen und ihre Auswirkungen in Waldökosystemen im Solling. = Schriften der Forstlichen Fakultät Göttingen und der Niedersächsischen Forstlichen Versuchsanstalt, Bd. 58, Frankfurt/Main

Vageler, P. (1940): Die Böden Westafrikas vom Standpunkt der Catena-Methode = Mitteilungen der Gruppe deutscher kolonialwirtschaftlicher Unternehmungen, Bd. 2

WARMING, E. (1896): Ökologische Pflanzengeographie. Berlin

WARNECKE, E.F. (1958): Das Osnabrücker Land. In: Geographische Rundschau. Jg. 10, Heft 5, S. 176-182

WARNECKE, E.F. (1971): Heutige Siedlungen. In: Behr, H.-J. (Hrsg.): Der Landkreis Osnabrück, S. 185-189, Osnabrück

WEBER-OLDECOP, D.W. (1977): Fließwassertypologie in Niedersachsen auf floristisch-soziologischer Grundlage. In: Göttinger Floristische Rundbriefe, Heft 10, S. 73-80

WEBER; H.E. (1980): Vegetation. In: Landkreis Osnabrück (Hrsg.): Strukturatlas für den Landkreis Osnabrück. A III 7, S. 1-35, Osnabrück

WELLER, F. (1980): Standorteignungskarten als Grundlage einer ökologisch differenzierten Nutzungsplanung in Agrarlandschaften. In: Landwirtschaftliche Forschung, Sonderheft 37, S. 61-66 = Kongreßband Braunschweig 1980

WENZEL, B. (1989): Kalkungs- und Meliorationsexperimente im Solling: Initialeffekte auf Boden, Sickerwasser und Vegetation. = Berichte des Forschungszentrums Waldökosysteme, Reihe A, Bd. 51, Göttingen

WIEDEY, G.A. u. RABEN G.H. (1989): Datendokumentation zur Waldschadensforschung im Hils. = Berichte des Forschungszentrums Waldökosysteme Reihe B, Bd. 12, Göttingen

WIEGLEB, G. (1977): Vorläufige Übersicht über die Pflanzengesellschaften der niedersächsischen Fließgewässer. Gutachten Niedersächsisches Landesverwaltungsamt, Hannover

WITTMANN, O. u. FETZER, K.D. (1982): Aktuelle Bodenversauerung in Bayern. In: Bayerisches Staatsministerium für Landesentwicklung und Umweltfragen, Materialien 20, München

WOLTERECK, R. (1928): Über die Spezifität des Lebensraumes, der Nahrung und der Körperformen bei pelagischen Cladoceren und über „Ökologische Gestalt-Systeme": In: Biologisches Zentralblatt, Bd. 28, S. 521-551

WREDE, G. (1959): DU PLAT J.W. - Die Landesvermessung des Fürstentums Osnabrück. Erläuterungstext zur Reproduktion der Reinkarte im Maßstab 1:10000, 2. Lieferung, Osnabrück

WREDE, G. (1971): Siedlungsentwicklung vom 9. bis zum 18. Jahrhundert. In: Behr, H.-J. (Hrsg.): Der Landkreis Osnabrück, S. 97-113, Osnabrück

ZACH, W.-D. (1976): Zum Problem synthetischer und komplexer Karten. Ein Beitrag zur Methodik der thematischen Kartographie. Berlin = Abhandlungen des 1. Geographischen Instituts der Freien Universität Berlin, Bd. 22

ZEZSCHWITZ, E. von (1968): Beziehungen zwischen dem C/N-Verhältnis der Waldhumusformen und dem Basengehalt des Bodens. In: Fortschr. Geol. Rheinland und Westfalen, Bd. 16, S. 143-174, Krefeld

ZEZSCHWITZ, E. von (1985): Immissionsbedingte Änderungen analytischer Kennwerte nordwestdeutscher Mittelgebirgsböden. In: Geologisches Jahrbuch, F 20, S. 3-41, Hannover

ZEZSCHWITZ, E. von (1986): Änderungen der Schwermetallgehalte nordwestdeutscher Waldböden unter Immissionseinfluß. In: Geologisches Jahrbuch, F 21, S. 3-61, Hannover

KARTENVERZEICHNIS

BURRICHTER, E. (1950/1966): Potentielle natürliche Waldgesellschaften, 1:25000, 3814 Iburg, Münster

CHRISTMANN u. GÖRGES (1960): Forstliche Standortkartierung des Staatsforstes Palsterkamp. Bad Rothenfelde

CORDSEN, E. et al. (1988): Bodenkarte 1:20000 Stadt Kiel und Umland; Geol. Landesamt Schleswig-Holstein (Hrsg.), Kiel

DU PLAT, J.W. (1790): Landesvermessung des Hochstifts Osnabrück 1:3840, Osnabrück

ECKELMANN, W.; NOUR EL DIN, N. u. OELKERS, K.-H. (Bearb.) (1978): Bodenkarte von Niedersachsen 1:25000, 3814 Bad Iburg, Hannover

GEMEINDE BAD LAER (1982): Flächennutzungsplan 1:5000

GEMEINDE BAD ROTHENFELDE (1980): Flächennutzungsplan 1:5000

GEMEINDE HILTER AM TEUTOBURGERWALD (1976): Flächennutzungsplan 1:10000

HAACK, W. (Bearb.) (1930): Geologische Karte von Preußen und benachbarten deutschen Ländern 1:25000, 2079 (3814) Iburg, Berlin

HEMPEL, L. (Bearb.) (1981): Geomorphologische Karte 1:25000 der Bundesrepublik Deutschland. 3814 Bad Iburg, Berlin

NIEDERSÄCHSISCHES LANDESVERWALTUNGSAMT - LANDESVERMESSUNG - (Hrsg.) (1984/85): Luftbilder (1:2000) und Luftbildpläne (1:5000) der Bildflüge 2099 (1984) und 2184 (1985) für den Raum des Meßtischblattes Bad Iburg, Hannover

STADT BAD IBURG (1989): Flächennutzungsplan 1:5000

STADT GEORGSMARIENHÜTTE (1987): Flächennutzungsplan 1:10000

TRAUTMANN, W. (1972): Deutscher Planungsatlas I: Nordrhein-Westfalen, Vegetation (Potentielle natürliche Vegetation), 1: 500000. Hannover

WILL, K.H. (Bearb.) (1983): Bodenkarte Nordrhein-Westfalen L3914 Bad Iburg, Krefeld

Materialien auf Mikrofilm

MA: **Analytische Grundlagenkarten zur Erstellung der Geoökologischen Karte 3814 BAD IBURG**

MA1: Bodenart und Bodenartenschichtung
MA2: Standörtliche Bodenfeuchte
MA3: Hangneigung
MA4: Besonnung

MB: **Bodenökologische Standortaufnahmen**

MB1: StF. Palsterkamp Abt.99, Südhang Großer Freden, BAD IBURG
MB2: StF. Palsterkamp Abt.104, Kleiner Freden, BAD IBURG
MB3: südöstl. der Kuppe Aschendorfer Berg (Kleiner Berg), Bad Rothenfelde
MB4: Aschendorfer Berg, westl. der Kuppe (Kleiner Berg), Bad Rothenfelde
MB5: Langer Brink (Kleiner Berg), Bad Rothenfelde
MB6: 400m westnordwestilch des Hofes Uhrberg, BAD IBURG-Sentrup
MB7: nahe Hof Meyer zu Klöntrup, Remsede
MB8: StF. Palsterkamp Abt. 40, Mühlholz südl. Scheventorf, BAD IBURG
MB9: östl. Hauenloh, Schlochterbach, GEORGSMARIENHÜTTE
MB10: StF. Palsterkamp Abt.43, nördl. In den langen Ellern, BAD IBURG-Sentrup
MB11: Große Heide westl. der Vogelpohlswiesen, BAD IBURG
MB12: StF. Palsterkamp Abt. 108, nördlich Kl. Freden, BAD IBURG
MB13: StF. Palsterkamp Abt.119, Südwestabdachung Grafensundern, Hagen a.TW.
MB14: StF. Palsterkamp Abt.78, nwestl. Klinksiek, Hilter a.T.W.
MB15: StF. Palsterkamp Abt. 142, nördl. Schlochterbach, GEORGSMARIENHÜTTE
MB16: StF. Palsterkamp Abt. 140, 250m nordöstl. Limberg, GEORGSMARIENHÜTTE
MB17: StF. Palsterkamp Abt. 181, Dörenberg 50m südl. Hermannsturm, GEORGSMARIENHÜTTE
MB18: Grafensundern 200m westl. des Karlsplatzes, GEORGSMARIENHÜTTE
MB19: StF. Palsterkamp Abt.181/182, Südabdachung Dörenberg, BAD IBURG
MB20: Barrenbrink (Iburger Wald), GEORGSMARIENHÜTTE
MB21: 250m nördl. des Karlsplatzes am Grafensundern (Iburger Wald), GEORGSMARIENHÜTTE
MB22: Düne nördl. Kummenteichswiesen, Westerwiede, Bad Laer
MB23: Hakentempel, BAD IBURG
MB24: StF. Palsterkamp Abt.33, Auf der Hölle, 550m östl. Hof Gründker, Bad Laer

MBK: **Waldbodenkalkung**

MBK1: Kalkungsflächen in den Staatsforsten am Dörenberg und Grafensundern

MDr: **Drainwasseruntersuchungen von landwirtschaftlich genutzten Flächen**

MDr1: Drainwasseruntersuchungen auf dem Meßtischblatt 3814 Bad Iburg 1990/1991 - Hydrochemische Kennwerte im zeitlichen Vergleich

MDr2: Drainwasseruntersuchungen auf dem Meßtischblatt 3814 Bad Iburg 1990/1991 - Hydrochemische Kennwerte im örtlichen Vergleich

MG: **Gewässeruntersuchungen**

MG1-28: Vollständige Datentabellen
Schlochterbach PN1-PN4
Düte PN1-PN6
Goldbach PN1
Fredenbach PN1
Kolbach (mit Sunder-Bach) PN1-PN2
Glaner Bach PN1-PN5
Rankenbach PN1
Südbach PN1
Remseder Bach PN1-PN5
Glaner Bach PN5

MG29-32 Nitratgehalte von Bachwasser im standörtlichen Vergleich

MG29: Schlochterbach (u. Goldbach) - Nitratgehalte 1990/91

MG30: Düte - Nitratgehalte 1990/91

MG31: Glaner Bach und seine Quellbäche - Nitratgehalte 1990/91

MG32: Remseder Bach und seine Quellbäche - Nitratgehalte 1990/91

(Anmerkung: Zum schnellen Vergleich der Untersuchungsergebnisse von G-PN4 mit G-PN5 sowie R-PN5 mit G-PN5 wurde die G-PN5-Tabelle zweimal aufgeführt)

MGW: **Grundwasserstände 1989**

MGW1: Grundwasserbeeinflußte Standorte südl. des Teutoburger Waldes - Ostenfelde

MGW2: Grundwasserbeeinflußte Standorte südl. des Teutoburger Waldes - Glandorf Nord und Westerwiede-West

MK: **Geländeklimatische Messungen**

MK1: Geländeklimameßfahrt (29.04.89 bis 30.04.89)

MK2: Geländeklimameßfahrt (18.11.89 bis 19.11.89)

MK3a: Temperaturminima und -maxima während austauscharmer Strahlungswetterlagen am Teutoburger Wald (Urberg bis Holperdorper Tal)

MK3b:	Mesoklimatische Meßstationen März bis Mai 1986
MK4:	Geländeklimameßfahrt (01.12.89 bis 02.12.89)
ML:	**Landnutzung der Gemarkungen Glandorfer Heide, Auf dem Donnerbrink, Laerheide in historischer Entwicklung**
ML1a:	Landnutzung im Jahr 1790
ML1b:	Landnutzung im Jahr 1897
ML1c:	Landnutzung im Jahr 1987
MÖ:	**Ausführliche Beschreibung der auf der Geoökologischen Karte ausgewiesenen Ökotope**
MÖ1:	Ökotope Nr. 1-5
MÖ2:	Ökotope Nr. 6-12
MÖ3:	Ökotope Nr. 13-18
MÖ4:	Ökotope Nr. 19-24
MÖ5:	Ökotope Nr. 25-29
MÖ6:	Ökotope Nr. 30-34
MÖ7:	Ökotope Nr. 35-39
MÖ8:	Ökotope Nr. 40-43
MÖ9:	Ökotope Nr. 44-52
MÖ10:	Ökotope Nr. 53-58
MÖ11:	Ökotope Nr. 59-63
MÖ12:	Ökotope Nr. 64-67
MÖ13:	Ökotope Nr. 68-74
MÖ14:	Ökotope Nr. 75-81
MP:	**Pflanzensoziologisch-ökologische Standortaufnahmen**
MPa:	Verzeichnis der verwendeten Abkürzungen in den pflanzensoziologisch-ökologischen Standortaufnahmen
MP1a:	Eutrophe, trockene bis schwach trockene Standorte
MP1b:	Eutrophe, mäßig trockene bis mäßig frische Standorte
MP1c:	Eutrophe, mäßig frische bis frische Standorte
MP2:	Eutrophe-mesotrophe, wechselfrische bis grundfeuchte Standorte
MP3a:	Eutrophe-mesotrophe, grundfeuchte bis grundnasse Standorte
MP3b:	Eutrophe-mesotrophe, (grundfeuchte bis) grundnasse Standorte
MP4a:	Oligotrophe, trockene bis schwach trockene Standorte
MP4b:	Oligotrophe, mäßig wechselfrische bis wechselfrische Standorte
MP4c:	Oligotrophe bis mesotrophe frische bis sehr frische Standorte
MP4d:	Oligotrophe (bis mesotrophe) sehr frische (bis wechselfrische) Standorte

FORSCHUNGEN ZUR DEUTSCHEN LANDESKUNDE

Auszug aus dem Verzeichnis der lieferbaren Bände

Bd 180 H. Schaefer: Gonsenheim und Bretzenheim. Ein stadtgeographischer Vergleich zweier Mainzer Außenbezirke. 1968.　　　　DM 16,50

Bd 181 K. Mausch: Häufigkeit und Verteilung bodengefährdender sommerlicher Niederschläge in Westdeutschland nördlich des Mains zwischen Weser und Rhein. 1970.　　　　DM 10,50

Bd 185 I. Dörrer: Die tertiäre und periglaziale Formengestaltung des Steigerwaldes, insbesondere des Schwanberg-Friedrichsberg-Gebietes. Eine morphologische Untersuchung zum Problem der Schichtstufenlandschaft. 1970.　　　　DM 18,00

Bd 186 W. Rutz: Die Brennerverkehrswege: Straße, Schiene, Autobahn-Verlauf und Leistungsfähigkeit. 1970.　　　　DM 19,50

Bd 187 H.-J. Klink II: Das naturräumliche Gefüge des Ith-Hils-Berglandes. Begleittext zu den Karten. 1969.　　　　DM 22,90

Bd 188 F. Scholz: Die Schwarzwald-Randplatten. Ein Beitrag zur Kulturgeographie des nördlichen Schwarzwaldes. 1971.　　　　DM 36,00

Bd 189 Ch. Hoppe: Die großen Flußverlagerungen des Niederrheins in den letzten zweitausend Jahren und ihre Auswirkungen auf Lage und Entwicklung der Siedlungen. 1970.　　　　DM 25,50

Bd 190 H. Boehm: Das Paznauntal. Die Bodennutzung eines alpinen Tales auf geländeklimatischer, agrarökologischer und sozialgeographischer Grundlage. 1970.　　　　DM 72,00

Bd 191 H. Lehmann: Die Agrarlandschaft in den linken Nebentälern des oberen Mittelrheins und ihr Strukturwandel. 1972.　　　　DM 26,50

Bd 192 F. Disch: Studien zur Kulturgeographie des Dinkelberges. 1971.　　　　DM 46,00

Bd 195 E. Riffel: Mineralöl-Fernleitungen im Oberrheingebiet und in Bayern. 1970.　　　　DM 19,00

Bd 196 W. Ziehen: Wald und Steppe in Rheinhessen. Ein Beitrag zur Geschichte der Naturlandschaft. 1970.　　　　DM 20,00

Bd 197 J. Rechtmann: Zentralörtliche Bereiche und zentrale Orte in Nord- und Westniedersachsen. 1970.　　　　DM 35,00

Bd 198 W. Hassenpflug: Studien zur rezenten Hangüberformung in der Knicklandschaft Schleswig-Holsteins. 1971.　　　　DM 35,00

Bd 200 R. Pertsch: Landschaftsentwicklung und Bodenbildung auf der Stader Geest. 1970.　　　　DM 50,00

Bd 201 H.P. Dorfs: Wesel. Eine stadtgeographische Monographie mit einem Vergleich zu anderen Festungsstädten. 1972.　　　　DM 21,00

Bd 202 K. Filipp: Frühformen und Entwicklungsphasen südwestdeutscher Altsiedellandschaften unter besonderer Berücksichtigung des Rieses und Lechfelds. 1972.　　　　DM 16,50

Bd 203 S. Kutscher: Bocholt in Westfalen. Eine stadtgeographische Untersuchung unter besonderer Berücksichtigung des inneren Raumgefüges 1971.　　　　DM 52,00

Bd 205 H. Schirmer: Die räumliche Verteilung der Bänderstruktur des Niederschlags in Süd- und Südwestdeutschland. Klimatologische Studie für Zwecke der Landesplanung. 1973.
　　　　(kl. Restbestand) DM 47,50

Bd 206 W. Plapper: Die kartographische Darstellung von Bevölkerungsentwicklungen. Veranschaulicht am Beispiel ausgewählter Landkreise Niedersachsens, insbesondere des Landkreises Neustadt am Rübenberge. 1975.　　　　DM 16,50

Bd 207 M.J. Müller: Untersuchungen zur pleistozänen Entwicklungsgeschichte des Trierer Moseltals und der „Wittlicher Senke". 1976.　　　　(kl. Restbestand) DM 30,00

Bd 209 H. Vogel: Das Einkaufszentrum als Ausdruck einer kulturlandschaftlichen Innovation. 1978.　　　　DM 66,00

Bd 211 J.F.W. Negendank: Zur känozoischen Geschichte von Eifel und Hunsrück (Sedimentpetrographische Untersuchungen im Moselbereich) 1978.　　　　DM 39,00

Bd 212 R. Kurz: Ferienzentren an der Ostsee. Geographische Untersuchungen zu einer neuen Angebotsform im Fremdenverkehrsraum. 1979.　　　　DM 52,00

Bd 214 G. Richter, M.J. Müller, J.F.W. Negendank: Landschaftsökologische Untersuchungen zwischen Mosel und unterer Ruwer　　　　(in Vorbereitung)

Bd 215 H.-M. Closs: Die nordbadische Agrarlandschaft - Asekte räumlicher Differenzierung. 1980.　　　　DM 62,00

Bd 216 W. Weber: Die Entwicklung der nördlichen Weinbaugrenze in Europa. 1980.　　　　DM 76,00

Bd 218 R. Ruppert: Räumliche Strukturen und Orientierungen der Industrie in Bayern. 1981.　　　　DM 75,00

Bd 219 M. Hofmann: Belastung der Landschaft durch Sand- und Kiesabgrabungen, dargestellt am Niederrheinischen Tiefland. 1981. DM 58,00

Bd 220 D. Barsch / G. Richter: Geowissenschaftliche Kartenwerke als Grundlage einer Erfassung des Naturraumpotentials. 1983. DM 58,00

Bd 221 H. Leser: Geographisch-landeskundliche Erläuterungen der topographischen Karte 1:100 00 des Raumordnungsverbandes Rhein-Neckar. 1984. DM 38,00

Bd 222 H. Liedtke: Namen und Abgrenzungen von Landschaften in der Bundesrepublik Deutschland. 1984. DM 36,00

Bd 223 Deutsche Landeskunde: 100 Jahre Zentralausschuß zur deutschen Landeskunde 1882-1982; 100 Jahre Forschungen zur deutschen Landeskunde 1885-1985. (in Vorbereitung)

Bd 224 V. Hempel: Staatliches Handeln im Raum und politisch-räumlicher Konflikt (mit Beispielen aus Baden-Württemberg). 1985. DM 78,00

Bd 225 L. Zöller: Geomorphologische und quartärgeologische Untersuchungen im Humsrück-Saar-Nahe-Raum. 1985. DM 75,00

Bd 226 F. Schaffer: Angewandte Stadtgeographie. Projektstudie Augsburg. 1986. DM 72,00

Bd 227 K. Eckart: Veränderungen der agraren Nutzungsstruktur in beiden Staaten Deutschlands. 1985. DM 49,50

Bd 228 H. Leser / H.-J. Klink (Hrsg.): Handbuch und Kartieranleitung Geoökologische Karte 1:25 000 (KA GÖK 25). Bearbeitet vom Arbeitskreis Geoökologische Karte und Naturräumpotential des Zentralausschusses für deutsche Landeskunde. 1988. DM 24,80

Bd 229 R. Marks / M.J. Müller / H. Leser / H.-J. Klink (Hrsg.): Anleitung zur Bewertung des Leistungsvermögens des Landschaftshaushaltes (BA LVL). 2. Auflage 1992. DM 24,80

Bd 230 J. Alexander: Das Zusammenwirken radiometrischer, anemometrischer und topologischer Faktoren im Geländeklima des Weinbaugebietes an der Mittelmosel. 1988. DM 49,00

Bd 231 H. Möller: Das deutsche Messe- und Ausstellungswesen. Standortsstruktur und räumliche entwicklung seit dem 19. Jahrhundert. 1989. DM 65,00

Bd 232 H. Kreft-Kettermann: Die Nebenbahnen im österreichischen Alpenraum - Entstehung, Entwicklung und Problemanalyse vor dem Hintergrund gewandelter Verkehrs- und Raumstrukturen. 1989. DM 76,70

Bd 233 K.-A. Boesler u. H. Breuer: Standortrisiken und Standortbedeuitung der Nichteisen-Metallhütten in der Bundesrepublik Deutschland. 1989. DM 47,60

Bd 234 R. Gerlach: Die Flußdynamik des Mains unter dem Einfluß des Menschen seit dem Spätmittelalter. 1990. DM 75,00

Bd 235 M. Renners: Geoökologische Raumgliederung der Bundesrepublik Deutschland. DM 49,00

Bd 236 S. Pacher: Die Schwaighofkolonisation im Alpenraum. Neue Forschungen aus historisch-geographischer Sicht. 1993. DM 59,00

Bd 237 N. Beck: Reliefentwicklung im nördlichen Rheinhessen unter besonderer Berücksichtigung der periglazialen Glacis- und Pedimentbildung. 1995. DM 59,00

Bd 238 K. Mannsfeld u. H. Richter (Hrsg.): Naturräume in Sachsen. 1995. DM 33,00

Bd 239 H. Liedtke: Namen und Abgrenzungen von Landschaften in der Bundesrepublik Deutschland. Mit Karte im Maßstab 1 : 1 000 000. 1994. DM 39,00

Bd 240 H. Greiner: Die Chancen neuer Städte im Zentralitätsgefüge unter Berücksichtigung benachbarter gewachsener Städte - dargestellt am Beispiel des Einzelhandels in Traunreut und Waldkraiburg. 1995. DM 39,00

Bd 241 M. Hütter: Der ökosystemare Stoffhaushalt unter dem Einfluß des Menschen - geoökologische Kartierung des Blattes Bad Iburg. 1996. DM 49,00

Bd 242 M. Hilgart: Die geomorphologische Entwicklung des Altmühl- und Donautales im Raum Dietfurt-Kelheim-Regensburg im jüngeren Quartär. 1995. DM 46,00

Bd 243 Th. Blaschke: Landschaftsanalyse und -bewertung mit GIS. Methodische Untersuchungen zu Ökosystemforschung und Naturschutz am Beispiel der bayerischen Salzachauen. (in Vorbereitung)

Neudruck/Neubearbeitung älterer Hefte:

Bd XXVIII, 1 Th. Kraus: Das Siegerland. Ein Industriegebiet im Rheinischen Schiefergebirge. 1969.
  DM 13,75

Bd XXVIII, 4 A. Krenzlin: Die Kulturlandschaft des hannoverschen Wendlands. 1969.   DM 9,50

Bd XXVI, 3 E. Meynen: Das Bitburger Land. 1967.   DM 12,10

Bd 199 B. Andreae u. E. Greiser: Strukturen deutscher Agrarlandschaft. Landbaugebiete und Fruchtfolgesysteme in der Bundesrepublik Deutschland. 2. überarb. Aufl. 1978.   DM 38,00

Bd 204 H. Liedtke: Die nordischen Vereisungen in Mitteleuropa. Erläuterung zu einer farbigen Übersichtskarte im Maßstab 1:1 000 000. 2. überarb. Aufl. 1981.   DM 75,00